航天科技图书出版基金资助出版

X射线脉冲星自主导航理论与算法

梁 斌 黄良伟 王学谦 著

中国宇航出版社

·北京·

图书在版编目（CIP）数据

X 射线脉冲星自主导航理论与算法 / 梁斌，黄良伟，王学谦著. --北京:中国宇航出版社,2018.5

ISBN 978-7-5159-1454-1

Ⅰ.①X…　Ⅱ.①梁…②黄…③王…　Ⅲ.①X 射线—脉冲星—卫星导航　Ⅳ.①TN967.1

中国版本图书馆 CIP 数据核字（2018）第 044304 号

责任编辑　舒承东　　　封面设计　宇星文化

出版发行　中国宇航出版社

社　址　北京市阜成路 8 号　　邮　编　100830

(010) 60286808　　(010) 68768548

网　址　www.caphbook.com

经　销　新华书店

发行部　(010) 60286888　　(010) 68371900

(010) 60286887　　(010) 60286804（传真）

零售店　读者服务部

(010) 68371105

承　印　河北画中画印刷科技有限公司

版　次　2018 年 5 月第 1 版　　2018 年 5 月第 1 次印刷

规　格　880×1230　　开　本　1/32

印　张　6.5　　字　数　181 千字

书　号　ISBN 978-7-5159-1454-1

定　价　48.00 元

本书如有印装质量问题，可与发行部联系调换

航天科技图书出版基金简介

航天科技图书出版基金是由中国航天科技集团公司于2007年设立的，旨在鼓励航天科技人员著书立说，不断积累和传承航天科技知识，为航天事业提供知识储备和技术支持，繁荣航天科技图书出版工作，促进航天事业又好又快地发展。基金资助项目由航天科技图书出版基金评审委员会审定，由中国宇航出版社出版。

申请出版基金资助的项目包括航天基础理论著作，航天工程技术著作，航天科技工具书，航天型号管理经验与管理思想集萃，世界航天各学科前沿技术发展译著以及有代表性的科研生产、经营管理译著，向社会公众普及航天知识、宣传航天文化的优秀读物等。出版基金每年评审1～2次，资助20～30项。

欢迎广大作者积极申请航天科技图书出版基金。可以登录中国宇航出版社网站，点击“出版基金”专栏查询详情并下载基金申请表；也可以通过电话、信函索取申报指南和基金申请表。

网址：http：//www.caphbook.com

电话：(010) 68767205，68768904

目 录

缩略语

ACC	平均互相关（Averaged Cross Correlation）
AFIT	美国空军技术学院（Air Force Institute of Technology）
AML - STE	基于平方定时估计的平均最大似然估计（Averaged ML Based on STE）
APSR	吸积供能脉冲星（Accretion - powered Pulsar）
ARIADNA	先进概念小组（Advanced Concepts Team）
ARGOS	空军先进技术研究与全球观测卫星（Advanced Research and Global Observation Satellite）
ATNF	澳大利亚国家望远镜中心（Australia Telescope National Facility）
AXP	反常 X 射线脉冲星（Anomalous X - ray Pulsar）
BAA	广泛机构公告（Broad Agency Announcement）
BB	双星质心（Binary Barycenter）
BBCRS	双星质心天球坐标系（Binary - Barycentric Celestial Reference System）
BCRS	太阳系质心天球参考系（Barycentric Celestial Reference System）
BRPSR	自转供能脉冲双星（Binary Rotation - powered Pulsar）
CC	互相关（Cross Correlation）
CDR	关键设计评审（Critical Design Review）
CRB	Cramer - Rao 界（Cramer - Rao Bound）

DARPA	美国国防部国防先进研究计划局（Defense Advanced Research Projects Agency）
DoD	美国国防部（Department of Defense）
DPLL	数字锁相环（Digital Phase－locked Loop）
EKF	扩展卡尔曼滤波（Extended Kalman Filter）
ES	穷举搜索（Exhaustive Search）
ESA	欧洲空间局（European Space Agency）
FAST	500米口径球面射电望远镜（Five Hundred Meter Aperture Spherical Telescope）
FFT	快速傅里叶变换（Fast Fourier Transform）
GCRS	地心天球参考系（Geocentric Celestial Reference System）
GDOP	几何精度因子（Geometric Dilution of Precision）
GEO	地球静止轨道（Geostationary Orbit）
GLONASS	格洛纳斯系统（Global Navigation Satellite System）
GPS	全球定位系统（Global Positioning System）
GSFC	戈达德航天飞行中心（Goddard Space Flight Center）
GXLT	戈达德X射线导航试验台（Goddard XNAV Laboratory Testbed）
HMXB	大质量X射线双星（High－mass X－ray Binary）
HWHM	半高宽（Half Width at Half Maximum）
HXMT	硬X射线调制望远镜（Hard X－ray Modulation Telescope）
IAU	国际天文联合会（International Astronomical Union）
ICRS	国际天球参考系（International Celestial Reference System）
IFFT	快速傅里叶逆变换（Inverse Fast Fourier Transform）

IKI	俄罗斯空间研究所（Space Research Institute of Russian Academy of Sciences）
INTEGRAL	国际γ射线天体物理实验室（International Gamma - Ray Astrophysics Laboratory）
IRPSR	自转供能脉冲单星（Isolated Rotation - powered Pulsar）
ISS	国际空间站（International Space Station）
ITRS	国际地球参考系（International Terrestrial Reference System）
JPL	喷气推进实验室（Jet Propulsion Laboratory）
KF	卡尔曼滤波（Kalman Filter）
LAMBDA	最小二乘模糊度去相关平差方法（Least - squares Ambiguity Decorrelation Adjustment）
LEO	低地球轨道（Low Earth Orbit）
LF	似然函数（Likelihood Function）
LMC	洛克希德·马丁公司（Lockheed Martin Corporation）
LMXB	小质量X射线双星（Low - mass X - ray Binary）
MJD	约简儒略日（Modified Julian Day）
ML	最大似然（Maximum Likelihood）
ML - STE	基于平方定时估计的最大似然估计（ML Based on STE）
MPE	德国马克斯·普朗克地外物理研究所（Max Planck Institute for Extraterrestrial Physics）
MSP	毫秒脉冲星（Millisecond Pulsar）
NASA	美国国家航空航天局（National Aeronautics and Space Administration）
NHPP	非齐次泊松过程（Non - homogeneous Poisson Process）
NICER	中子星内部构成探测器（Neutron Star Interior Composition Explorer）

NRL	美国海军研究实验室（Naval Research Laboratory）
PDF	联合概率密度函数（Probability Density Function）
PF	粒子滤波（Particle Filter）
PSO	粒子群优化（Particle Swarm Optimization）
PSO - CPMS	基于粒子群优化的压缩模板匹配搜索（Compressed - pattern Matching Search Based on PSO）
PWCS	分段式定常系统（Piecewise Constant System）
RMSE	均方根误差（Root Mean Square Error）
RPSR	自转供能脉冲星（Rotation - powered Pulsar）
SBIR	小型企业创新研究（Small Business Innovation Research）
SEXTANT	空间站X射线计时与导航技术试验（Station Experiment for X - ray Timing and Navigation Technology）
SSB	太阳系质心（Solar System Barycentre）
SS - MS	基于顺序搜索的匹配搜索（Matching Search Based on Sequential Search）
STE	平方定时估计（Square Timing Estimation）
SVD	奇异值分解（Singular Value Decomposition）
TCB	太阳系质心坐标时（Barycentric Coordinate Time）
TCG	地心坐标时（Geocentric Coordinate Time）
TOA	到达时间（Time of Arrival）
UKF	无迹卡尔曼滤波（Unscented Kalman Filter）
UMD	马里兰大学（University of Maryland）
USA	非常规恒星特征（Unconventional Stellar Aspect）
USRA	美国大学空间研究联合会（Universities Space Research Association）
XB	X射线双星（X - ray Binary）

XCOM	X 射线通信（X - ray Communication）
XNAV	基于 X 射线源的自主定位导航（X - ray Source - based Navigation for Autonomous Position Determination）或 X 射线导航（X - ray Navigation）
XNAVSC	X 射线导航源目录（X - ray Navigation Source Catalogue）
XTIM	X 射线计时（X - ray Timing）

第1章 绪 论

1.1 引言

航天器自主导航是指不依赖外界支持而确定位置、速度、时间与姿态的能力，对于真正意义上的自主导航，航天器应独立运行、实时运行、不与外界交换信息且不依靠地面支持[1]。航天器自主导航的重大意义，不仅在于其可以减轻地面负担及提升航天器的自主生存能力，更在于航天器自主导航的需求一直是推动航天技术发展的目标与动力。正如自动化与信息化的需求推动了人类科学技术的数次革命，使人类从农业社会迈入工业社会乃至信息社会，航天器自主导航的实现也将最大限度地解放人的劳动力，促使航天器自主运行实现，最终将人类的太空活动引入“自动化”时代。

遗憾的是，目前的航天器尚未实现真正意义上的自主导航[2]。惯性导航存在导航误差随时间积累的问题，一般只适用于短期导航；地磁导航，或通过敏感地、月、日及借助星光折射、散射的天文导航方法只能适用于近地空间，有关导航系统的研究也多止步于实验验证阶段，况且，随着卫星导航系统的完善，地磁导航或传统天文导航方法在近地空间逐渐失去了用武之地。以美国GPS、俄罗斯GLONASS、欧洲伽利略，以及我国北斗为代表的卫星导航系统可以为近地航天器提供实时与高精度的导航服务，但是，利用卫星导航仍需地面支持，本质上是一种半自主的导航系统，且卫星导航系统无法适用于深空及星际航天器，其系统自身的维持与维护也需要很高的成本。X射线脉冲星是一种天然信标，能辐射稳定的X射线脉冲信号；利用X射线脉冲星导航是一种新型的天文导航，是真正意义上的自主导航，通过对脉冲信号的计时观测，可获取高精度的测距信息与时间信息，通过对脉冲星成像，也可以获取姿态信息。X射线脉冲星的信号可以在近地空间直至整个太阳系探测到，多颗脉冲星可以构成类似于GPS的“太阳系导航星座”，从而为未来航天器全空域、长时间、高精度自主导航提供了有效途径。

X射线脉冲星导航（以下简称为脉冲星导航）具有广泛的应用前景，主要体现在如下几个方面。

（1）脉冲星导航是实现卫星导航系统长时间、高精度自主运行的有效方式

导航卫星实现自主导航能确保星座长时间自主运行，减少地面站数量，并增强系统可靠性与抗干扰能力。虽然基于星间链路可以通过星间测距进行星座自主导航[3]，但存在星座整体旋转误差问题，因而仍需要地面提供绝对时空基准来对星座进行“地基锚固”。我国的北斗卫星导航系统已完成对亚太地区的覆盖，自2012年12月起正式为亚太地区提供导航与授时服务。北斗卫星导航系统是国家重大空间基础设施，为了增强其抗干扰与自主生存能力，降低其对地面站的依赖，自主导航将是北斗系统后续发展的重要方向。脉冲星导航能够不依赖任何外部条件，持续为北斗导航卫星提供精确的位置、速度、时间等信息，通过在导航卫星上安装脉冲星导航设备或利用数颗卫星配合星间链路进行“天基锚固”，可实现北斗系统长时间、高精度自主运行。

（2）脉冲星导航是实现以GEO卫星为主的高轨卫星自主定轨的有效手段

高轨卫星特别是地球同步轨道（GEO）卫星由于距地球较远，需要更多的地面支持，目前主要是利用地面测控网的跟踪观测实现定轨，设备复杂且成本高。截至2016年底，全球在轨运行卫星达到1459颗，其中GEO卫星便有520颗[4]；随着未来GEO卫星数量逐渐增多，地面的负担将变得难以承受，因而GEO卫星实现自主定轨的需求迫切。此外，对GEO在轨服务也有日益增长的需求，GEO

卫星造价昂贵，一旦失效，损失巨大，进行在轨维修是可行的挽救手段[5]，因此，高轨任务的复杂性、实时性、智能性特点对高轨卫星自主性提出了更高的要求，而高性能的自主导航系统是成功完成任务并提高自身生存能力的有效保证。

利用卫星导航系统（例如 GPS）进行高轨卫星自主定轨受到可见性与接收机性能的限制，一时难于实现，尚在探索之中[6,7]。相比于中低轨卫星，脉冲星导航对于高轨卫星有更好的适应性，因为 X 射线信号不易受到地球的遮挡及大气的干扰，且卫星较低的运行速度有利于降低多普勒效应的影响。未来采用卫星导航与脉冲星导航的组合导航的模式将是解决高轨卫星自主定轨问题最为有效的手段[8]。

(3) 脉冲星导航是实现深空探测及星际飞行无缝导航与精密控制的有效途径

对于深空探测和星际飞行任务，尚无一种导航技术可以实现近地段、转移段与目标接近段的全程无缝导航。卫星导航系统在航天器远离地球时显然无能为力；在地面建立的深空探测网能力有限，只能适用于有限的深空范围，且其定位误差特别是横向误差随距离增加而增大；传统的天文导航方式可适用于近地段及目标接近段，但导航精度低、技术实现难度大，不能满足深空探测及星际飞行航天器的精密控制要求。

脉冲星导航是适用于整个太阳系的自主导航技术，对于任务的不同阶段只需要进行导航算法的适应性调整，而且导航精度不随飞行距离的增加而降低，其将是未来实现深空探测及星际飞行任务中无缝导航与精密控制的最为有效的途径。

1.2　国内外研究进展

1.2.1　国外研究概况

1967 年，英国剑桥大学的 Hewish 及其学生 Bell 在行星际闪烁的研究中使用一台 81.5 MHz 射电望远镜发现了第一颗射电脉冲星[9]。1971 年，美国的乌呼鲁（Uhuru）X 射线天文卫星发现了第一颗 X 射线脉冲星（即 Cen X－3）[10]。1974 年，美国国家航空航天局（NASA）喷气推进实验室（JPL）的 Downs 首次提出了脉冲星导航的概念[11]。他设想使用射电脉冲星进行星际飞行航天器导航：航天器通过装载 25 m 口径的天线，进行 1 天的信号积分可以实现 150 km 的定轨精度。尽管 Downs 的方法难于工程化实现，却开创了脉冲星导航研究的先河。1981 年，JPL 的 Chester 和 Butman 进一步提出了使用 X 射线脉冲星实现航天器导航的思想[12]。鉴于 X 射线信号有利于探测器的小型化设计，便于工程化实现，他们设想通过 0.1 m^2 的探测器对 Her X－1、SMC X－1 与 Cen X－3 这 3 颗脉冲星进行 1 天的观测，可以实现 100 km 的定位精度。

1993 年，美国海军研究实验室（NRL）的 Wood 设计了非常规恒星特征（USA）试验[13,14]，基于掩星法的思想，提出了利用 X 射线源进行航天器轨道和姿态确定及利用 X 射线脉冲星进行时间保持的导航方法。1996 年，斯坦福大学的 Hanson 通过对 USA 试验的深入研究，在其博士论文中设计了使用 X 射线源的航天器姿态测量算法，并给出了基于 X 射线脉冲星的时间保持锁相环路设计方案，仿真得到的姿态确定精度达到 0.01°，时间保持精度达到 1.5 ms[15]。1999 年 2 月，美国空军先进技术研究与全球观测卫星（ARGOS）发射升空，在近两年的工作时间中，开展了包括 USA 在内的 9 项空间科学试验研究[16]。USA 试验中对 ARGOS 卫星轨道的确定采用的是掩星观测方法，仍属于传统天文导航的范畴，因此，USA 试验并未实现真正意义上的（即基于计时测距的）X 射线脉冲星导航[2]。尽管如此，USA 试验积累的观测数据却引导了随后脉冲星导航技术的迅速发展。

USA 试验后，脉冲星导航技术跨入一个全新的发展阶段，特别是在美国，有了实质性进展。众所周知，美国国防部国防先进研究计划局（DARPA）在 2004 年提出了“基于 X 射线源的自主定位导航”（XNAV）计划[17]，这还得源于当时还在美国马里兰大学（UMD）读研究生的 Sheikh。2000—2001 年间，Sheikh 修了 UMD 的星际飞行的导航与制导（ENAE 741）课程，并在其导师 Pines 的指导下选择了脉冲星导航研究；2002 年，UMD 与 NRL 进行了碰头，讨论了 USA 数据处理与脉冲星导航相关问题；2003 年，Sheikh 基于对 USA 数据的处理，提取了脉冲到达时间，并获得了非常好的导航结果；同年 10 月，Pines 与 DARPA 会谈后开始起草 XNAV 计划[18]。DARPA 于 2004 年 2 月批准了 XNAV 计划，并于 8 月发布了编号为 BAA 04 - 23 的广泛机构公告，正式公布了 XNAV 计划并进行公开招标[19]。XNAV 计划将分阶段实施：阶段 1 预期 18 个月，进行可行性研究及四个相关技术领域的预研，包括脉冲星编目、X 射线探测器设计、导航算法开发、系统集成和任务设计；阶段 2 预期 18 个月，进行载荷设计与开发、X 射线探测及成像系统的测试；阶段 3 预期 12 个月，将进行空间飞行试验[19]。DARPA 借助 XNAV 计划，提出了建立定轨精度 10 m、授时精度 1 ns、定姿精度 3 as，适用于近地、深空至星际空间全程高精度自主导航的脉冲星导航网络的远大目标[17]。

随着 XNAV 计划的提出，脉冲星导航在理论与算法研究方面也取得了较大进展。2004 年，Sheikh 分析研究了 X 射线脉冲星的基本特征，提出了基于脉冲计时的航天器定位方法[20]。同年，美国空军技术学院（AFIT）的硕士研究生 Woodfork 研究了脉冲星导航在 GPS 星座保持中的应用，提出了以脉冲到达时间差为观测量改善 GPS 卫星轨道和时钟参数估计精度的方法[21]。此外，欧洲空间局（ESA）的先进概念小组（ARIADNA）启动了“ESA 深空探测器脉冲星导航研究”计划，对脉冲星导航中的信号处理、导航参数估计、整周模糊度求解等问题进行了研究，完成了“利用脉冲星计时信息进行飞行器导航的可行性论证”报告，开展了脉冲星导航可行性论证[22]。2005 年，Sheikh 在其博士论文中系统阐述了使用 X 射线脉冲星导航的方法，对导航源特性做了全面的研究，设计整理得到了

"X 射线导航源目录"（XNAVSC），同时，提供了包括延时模型、整周模糊度求解、迭代滤波算法在内的一系列脉冲星导航算法[23]。Sheikh 的博士论文已经成为脉冲星导航技术领域教科书式的参考资料，对世界各国脉冲星导航技术研究起到了积极的推动作用。

2005 年 5 月，XNAV 阶段 1 项目正式启动，引起了包括 NASA 在内的美国各相关机构的关注[18]。阶段 1 由 Ball 航天技术公司牵头负责总体技术，NRL 牵头负责导航数据库设计与探测器研究，NASA 戈达德航天飞行中心（GSFC）进行 X 射线测试设备研制。2006 年 6 月，XNAV 阶段 1 任务完成，取得了一系列研究成果[18]。出于某种原因，当时 DARPA 主任 Tether 决定 DARPA 不再支持进一步的飞行试验，XNAV 计划因此未进入第 2 阶段[24]。然而，XNAV 计划的思想并未终止，仍然致力于提供不依赖于 GPS、适应整个太阳系的航天器自主导航能力[18]。2007 年以后，原 XNAV 计划的相关研究成果及硬件建设转由 NASA 接手管理，NASA 继续通过"小型企业创新研究"（SBIR）计划为 XNAV 相关研究提供资金支持[25,26]。

2009 年，俄罗斯空间研究所（IKI）宣布其正在开发基于 X 射线脉冲星的导航系统[27]：俄罗斯第一步将利用国际 γ 射线天体物理实验室卫星（INTEGRAL）对脉冲星特征进行深入研究，第二步将借助航天员在国际空间站（ISS）上对 X 射线探测器的原型样机进行试验[28]。

Sheikh 2005 年从 UMD 博士毕业后，成立了 ASTER Labs 宇航公司[29]。2009 年，ASTER Labs 向 DARPA 建议可以使用 X 射线脉冲星来辅助美国国防部（DoD）的时间系统，得到了 DARPA 一个培育项目的支持[24]。这个概念成长很快，2010 年，DARPA 便提出了 X 射线计时（XTIM）计划，由洛克希德·马丁公司（LMC）负责实施[24]（见图 1－1）。XTIM 计划试图通过将原子钟"绑定"到一颗 X 射线脉冲星上，从而建立一个全局的脉冲星时系统；其准备在地球同步轨道上进行试验，并于 2012 年初通过了设备的关键设计评审（CDR）[18,30]。

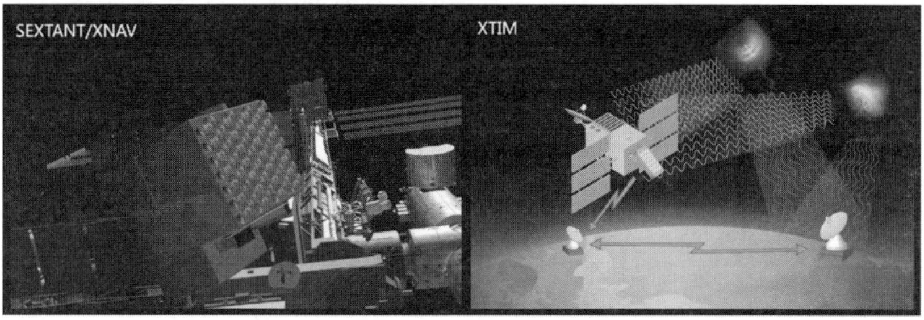

图1-1　SEXTANT/XNAV项目与XTIM计划构想图[30]

原XNAV计划由NASA接管后，美国的脉冲星导航研究落户于一个多目标的新任务。2011年，NASA的GSFC联合美国大学空间研究联合会（USRA）启动了“空间站X射线计时与导航技术试验”（SEXTANT）项目[31]（见图1-1）。SEXTANT同时结合了服务于科学目标的“中子星内部构成探测器”（NICER）项目与验证新概念的“X射线通信”（XCOM）项目，即：SEXTANT = XNAV + NICER + XCOM[32,33]。SEXTANT仍使用XNAV这个缩写，不过全称变为“X-ray Navigation”（X射线导航）[32]，也就是说，原先的XNAV计划已经演变为如今的SEXTANT/XNAV项目。XNAV、NICER与XCOM将使用同一套设备并安装在ISS同一个平台上进行试验，前两者还将观测相同的脉冲星[32,33]，可谓“一举三得”。SEXTANT/XNAV的目标是通过观测2～3颗脉冲星实现低轨航天器1 km的实时定轨精度，研究脉冲星时的长期稳定性，并对其他候选脉冲星的参数进行测定[33]。GSFC目前已经构建了“戈达德X射线导航试验台”（GXLT），下一步将基于GXLT开发星载XNAV软件，并进行实时的硬件在回路测试[33]。SEXTANT载荷于2017年6月发射并安装到ISS上，计划进行为期30个月的空间试验[31,32]。

此外，2012年，德国马克斯·普朗克地外物理研究所（MPE）

宣布其正在研究脉冲星导航技术。MPE 的专家 Becker 教授指出了脉冲星导航技术的两大用途：一是可以用来增强 GPS 或伽利略卫星导航系统，二是为行星际探索提供自主导航能力[34]。现在，MPE 正在研究脉冲星导航所能达到的精度及技术可行性，并对算法进行仿真验证[35,36]；他们获得了包括 X 射线轮廓在内的相关重要参数并建立起了有 60 颗 X 射线脉冲星的数据库[35,37]。

1.2.2　国内研究现状

国内对射电脉冲星的观测与研究已开展了 20 余年。早在 1990 年，北京天文台进行了首次脉冲星观测[38]。1996 年，新疆天文台开始使用 25 m 射电望远镜开展射电脉冲星观测研究[38]，至目前为止，实现了对包括 10 颗毫秒脉冲星在内的近 300 颗脉冲星的持续监测。当前，我国正在研制 500 m 口径球面射电望远镜（FAST）[39]，其口径大、频带宽、灵敏度高的优越特性必将加强我国对射电脉冲星的观测能力[2]。射电脉冲星观测工作增强了我国对脉冲星特性的研究水平，为开展脉冲星导航研究打下了理论基础。在空间观测方面，我国已于 2017 年 6 月 15 日成功发射硬 X 射线调制望远镜（HXMT），以实现 1～250 keV 宽波段 X 射线巡天观测，为我国开展脉冲星导航研究提供了空间观测技术与实测数据的积累[2]。

自 1998 年在西安临潼召开国内首次脉冲星计时学术研讨会至今，国内在毫秒脉冲星计时领域也有持续 10 余年的研究[38,40-43]。2007 年，“脉冲星观测研究和计时导航应用研讨会”在乌鲁木齐召开，促进了国内脉冲星计时研究与脉冲星导航研究的融合[44]。脉冲星计时研究进一步巩固了脉冲星导航研究的理论基础。

自美国提出 XNAV 计划以来，国内相关科研单位与大学开始密切关注脉冲星导航技术，跟踪国外研究动态，探索脉冲星导航原理，并着手研究相关理论与算法。钱学森空间技术实验室的帅平等一直紧密跟踪国外研究动态，对 X 射线脉冲星导航原理与方法做出了深入分析[2,17,45-46]；北京控制工程研究所的熊凯等研究了脉冲星导航中的滤波技术[47,48]；装甲兵工程学院基础部的费保俊等基于广义相对论的二阶后牛顿近似理论，分析了脉冲星导航中光行延时求解的基本原理[49,50]；中国科学院国家授时中心的杨廷高等在脉冲星计时工作的基础上分析了脉冲星导航的可行性[51,52]；其他关注并从事脉冲星导航研究的科研院所包括西安电子科技大学电子工程学院、西安理工大学自动化与信息工程学院、解放军信息工程大学测绘学院、国防科学技术大学、南京航空航天大学导航研究中心、北京航空航天大学宇航学院、华中科技大学图像所等。相关研究工作初步建立了脉冲星导航的理论体系和框架，为脉冲星自主导航技术向工程化推进创造了有利条件。

2012年后，我国脉冲星导航技术研究工作全面启动，在总体设计、数据库构建、探测器研制和时间同步等方面取得了一定进展。在总体技术方面，形成了我国X射线脉冲星自主导航系统发展策略与框架，相关单位完成了脉冲星导航地面试验系统构建，开展了空间试验需求分析以及空间试验系统的组成及功能分析。在数据库构建方面，完成了利用国外资料对导航用脉冲星的优选，并通过组织国内多家天文台，利用国内现有射电观测设备进行了脉冲星观测。在模型和算法方面，完成了X射线脉冲星周期快速搜索方法研究，完成了相对论框架下高精度测量模型的建立，完成了脉冲星定位算法初步研究，完成了脉冲星定姿算法初步研究，完成了脉冲星辅助星间链路自主导航方法研究，完成了脉冲星导航误差源初步分析，完成了脉冲星相对定位方法初步研究，完成了相位模糊度解算方法初步研究。在探测器研制方面，在进行脉冲星导航用探测器系统需求分析的基础上，开展了大面积、高时间分辨率和能量分辨率探测器方案设计，围绕聚焦型探测器和微通道板准直型探测器两种技术原理，开展了技术攻关并完成探测器工程样机研制，通过了地面试验测试。

为了进一步验证脉冲星导航技术，我国提出并开始实施脉冲星导航空间验证计划。第一步便是通过发射一颗小型X射线探测卫星来验证观测X射线脉冲星的能力，这颗卫星称为脉冲星导航试验卫星（XPNAV-1）。如果获得成功，接下来的计划是两至三年后发射携带面阵更大的探测器的下一代脉冲星导航试验卫星，收集更多的X射线数据，构建脉冲星导航数据库，并实现脉冲星导航的在轨解算。

XPNAV-1于北京时间2016年11年10日在酒泉卫星发射中心由长征11号火箭发射升空。其核心目标是验证国产X射线探测器在软X射线能段对脉冲星的探测能力。卫星质量约270 kg，轨道高度500 km，使用三轴稳定工作方式，可以实现对任意惯性位置精准快速指向，指向精度2′，并维持对目标源90分钟的观测。XPNAV-1卫星空间飞行试验任务的预期目标是：

1）在空间环境下实测验证两种类型的X射线探测器性能，研究宇宙背景噪声对探测器作用机理。

2）探测Crab脉冲星或脉冲星双星辐射的X射线光子，提取脉冲轮廓曲线，解决能够“看得见”脉冲星的问题。

3）尝试长时间累积探测3颗脉冲星辐射的X射线光子，建立试验型数据库，探索脉冲星导航体制验证。

XPNAV-1卫星空间飞行试验任务的核心目标是：

在空间环境下探测脉冲星辐射的X射线光子，验证使用国产X射线探测器对X射线脉冲星的观测能力，解决能够“看得见”脉冲星的问题。

1.2.3 发展阶段划分

综上所述，X射线脉冲星导航技术发展可以归纳为三个阶段，即理论研究阶段、实施阶段、实现阶段。

1）理论研究阶段（1967年至2004年）。自1967年英国剑桥大学Hewish及其学生Bell发现第一颗脉冲星以来，欧美科学家通过地面射电观测和星载X射线探测相结合的方式，共发现和编目脉冲星将近3000颗（其中140多颗射电脉冲星同时辐射X射线信号），同时提出了 X 射线脉冲星导航技术的概念。

2）实施阶段（2004 年至 2016 年）。2004 年和 2006 年，美国国防部国防先进研究计划局（DARPA）和美国国家航空航天局（NASA）分别启动了基于 X 射线脉冲星的自主导航定位验证计划、利用 X 射线脉冲星的深空探测器自主导航技术研究计划，完成了 X 射线脉冲星导航技术可行性论证、并进行原理样机研制与地面试验。2011 年，NASA 启动了“X 射线计时与导航技术的空间站在轨验证试验”（SEXTANT）项目，预期实现航天器公里级的实时定轨，并对候选脉冲星的参数进行测定。同期，我国也提出了脉冲星导航技术研究与发展计划，开展了关键技术攻关，实现了探测器的研制与国产化并构建了地面试验验证系统。

3）实现阶段（2016 年以后）。2016 年，作为我国脉冲星导航空间试验系列卫星的第一颗——XPNAV－1 卫星率先发射升空，脉冲星导航技术试验从地面走向空间。因此，将 2016 年作为脉冲星导航技术迈向“实现阶段”的起始年。2017 年 6 月，美国的 SEXTANT 项目也已发射并安装到国际空间站上，开展为期 30 个月的空间试验。

1.3　脉冲星基础

1.3.1　脉冲星简介

1967 年，英国剑桥大学的博士研究生 Bell 与其导师 Hewish 在行星际闪烁研究的观测记录数据中发现了一连串脉冲，其周期稳定为 1.337 s（见图 1－2）。后经证实，这个信号来自于自然天体，称为脉冲星[9,53]。脉冲星的自转使其辐射波束周期扫过我们的天空，每个自转周期便产生一个脉冲信号[54]。脉冲星已被公认为是中子星，是大质量恒星经过超新星爆发的产物[53]。至今已经发现了 2000 余颗脉冲星，大部分收录于澳大利亚国家望远镜中心（ATNF）脉冲星目录[55,56]。Hewish 也因脉冲星的发现获得了 1974 年诺贝尔物理学奖[53]。

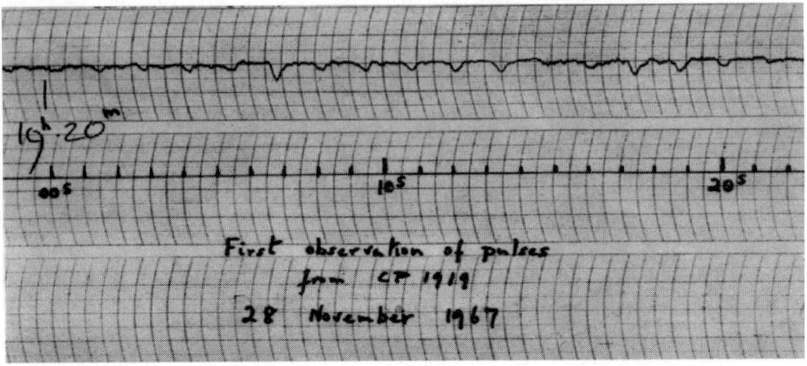

图 1-2 第一颗发现的脉冲星 PSR B1919+21 的脉冲记录[53]

脉冲星在射电至 γ 射线频段均可能辐射信号[57]，根据信号频段的差别，称为射电脉冲星或 X 射线脉冲星等。当然，同一颗星也可能在多个频段同时辐射信号（图 1-3 给出了 Crab 脉冲星在不同频段的累积脉冲轮廓形状）。一般把自转周期从数毫秒至几十毫秒的脉冲星称为毫秒脉冲星（MSP），自转周期在秒级的称为普通脉冲星[54]。对中子星的理论研究表明，脉冲星的自转周期可以低于 1 ms[58]，第一颗毫秒脉冲星是 1982 年发现的 PSR B1937+21，其自转频率 641 Hz，在 2006 年，发现了一颗转速更快的毫秒脉冲星 PSR J1748-2446ad，其自转频率为 716 Hz。虽然有声明称发现 XTE J1739-285 自转频率达到 1 122 Hz[59]，但一直没有被其他天文学家证实；另一方面，对于自转供能的脉冲星（见下文），其自转周期也可以长至 8.5 s[58]。毫秒脉冲星约占已发现脉冲星总数的 10%，大部分毫秒脉冲星是在双星系统中，也就是处于与另一个天体的相伴轨道上，而只有小部分普通脉冲星属于双星[54]。图 1-4 给出了自转供能脉冲星的周期导数相对于周期的分布图，图中右上角一块为普通脉冲星，左下角一块为毫秒脉冲星，其多属于双星系统[60]。

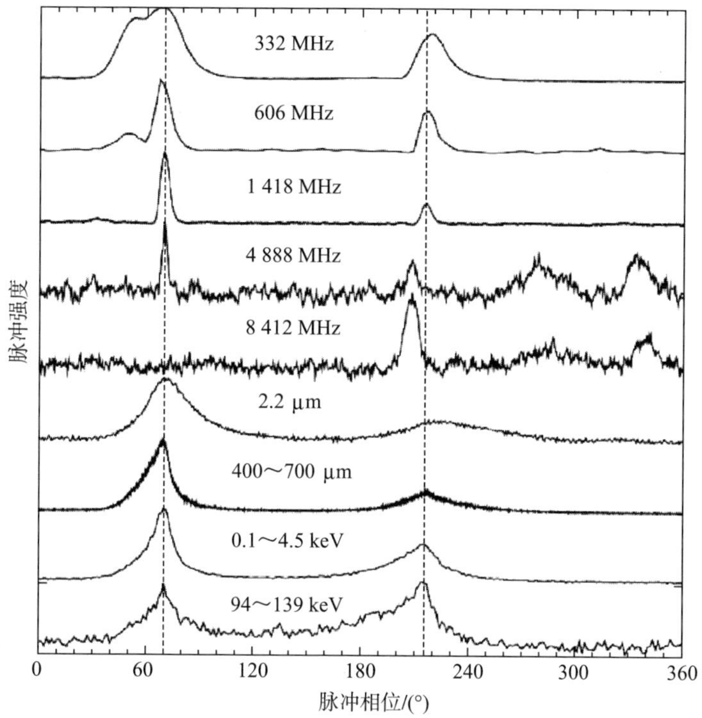

图 1-3　Crab 脉冲星不同频段的累积脉冲轮廓[37]

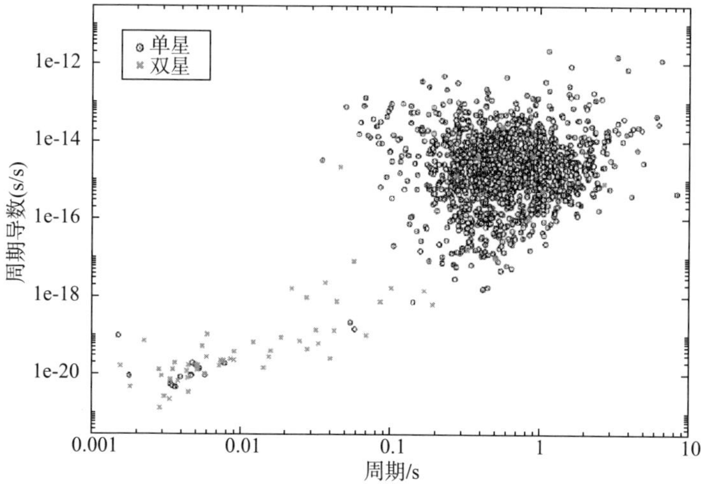

图 1-4　自转供能脉冲星周期导数相对于周期的分布图[60]

脉冲星从供能机理上主要可分为自转供能脉冲星（RPSR）与吸积供能脉冲星（APSR）（见图1-5），还有一小部分为借助大磁场衰退供能的反常X射线脉冲星（AXP）[53,61]。在射电领域发现的以及收入ATNF目录的多为自转供能脉冲星。自转供能脉冲星靠自身的自转动能提供辐射能量，因此所有自转供能脉冲星的转速是逐渐减缓的，其中毫秒脉冲星转速减缓率最低，周期也最为稳定（见图1-4）[54,60,62]。如上文所述，自转供能脉冲星可以为自转供能脉冲单星（IRPSR），也可以为自转供能脉冲双星（BRPSR）[23]；自转供能脉冲双星大部分是毫秒脉冲星，反之亦然，因为毫秒脉冲星可能经历了吸积的再加速过程[57,63]。吸积供能脉冲星处于双星系统，通过吸积伴星物质提供能量：物质流通过磁场转移到磁极冠区形成热斑并辐射出X射线，热斑随着脉冲星旋转形成X射线脉冲[37]。吸积供能脉冲星实际上是处于双星系统中的X射线脉冲星，也称为X射线双星（XB）[64]。X射线双星是自然界最明亮的一类X射线源[65]；其根据伴星质量大小主要分为大质量X射线双星（HMXB）和小质量X射线双星（LMXB），其中HMXB的伴星质量为10～30倍的太阳质量，通过吸积星风产生X射线辐射，而LMXB的伴星质量一般小于1.5倍太阳质量，可能为中子星或黑洞，其吸积伴星物质在其周围形成吸积盘，通过吸积盘的物质转移产生X射线辐射[37,53,64]。1971年初，Giacconi和他的团队基于Uhuru的观测数据，发现了位于半人马座的第一颗X射线双星Cen X-3（也称为4U 1119-60）[10]。1971年末，位于武仙座的第二颗X射线双星Her X-1（也称为4U 1656+35）被发现，成为研究最广泛的吸积脉冲星[66]。Giacconi也因其在X射线天文学方面的贡献获得了2002年诺贝尔物理学奖。现在大约发现了110颗X射线双星，脉冲周期从1.7 ms至9 860 s不等[53]；其周期的变化特性也不一致，有的转速稳定地增加，有的减缓，也有的在增加与减缓之间发生转换[65,67]。

图 1-5　自转供能脉冲星（左）与吸积供能脉冲星（LMXB）（右）的构想图[64,68]

1.3.2　脉冲星计时简介

脉冲星计时（Pulsar Timing）是指通过定期精确地测定脉冲到达时间（TOA）以长期监测并跟踪脉冲星的自转。脉冲星计时是脉冲星观测研究的基本工具，可以帮助天文学家或物理学家精确测定脉冲星参数、探索中子星内部结构、验证引力理论等[57,69,70]。脉冲星计时观测量称为计时残差，即观测的脉冲 TOA 与通过当前已知脉冲星参数预测的脉冲 TOA 的差。脉冲星参数的细微误差都会体现到计时残差曲线的系统特性中，于是基于长期计时观测数据，通过最小二乘的方法便可以精确测定脉冲星参数[71,72]。图 1-6 示意了脉冲星计时的过程：由于星际介质与大气的存在，射电频段脉冲信号的传播速度与频率是有关的，先要进行消色散以修正频率差造成的脉冲信号延时，进而通过多个脉冲的累积形成稳定的平均轮廓并与标准轮廓比较，得到观测站处的脉冲 TOA，这中间还需要将观测站处的时间转换为通用的国际原子时或地球时；接下来便要经过一系列延时改正，将 TOA 从观测站改正到脉冲星，再与脉冲星自转模型的预测值做差形成计时残差；最后通过最小二乘拟合获取相关参数，并通过改进得到更精确的计时模型[57,71,72]。

脉冲星计时曾经成功应用于对爱因斯坦广义相对论的验证。第一颗射电脉冲双星（简称为脉冲双星，Binary Pulsar）PSR B1913+16 在 1974 年由 Hulse 与 Taylor 发现后，很多相对论现象得到了测量。他们通过对双星轨道周期变化率的精密测定得到了引力波存在的间接证据[73-75]，这也鼓励了各国物理学家建造大型的引力波探测设施。Hulse 与 Taylor 因为他们的发现获得了 1993 年诺贝尔物理学奖。在 1991 年，发现了一个类似的系统 PSR B1534+12，可以再次对使用 PSR B1913+16 进行的引力理论验证进行确认[76,77]。2003 年，发现了第一个双脉冲星（Double Pulsar）系统 PSR J0737-3039A 与 PSR J0737-3039B，使得进行更严格的引力理论验证成为可能[57]。以上这些验证试验是以长期的脉冲星计时工作为基础的，因此，对计时模型的准确性与精度要求也越来越高。

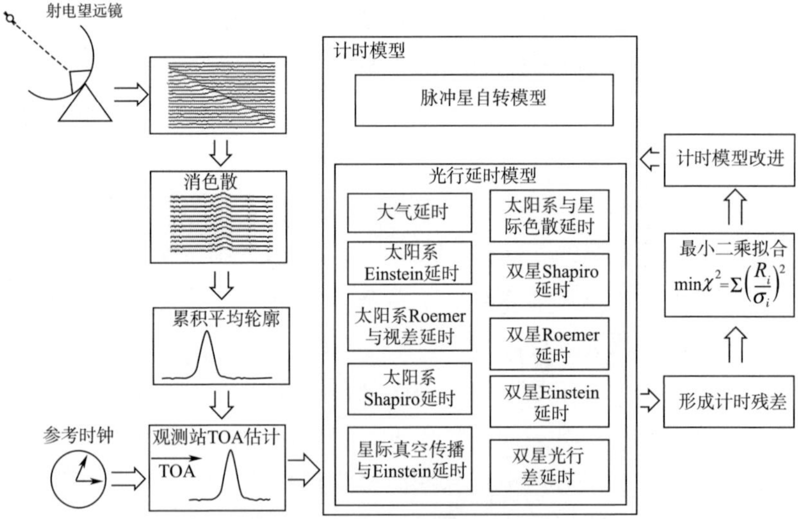

图 1-6　脉冲星计时过程与计时模型示意图

脉冲星计时模型包括脉冲星的自转模型与光行延时模型（见图 1-6），其核心便是光行延时模型。Murray[78] 于 1983 建立了基于广义相对论的天体观测理论，考虑了脉冲星光行延时中地球运动及天体自行带来的相对论效应。Hellings 等[79,80]于 1986 年重新审视并研究了光行延时中包括太阳系 Shapiro 延时在内的相对论效应。双星系统延时模型也逐步得到了细化。Blandford 与 Teukolsky[81]在 1976 年考虑了双星 Einstein 延时及轨道参数的长期变化，他们的模型称为 BT 模型。Epstein 拓展了 BT 模型的延时公式，进一步包含了双星 Shapiro 延时，而 Huagan 纠正了 Epstein 公式关于近星点幅角摄动速率的一个错误，于是他们的工作被总结为 Epstein - Huagan（EH）模型[82-85]。Damour 与 Deruelle[84,85]在 1985 至 1986 年给出了新的相对论二体问题后牛顿解，得到了独立于引力理论的延时公式，并引入了双星光行差延时，他们的模型称为 DD 模型。在假设广义相对论正确的前提下，DD 模型的自由参数将成为脉冲星与其伴星质量的函数，此时，DD 模型演化成为 DDGR（DD Assuming General Gravity）模型[82,86]。其他的双星延时模型还包括 Wex 于 1998 年提出的 MSS 模型，用于处理以主序星为伴星的脉冲星轨道偏离，Lange 于 2001 年提出的 ELL1 模型，处理小偏心率轨道[71,72]。澳大利亚 ATNF 在 2006 年开发了著名的计时软件 TEMPO2，成为目前应用最广泛的计时软件；其前身是由普林斯顿大学与 ATNF 共同开发的 TEMPO。TEMPO 延时模型精度达到 100 ns，但还是难以满足当前高精度计时任务需求，而 TEMPO2 使用了综合模型 T2，延时模型精度达到了 1 ns[71,72]。

综上所述，脉冲星计时经过 30 余年的发展，已经形成了一套完整的理论模型和算法软件。在脉冲星导航的研究中，可以将脉冲星计时领域的丰富成果结合到脉冲星导航的模型中来，特别是考虑双星运动时带来的附加延迟与多普勒效应。因此，脉冲星计时模型也是脉冲星导航算法研究的基础。

1.4　X 射线脉冲星导航原理

脉冲星主要在射电频段与 X 射线频段产生辐射。X 射线有助于减小探测器面积，又X射线只能在地球大气层外才能探测到[37]，所以相对于射电频段，X射线脉冲星更适合应用于航天器导航[12]。在地面进行长期观测的多为射电脉冲星，所以同时存在X射线辐射与射电频段辐射的脉冲星应为首选的导航源。然而，射电脉冲星在X射线频段一般比较暗弱，同时在两个频段存在辐射的高品质导航源数量很少（见2.7.2节）。随着X射线天文学的发展，人们对X射线双星的研究也越加深入；X射线双星是自然界最明亮的X射线源，且很多也有着较高的周期稳定性，因而可以考虑作为导航源的候选对象[23,87]。

传统观点认为，若考虑双星的运动，会增加导航模型的复杂性，所以一般加以回避[23]。然而，从导航源的角度来看，X射线双星的辐射流量高，易于探测，且自转供能脉冲星中周期稳定度高的毫秒脉冲星也多处于双星系统（见图1-4），因而使用双星导航是必要的。从模型复杂度来说，双星系统延时模型已经发展趋于完善，通过增加相应的双星参数，能实现不同类型双星延时的高精度求解，因而复杂性的增加是有限的。毛悦[88]考虑了双星模型在时间转换中对脉冲到达时间的修正，任红飞等[89]指出了使用双星进行导航的优越性，并给出了基于双星的脉冲到达时间方程；但是他们并未深入探讨双星前提下脉冲相位或多普勒频移估计的具体方法。因此，新的思路是自始便假设脉冲星是处于双星系统中，从而建立基于双星的延时模型与双星运动带来的多普勒效应的模型。为了与已有模型进行比较，单星情形可作为双星情形的特例进行研究。

X射线脉冲星导航的基本几何原理一般描述为（见图1-7）[2,90,91]：当脉冲星的辐射波束扫过航天器时，航天器上的X射线探测器便能接受到一个脉冲信号，可以利用星载时钟测定航天器处的脉冲TOA，而太阳系质心（SSB）处的脉冲TOA可以用脉冲星计时模型预报，两者的差乘以光速便是航天器相对于SSB在脉冲星视线方向的投影距离；如果考虑钟差，同时观测4颗脉冲星便能联立解算航天器相对SSB的三维位置与钟差；由于地球的位置可以由太阳系行星星历给出，进而可以获得航天器相对地心的三维位置；上述过程称为“几何定轨”，如果观测脉冲星数少于 4 颗，可以辅以航天器轨道动力学，使用滤波估计的方法进行轨道递推解算，这称为“动力学定轨”。

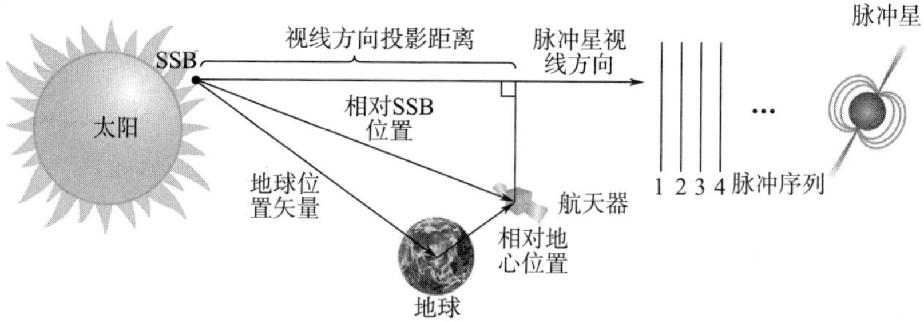

图 1-7　X 射线脉冲星导航基本几何原理示意图[92]

就脉冲星导航算法而言，上述的基本原理虽然易于理解，但距工程可实现性还有一定距离，主要面临如下困难。

1）航天器处的脉冲 TOA 测定是一个复杂的过程：X 射线探测器直接测量的是光子 TOA 而不是脉冲 TOA，需要累积一定量光子数据才能提取脉冲 TOA 或相位信息，面临一个弱信号的信息提取问题。

2）航天器与双星的运动会带来不利影响：可以通过光子历元折叠得到累积轮廓，进而与标准轮廓比较获得脉冲 TOA，但航天器运动与双星运动引入的多普勒效应造成航天器处视脉冲周期不断变化，给折叠带来困难；另一方面，为了获取精确的脉冲 TOA，一般需要较长观测时间（1 000 s 或更长），这段时间内航天器将运行很长的弧段，如何进行长弧段量测数据的对准也是重要问题。

3）SSB 处脉冲 TOA 的预报是一个容易产生误区的问题：如果将 SSB 处脉冲 TOA 理解为 SSB 处真实的脉冲到达时间，会引入另一条光行路径（即从脉冲星至 SSB），而所要考虑的光行路径是从脉冲星至航天器，因此，SSB 处脉冲 TOA 应理解为脉冲信号沿从脉冲星至航天器光行路径经过 SSB 的时间；在双星情形下，SSB 处 TOA 的求解需要考虑双星系统延时，将参考时间定义为脉冲发射时间，这样意义更为明确。

4）需要建立高精度的延时模型：基本几何原理的描述中实际只考虑了太阳系基本 Roemer 延时，脉冲信号的传播受到脉冲星自行或视差引起的几何效性及许多相对论效应的影响，如果忽略这些影响，距离误差可能在 500 km 以上（见表 4－2）。

5）高精度的延时模型会引入非线性项：高阶延时相对航天器位置的关系多为非线性的，非线性项会带来建模的困难与导航算法效率的降低。

6）存在整周模糊度问题：如果航天器初始位置未知，便无法预测 SSB 处到达的是第几个脉冲，即存在整周模糊度；整周模糊度求解不是一个估计问题，而是一个搜索问题，搜索算法的设计也是一个难点。

第 2 章　面向导航的脉冲星计时模型

2.1　概述

使用脉冲星进行导航可视为脉冲星计时观测的逆过程；脉冲星计时观测中，观测站位置是已知的，需要对脉冲星参数进行测定，而脉冲星导航中，脉冲星参数是已知的，需要对航天器位置进行测定。这两个过程中，计时模型是统一的，只是未知参数设定的不同。因此，对于脉冲星导航，可以基于脉冲星计时观测领域的丰富成果，将计时模型通过适应性改造应用于脉冲星导航量测方程的建立。这样，计时模型便成为开展脉冲星导航理论与算法研究的基础。

X 射线是高频的电磁波，所以在航天器导航研究中可以忽略太阳系与星际色散延时，大气延时也不用考虑。Sheikh[23,93]曾推导了太阳系中的延时模型，并被广泛引用，但是他的模型也存在一些不足：1）不能适用于双星情形；2）对 SSB 到达时间理解存在误区；3）简化版模型精度低；4）高阶版模型表达式复杂，未区分不同延时项，也未直接建立与脉冲星参数的关系（例如引入了脉冲星距离，并不属于通常可测定的脉冲星参数），故难于应用。

本章主要基于 TEMPO2 计时模型与双星 DD 模型，建立了参数化的面向导航的计时模型，在完整参数组的条件下，延时的精度可以达到 TEMPO2 所声明的 1 ns。对于单星情形的特例，与 Sheikh 的延时模型进行了比较分析。此外，基于计时观测理论对可用导航源的角位置测定精度进行了分析，这对于导航源的选择与数据库的建立有一定指导意义。

本章符号主要采用 Hobbs 与 Edwards[71,72]的习惯来定义。定义

如下符号记法：对于任意矢量 $\boldsymbol{a}$，小写的 a 为矢量 $\boldsymbol{a}$ 的模，即 $a\equiv|\boldsymbol{a}|$；$\hat{\boldsymbol{a}}$ 表示单位矢量，$\hat{\boldsymbol{a}}\equiv\boldsymbol{a}/a$；用 $\boldsymbol{R}_0$ 代表双星质心相对于 SSB 的初始位置矢量；对于任意矢量 $\boldsymbol{a}$，a_{P} 表示 $\boldsymbol{a}$ 在 $\boldsymbol{R}_0$ 上的投影，即 $a_{\mathrm{P}}\equiv\boldsymbol{a}\cdot\hat{\boldsymbol{R}}_0$，$\boldsymbol{a}_{\mathrm{V}}$ 表示 $\boldsymbol{a}$ 相对于 $\boldsymbol{R}_0$ 的垂直分量，即 $\boldsymbol{a}_{\mathrm{V}}\equiv\boldsymbol{a}-a_{\mathrm{P}}\hat{\boldsymbol{R}}_0$。

2.2　参考系与时间尺度

要精确建立脉冲信号的光行延时模型，必须选取合适的参考系与时间尺度来描述，且需要进行不同时间尺度之间的转换。要想达到所要的转换精度，各种相对论效应必须得到充分考虑。

2.2.1　所用参考系

描述光行延时、行星与航天器运动的基本参考系为太阳系质心天球参考系（BCRS）；BCRS 为相对“全局”的参考系，其时空度规由 IAU 2000 决议 B1.3 确定[94,95]。BCRS 坐标轴设定为与国际天球参考系（ICRS）的坐标轴重合，而 ICRS 坐标轴是由一系列河外致密射电源的精确坐标测量来维持的[94-96]。

对于近地航天器的运动，适合在地心天球参考系（GCRS）中描述。GCRS 是一个局部参考系，其时空度规也由 IAU 2000 决议 B1.3 确定[94,95]。BCRS 与 GCRS 定义时都满足了谐和坐标条件[94]。GCRS 与 BCRS 空间坐标系的转换不包含转动成分，因此，GCRS 相对于 BCRS 是运动学无转动的；GCRS 中航天器动力学需要包含主要由测地线进动引起的相对论科里奥利力[95]。

坐标时定义为移除引力场后位于坐标原点处的钟的读数；BCRS 的坐标时称为太阳系质心坐标时（TCB），GCRS 的坐标时称为地心坐标时（TCG）。IAU 2000 决议 B1.3 也给出了 BCRS 与 GCRS 的四维时空坐标的转换公式[94,95]。

如果脉冲星属于双星系统，其运动相对于双星质心来描述更为方便。定义双星质心天球坐标系（BBCRS），坐标原点位于双星质心

(BB)，同样满足谐和坐标条件[84,97]；其时空度规由双星系统的引力场确定，但度规并不能确定其坐标轴的方向，为了方便，规定 BBCRS 坐标系相对于 BCRS 坐标系是运动学无转动的。BBCRS 的坐标时为假设没有任何引力场存在时位于 BB 的钟的读数[71]。

2.2.2 时间尺度与转换

时间尺度的类型除了坐标时外还有固有时，即安装在观测者自身的钟测量的时间；脉冲或光子的发射与到达时间都是用固有时来描述的。将描述计时模型所需要的时间尺度归纳如下：1）BCRS 坐标时，即 TCB，记为 t；2）GCRS 坐标时，即 TCG，记为 $\bar{t}$；3）航天器固有时，记为 τ；4）BBCRS 坐标时，记为 $\overline{T}$，其时间零点定义满足 $t=\overline{T}=E_{\mathrm{POS}}$（$E_{\mathrm{POS}}$ 为脉冲星位置历元）；5）脉冲星固有时，记为 T。下面将详细讨论不同时间尺度的转换方法。

航天器固有时与 TCB 的关系通过下式给出

$$\frac{\mathrm{d}\tau}{\mathrm{d}t}=1-c^{-2}(U+\frac{v^2}{2}) \tag{2-1}$$

其中，c 为真空中的光速，U 为太阳系所有天体产生的引力势在航天器处的值，$\boldsymbol{v}$ 表示航天器在 BCRS 中的速度，满足 $\boldsymbol{v}=\mathrm{d}\boldsymbol{r}/\mathrm{d}t$，$\boldsymbol{r}$ 为航天器在 BCRS 中的位置矢量。式（2-1）对于近地航天器的最大误差为 0.001 ns[23,80]。对于近地航天器可以把 U 分解为

$$U=(U'_{\mathrm{SS\text{-}E}}-U_{\mathrm{SS\text{-}E}})+(U_{\mathrm{SS\text{-}E}}+U_{\mathrm{E}}) \tag{2-2}$$

其中，$U'_{\mathrm{SS\text{-}E}}$ 与 $U_{\mathrm{SS\text{-}E}}$ 分别是由太阳系内除地球外所有天体产生的引力势在航天器处与地心处的值，U_{E} 为地球引力势在航天器处的值。将 U 展开到一阶项，可得

$$U=\ddot{\boldsymbol{r}}_{\mathrm{E}}\cdot\boldsymbol{r}_1+(U_{\mathrm{SS\text{-}E}}+U_{\mathrm{E}}) \tag{2-3}$$

其中，$\boldsymbol{r}_1$ 表示地心指向航天器的矢量在 BCRS 中的度量值（注意不是在 GCRS 中），$\boldsymbol{r}_{\mathrm{E}}$ 为地心在 BCRS 中的位置矢量，$\ddot{\boldsymbol{r}}_{\mathrm{E}}$ 为地心加速度矢量，满足 $\ddot{\boldsymbol{r}}_{\mathrm{E}}=\mathrm{d}^2\boldsymbol{r}_{\mathrm{E}}/\mathrm{d}t^2$，$\boldsymbol{v}_{\mathrm{E}}$ 表示地心在 BCRS 中的速度矢量。式（2

-3）忽略的高阶项引起的等效时间误差不超过 0.01 ns[98]。航天器速度平方可以展开为[23]

$$v^2 = (\boldsymbol{v}_E + \boldsymbol{v}_1)\cdot(\boldsymbol{v}_E + \boldsymbol{v}_1) = v_E^2 + 2[\mathrm{d}(\boldsymbol{v}_E \cdot \boldsymbol{r}_1)/\mathrm{d}t - \ddot{\boldsymbol{r}}_E \cdot \boldsymbol{r}_1] + v_1^2 \tag{2-4}$$

其中，$\boldsymbol{v}_1$ 为在 BCRS 中度量的航天器相对于地心的速度，满足 $\boldsymbol{v}_1 = \mathrm{d}\boldsymbol{r}_1/\mathrm{d}t$ 。

根据式（2-3）与式（2-4），式（2-1）可以写为

$$\frac{\mathrm{d}\tau}{\mathrm{d}t} = 1 - c^{-2}\left[U_{\text{SS-E}} + \frac{v_E^2}{2} + U_E + \frac{v_1^2}{2} + \frac{\mathrm{d}(\boldsymbol{v}_E \cdot \boldsymbol{r}_1)}{\mathrm{d}t}\right] \tag{2-5}$$

上式没有现成的积分结果，但 t 与 τ 的关系可以分解为两部分：一部分是 t 与 $\bar{t}$ 的关系，另一部分是 $\bar{t}$ 与 τ 的关系。根据 BCRS 与 GCRS 的四维坐标变换[94]，并忽略 c^{-4} 与更高阶项，有

$$\frac{\mathrm{d}\bar{t}}{\mathrm{d}t} = 1 - c^{-2}\left[U_{\text{SS-E}} + \frac{v_E^2}{2} + \frac{\mathrm{d}(\boldsymbol{v}_E \cdot \boldsymbol{r}_1)}{\mathrm{d}t}\right] \tag{2-6}$$

给定公共历元 $t_0 = 43\,144.000\,372\,5$ MJD[23]，式（2-6）的积分为

$$t - \bar{t} = c^{-2}\int_{t_0}^{t}\left[\left(U_{\text{SS-E}} + \frac{v_E^2}{2}\right) + c^{-2}\boldsymbol{v}_E \cdot \boldsymbol{r}_1\right]\mathrm{d}t \tag{2-7}$$

这个表达式即为 TCB 与 TCG 的转换公式。新的太阳系星历如 INPOP08，可以用数值方法实现上式的求解并达到纳秒级精度[96,99]。

用式（2-6）来除式（2-5），并忽略 c^{-4} 及更高阶项可以得到

$$\frac{\mathrm{d}\tau}{\mathrm{d}\bar{t}} = 1 - c^{-2}\left(U_E + \frac{v_1^2}{2}\right) \tag{2-8}$$

对于近地航天器，U_E 与 v_1^2 可以用航天器轨道开普勒参数表示为[100]

$$\begin{cases} U_E = Gm_1/r_1 \\ v_1^2 = Gm_1(2/r_1 - 1/a_1) \\ r_1 = a_1(1 - e_1\cos u_1) \\ u_1 - e_1\sin u_1 = \tau\sqrt{Gm_1 a_1^{-3}} + \sigma_1 \end{cases} \tag{2-9}$$

其中，m_1 为地球质量，a_1 为航天器轨道半长轴，e_1 为偏心率，u_1 为偏近点角，σ_1 为与过近地点时刻有关的常数。利用式（2-6）对式（2

-8）积分，令积分结果中相加的常数项吸收到 τ 的零点重定义中，令相乘的常数项吸收到 τ 的秒长重定义中，可以得到如下表达式

$$\bar{t}-\tau=2e_1c^{-2}\sqrt{Gm_1a_1}\sin u_1 \tag{2-10}$$

接下来，t 与 $\overline{T}$ 的关系由下式给出

$$\frac{\mathrm{d}\overline{T}}{\mathrm{d}t}=1-\frac{1}{2}c^{-2}v_{\mathrm{B}}^2 \tag{2-11}$$

其中，$\boldsymbol{v}_{\mathrm{B}}$ 为 BB 在 BCRS 中的速度。对上式积分可得

$$\overline{T}-t=-\frac{1}{2}c^{-2}v_{\mathrm{B}}^2(t-E_{\mathrm{POS}}) \tag{2-12}$$

类似式（2-10），T 与 $\overline{T}$ 的转换关系可以归纳为[81]

$$\overline{T}-T=\gamma\sin u \tag{2-13}$$

其中，u 为双星轨道偏近点角，γ 是常数，为双星系统参数之一，称为双星 Einstein 延时振幅。

这样，式（2-7）与式（2-10）便给出了 t，$\bar{t}$ 与 τ 之间的转换关系，式（2-12）与式（2-13）便给出了 t，$\overline{T}$ 与 T 之间的转换关系。

2.3　延时模型

2.3.1　空间几何与延时的分解

如果不考虑任何相对论效应，脉冲信号的传播延时就是纯粹的几何延时，也就是传播距离除以真空光速。完善的空间几何模型是精确计时模型的基础，在此基础上加上各种相对论修正项，即可细化计时模型，使其更精确地描述脉冲信号的传播。图 2-1 给出了脉冲星与航天器间的空间几何关系，这里假设脉冲星处于双星系统中，这是更一般的情形，因为单星可以处理为双星的一种特例。图中 $\boldsymbol{R}_0$ 是 BB 在 BCRS 中的初始位置（即在位置历元 E_{POS} 时刻的位置），$\boldsymbol{R}_{\mathrm{BB}}$ 是 BB 在 BCRS 中的位置，$\boldsymbol{l}$ 是 BB 相对于其初始位置 BB_0 的偏移矢量，$\boldsymbol{r}$ 是航天器在 BCRS 中的位置矢量，$\boldsymbol{r}_j$ 是太阳系中第 j 个天

体指向航天器的矢量，$\boldsymbol{b}$ 是脉冲星在 BBCRS 中的位置矢量，$\boldsymbol{R}$ 为航天器指向脉冲星的矢量。

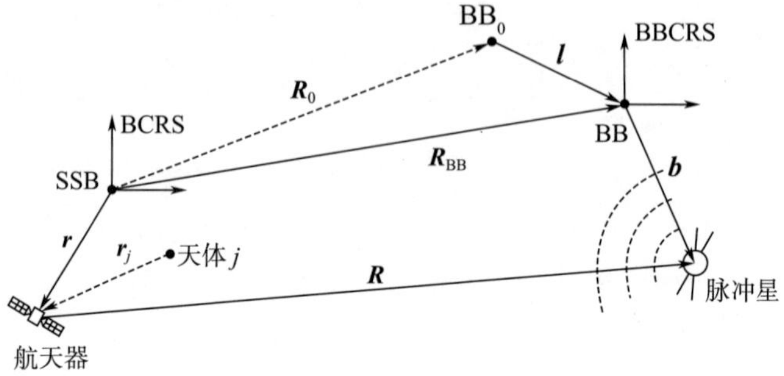

图 2-1　脉冲星与航天器间的空间几何关系

为了将 $\boldsymbol{R}$ 表示为航天器与脉冲星的天文参数，将 $\boldsymbol{R}$ 分解为如下四部分

$$\boldsymbol{R}=\boldsymbol{R}_0+\boldsymbol{l}+\boldsymbol{b}-\boldsymbol{r} \tag{2-14}$$

将式（2-14）投影到 $\boldsymbol{R}_0$ 上可以得到[72]

$$\begin{aligned}R=&R_0+l_{\mathrm{P}}-r_{\mathrm{P}}+b_{\mathrm{P}}-R_0^{-1}\boldsymbol{l}_{\mathrm{V}}\cdot\boldsymbol{r}_{\mathrm{V}}+R_0^{-1}r_{\mathrm{V}}^2/2+R_0^{-1}l_{\mathrm{V}}^2/2+\\&R_0^{-2}r_{\mathrm{P}}l_{\mathrm{V}}^2/2+R_0^{-2}l_{\mathrm{P}}\boldsymbol{l}_{\mathrm{V}}\cdot\boldsymbol{r}_{\mathrm{V}}-R_0^{-2}l_{\mathrm{P}}l_{\mathrm{V}}^2/2+R_0^{-1}\boldsymbol{l}_{\mathrm{V}}\cdot\boldsymbol{b}_{\mathrm{V}}-\\&R_0^{-1}\boldsymbol{r}_{\mathrm{V}}\cdot\boldsymbol{b}_{\mathrm{V}}+R_0^{-1}b_{\mathrm{V}}^2/2\end{aligned} \tag{2-15}$$

式中保留了所有在假设 BB 相对于其初始位置有 20 年的偏移情形下对应的延时大于 1 ns 的项。

来自脉冲星的脉冲信号或光子的传播历程开始于以脉冲星固有时描述的发射时间 T_{ePSR}（下标 e 表示发射），结束于航天器处的以航天器固有时描述的 TOA，或记为 τ_{aOBS}（下标 a 表示到达），途中还经过了 BB 与 SSB，其经过时刻可以分别用两个历元来描述：以双星质心坐标时描述的 BB 到达时间 $\overline{T}_{\mathrm{aBB}}$ 与以太阳系质心坐标时描述的 SSB 到达时间 t_{aSSB}。光信号并非真正到达了 BB 或 SSB，这两个历元可以理解为 BB 或 SSB 离光传播路径最近的时刻。这样图 2-1 中相关矢量的历元便可以定义：$\boldsymbol{R}_0$ 对应的历元为 $\overline{T}_{\mathrm{aBB}}=E_{\mathrm{POS}}$，$\boldsymbol{b}$ 对应历

元为 T_{ePSR} ，$\boldsymbol{l}$ 对应历元为 $\overline{T}_{aBB}$ ，$\boldsymbol{r}_j$ 对应历元为 t_{aSSB} ，$\boldsymbol{r}$ 对应历元为 τ_{aOBS} 。光信号的总传播延时为 τ_{aOBS} 与 T_{ePSR} 的差

$$\Delta = \tau_{aOBS} - T_{ePSR} \tag{2-16}$$

总延时 Δ 可以分解为三部分，即

$$\Delta = \Delta_S + \Delta_I + \Delta_B \tag{2-17}$$

其中，Δ_S 表示太阳系延时，Δ_I 为星际延时，Δ_B 指双星系统延时。式(2-15)的各项所代表的几何延时将会分配到这三部分延时中去；当然，完整的延时还会包括各种相对论效应的延时项。这样，上述两个历元即 BB 到达时间与 SSB 到达时间可以分别定义为

$$\overline{T}_{aBB} \equiv T_{ePSR} + \Delta_B \tag{2-18}$$

$$t_{aSSB} \equiv \tau_{aOBS} - \Delta_S \tag{2-19}$$

同时有

$$\Delta_I \equiv t_{aSSB} - \overline{T}_{aBB} \tag{2-20}$$

记双星质心在 BCRS 中在位置历元 E_{POS} 时刻的赤纬为 δ ，赤经为 α（即 BB_0 的方位），可以定义一个右手正交的空间坐标系称为脉冲星天空平面坐标系 $X_SY_SZ_S$ ，其 Z_S 指向初始视线方向，$X_SBB_0Y_S$ 平面与初始视线方向垂直，称为脉冲星天空平面（Plane of Sky）。记 BCRS 空间坐标系为 $X_IY_IZ_I$ ，则 $X_IY_IZ_I$ 到 $X_SY_SZ_S$ 的旋转关系为 $\boldsymbol{R}_1(\pi/2-\delta)\boldsymbol{R}_3(\alpha+\pi/2)$ 。这样，可以得到 $\hat{\boldsymbol{R}}_0$ 在 BCRS 中的投影（下标“I”表示在 $X_IY_IZ_I$ 中的投影）

$$\hat{\boldsymbol{R}}_{0I} = [\cos\delta\cos\alpha,\quad \cos\delta\sin\alpha,\quad \sin\delta]^T \tag{2-21}$$

记脉冲星的三维自行为 $\boldsymbol{\mu}$ ，其在 $X_SY_SZ_S$ 中的投影为 $\boldsymbol{\mu}_S = [\mu_\alpha,\ \mu_\delta,\ \mu_P]^T$ ，μ_α 称为赤经自行，μ_δ 称为赤纬自行，μ_P 称为径向自行。这样 BB 的偏移矢量可以表达为

$$\boldsymbol{l} = \boldsymbol{\mu}R_0(\overline{T}_{aBB} - E_{POS}) + \frac{\boldsymbol{a}_B}{2}(\overline{T}_{aBB} - E_{POS})^2 \tag{2-22}$$

其中，$\boldsymbol{a}_B$ 为 BB 的加速度矢量；若要达到纳秒级的计时模型精度，加速度除了在星际延时的计算中需要考虑，在其他延时计算中的影响可以忽略[72]。若不记 $\boldsymbol{a}_B$ 影响，式(2-15)中 $\boldsymbol{l}_V$ 在 BCRS 中的投影

可以表示为

$$\boldsymbol{l}_{\mathrm{VI}}=R_0(\overline{T}_{\mathrm{aBB}}-E_{\mathrm{POS}})\begin{bmatrix}-\mu_\alpha\sin\alpha-\mu_\delta\sin\delta\cos\alpha\\ \mu_\alpha\cos\alpha-\mu_\delta\sin\delta\sin\alpha\\ \mu_\delta\cos\delta\end{bmatrix}\tag{2-23}$$

对于脉冲星在双星系统中位置矢量的投影表达式，将在2.3.4节中讨论。

2.3.2 太阳系延时

太阳系延时可以分为四部分：太阳系Roemer延时（Δ_{RS}）、视差延时（Δ_{PS}）、太阳系Shapiro延时（Δ_{SS}）以及太阳系Einstein延时（Δ_{ES}），即

$$\Delta_{\mathrm{S}}=\Delta_{\mathrm{RS}}+\Delta_{\mathrm{PS}}+\Delta_{\mathrm{SS}}+\Delta_{\mathrm{ES}}\tag{2-24}$$

太阳系Roemer延时包括由航天器位置与脉冲星自行引起的几何延时项，对应式（2-15）等号右边的第三、第五、第八与第九项

$$\Delta_{\mathrm{RS}}=-c^{-1}r_{\mathrm{P}}-c^{-1}R_0^{-1}\boldsymbol{l}_{\mathrm{V}}\cdot\boldsymbol{r}_{\mathrm{V}}+\frac{1}{2}c^{-1}R_0^{-2}r_{\mathrm{P}}l_{\mathrm{V}}^2+c^{-1}R_0^{-2}l_{\mathrm{P}}\boldsymbol{l}_{\mathrm{V}}\cdot\boldsymbol{r}_{\mathrm{V}}\tag{2-25}$$

式中等号右侧第一项是航天器径向位置偏移引起的延时；第二项是由脉冲星自行引起的；第三项是对Shklovskii项的修正量（见2.3.3节）；第四项是由径向运动诱导的横向运向引起的，也可以看作是第二项的修正量。

视差延时对应式（2-15）等号右边的第六项，是由于航天器位置在初始视线方向与当前视线方向径向分量不一致产生的。如果把脉冲信号理解为球面波，这一延时也可叫做球面波延时。视差延时的表达式为

$$\Delta_{\mathrm{PS}}=1/2c^{-1}R_0^{-1}r_{\mathrm{V}}^2\tag{2-26}$$

太阳系Shapiro延时是太阳系内相对论效应延时，是由太阳系内所有天体引力场引起的太阳系内时空的弯曲产生的。太阳系Shapiro延时可以分为主分量（Δ_{SS1}）与二阶延时（Δ_{SS2}）[57,72,79]，即

$$\Delta_{SS}=\Delta_{SS1}+\Delta_{SS2} \tag{2-27}$$

主分量的表达式为[72]

$$\Delta_{SS1}=-2\sum_{j}Gm_{j}c^{-3}\ln(R^{-1}\boldsymbol{R}\cdot\boldsymbol{r}_{j}+r_{j}) \tag{2-28}$$

其中，m_j 表示太阳系中第 j 个天体的质量，$\boldsymbol{r}_j$ 为第 j 个天体指向航天器的矢量。式（2-28）可以改写为如下形式

$$\Delta_{SS1}=-2\sum_{j}Gm_{j}c^{-3}\ln[r_{j}(1-\cos\psi_{j})] \tag{2-29}$$

其中，ψ_j 表示“脉冲星-航天器-天体”夹角。对于 ψ 小的扰动，Δ_{SS1} 的变化为（仅考虑太阳，下标 0 表示太阳）

$$\delta\Delta_{SS1}=-2Gm_{0}c^{-3}\frac{\sin\psi_{0}}{1-\cos\psi_{0}}\delta\psi_{0} \tag{2-30}$$

如果航天器恰好沿着脉冲星视线方向位于太阳边缘后方 1 Au 处，且脉冲星位置历元是 10 年前的，脉冲星的自行只要小于 5 mas/yr，$\delta\Delta_{SS1}$ 就能小于 1 ns。在上述假设条件下，太阳系 Shapiro 延时主分量可以简化为

$$\Delta_{SS1}=-2\sum_{j}Gm_{j}c^{-3}\ln(r_{jP}+r_{j}) \tag{2-31}$$

太阳系二阶 Shapiro 延时可以将 Hellings 在参考文献［80］中的式（32）重新用 ψ 参数改写得到

$$\Delta_{SS2}=4G^{2}m_{0}^{2}c^{-5}\frac{1+\cos\psi_{0}}{r_{0}\sin^{2}\psi_{0}} \tag{2-32}$$

这一表达式与参考文献［72］的式（34）不一致。笔者认为参考文献［72］可能在其公式等号右边项的分子上漏掉了加上常数 1。对于航天器沿着脉冲星视线方向位于太阳边缘后方 1 Au 处，太阳系二阶 Shapiro 延时大约能达到 18 ns。

太阳系 Einstein 延时也是一项相对论效应延时，是由航天器固有时与 BCRS 坐标时之间转换引起的，其定义为

$$\Delta_{ES}\equiv\tau_{aOBS}-t_{aOBS} \tag{2-33}$$

从式（2-1）可以得到

$$\Delta_{ES}=-c^{-2}\int_{t_0}^{t_{aOBS}}\left(U+\frac{v^{2}}{2}\right)dt \tag{2-34}$$

对于近地航天器，由式（2-7）与式（2-10）可以得到

$$\Delta_{\mathrm{ES}} = -c^{-2}\int_{t_0}^{t_{\mathrm{aOBS}}} (U_{\mathrm{SS\text{-}E}} + \frac{v_{\mathrm{E}}^2}{2})\mathrm{d}t - c^{-2}\boldsymbol{v}_{\mathrm{E}} \cdot \boldsymbol{r}_1 - 2e_1 c^{-2}\sqrt{Gm_1 a_1}\sin u_1 \tag{2-35}$$

上式等号右边前两项即为 TCG 减去 TCB，第三项为星钟相对于 TCG 的周期性偏差，等于星钟固有时减去 TCG。

2.3.3 星际延时

星际延时由真空传播延时（Δ_{VP}）与星际 Einstein 延时（Δ_{EI}）组成

$$\Delta_{\mathrm{I}} = \Delta_{\mathrm{VP}} + \Delta_{\mathrm{EI}} \tag{2-36}$$

真空传播延时属于几何延时，包括了只与脉冲星自行相关的项，对应式（2-15）等号右边的第一、第二、第七与第十项

$$\Delta_{\mathrm{VP}} = c^{-1}l_{\mathrm{P}} + \frac{1}{2}c^{-1}R_0^{-1}l_{\mathrm{V}}^2 - \frac{1}{2}c^{-1}R_0^{-2}l_{\mathrm{P}}l_{\mathrm{V}}^2 \tag{2-37}$$

上式似乎应包含 $c^{-1}R_0$ 项，但实际上延时模型中不会包含像 $c^{-1}R_0$ 这样的常数项。忽略常数项，对脉冲星参数的估计无非是参数历元的一个偏差，实际上我们也无法精确测得参数真正历元，比如脉冲星距离我们 1 万光年，于 2012 年对其位置进行测量，其位置历元即记为 2012 年，而不用再减去 1 万年。在太阳系 Shapiro 延时的推导过程中，同样也忽略了一些常数项[79,80]。在导航应用中，若采用脉冲星计时观测所得到的脉冲星参数，只要与计时观测使用一致的计时模型来求解信号的传播延时，便能获得与计时残差同等级的延时计算精度。式（2-37）等号右边第一项是 BB 相对于其初始位置的径向偏移引起的；第二项描述了 Shklovskii 效应[72,101]，即指横向运动造成的视线方向变化而产生的径向分量，这项延时称为 Shklovskii 延时，记为 Δ_{SH}，其表达式为

$$\Delta_{\mathrm{SH}} = \frac{1}{2}c^{-1}R_0^{-1}l_{\mathrm{V}}^2 = \frac{1}{2}c^{-1}\mu_{\mathrm{V}}^2 R_0 \delta T_{\mathrm{aBB}}^2 \tag{2-38}$$

其中，$\mu_{\mathrm{V}}^2 = \mu_\alpha^2 + \mu_\delta^2$，且 $\delta T_{\mathrm{aBB}} \equiv T_{\mathrm{aBB}} - E_{\mathrm{POS}}$；第三项可以理解为由

于距离变化引起的 Shklovskii 延时的长期变化。在 2.3.1 节中曾提过，若要达到纳秒级精度，星际延时计算中需要考虑 BB 的加速度；若考虑加速度，将式（2-37）展开后得到

$$\Delta_{\mathrm{VP}} = c^{-1} R_0 \mu_{\mathrm{P}} \delta T_{\mathrm{aBB}} + \frac{1}{2} c^{-1} (a_{\mathrm{BP}} + R_0 \mu_{\mathrm{V}}^2) \delta T_{\mathrm{aBB}}^2 + \frac{1}{2} c^{-1} (a_{\mathrm{B}\mu} - R_0 \mu_{\mathrm{P}} \mu_{\mathrm{V}}^2) \delta T_{\mathrm{aBB}}^3 \tag{2-39}$$

其中，$a_{\mathrm{B}\mu} \equiv \boldsymbol{a}_{\mathrm{BV}} \cdot \boldsymbol{\mu}_{\mathrm{V}}$，描述了 BB 在自行方向的加速度。

星际 Einstein 延时是一项相对论效应延时，由 BBCRS 坐标时与 BCRS 坐标时转换引起，其定义为

$$\Delta_{\mathrm{EI}} \equiv t_{\mathrm{aBB}} - \overline{T}_{\mathrm{aBB}} \tag{2-40}$$

由式（2-12）和式（2-40）可以得到

$$\Delta_{\mathrm{EI}} = \frac{(c^{-2} v_{\mathrm{B}}^2 / 2) \delta T_{\mathrm{aBB}}}{1 - c^{-2} v_{\mathrm{B}}^2 / 2} \tag{2-41}$$

其中，$v_{\mathrm{B}}^2 = R_0^2 (\mu_\alpha^2 + \mu_\delta^2 + \mu_{\mathrm{P}}^2)$；忽略 $c^{-4} v_{\mathrm{B}}^4$ 以及更高阶项，式（2-41）可以展开为

$$\Delta_{\mathrm{EI}} = \frac{1}{2} c^{-2} v_{\mathrm{B}}^2 \delta T_{\mathrm{aBB}} \tag{2-42}$$

2.3.4　双星系统延时

双星系统内部延时模型相对复杂，需要求解脉冲星在双星系统中的运动。本章主要基于 DD 模型来阐述双星系统延时。DD 模型代表了一般的双星系统，即使用后牛顿近似的相对论二体运动参数化方法来描述脉冲星运动。

脉冲星的轨道面方向是相对脉冲星天空平面通过两个参数确定的，一个是升交点赤径 Ω，另一个是轨道倾角 i，其几何关系如图 2-2 所示。天空平面法向本应与视线方向 $\hat{\boldsymbol{R}}_{\mathrm{BB}}$ 重合，在双星系统延时计算中，用初始视线方向 $\hat{\boldsymbol{R}}_0$ 来替代 $\hat{\boldsymbol{R}}_{\mathrm{BB}}$ 能提供足够的精度[72]。定义脉冲星轨道坐标系 $X_\text{o} Y_\text{o} Z_\text{o}$，其原点位于 BB_0，Z_o 轴指向升交点，

Z_o 轴与轨道面垂直，指向轨道角动量方向，Y_o 与 X_o、Z_o 构成右手正交坐标系。$X_oY_oZ_o$ 可由 $X_SY_SZ_S$ 通过两次旋转得到，坐标旋转矩阵为 $\boldsymbol{R}_1(i)\boldsymbol{R}_3(\Omega)$ 。这样可以将脉冲星在双星系统的位置矢量 $\boldsymbol{b}$ 投影到 BCRS 下

$$\boldsymbol{b}_I=\boldsymbol{R}_3(-\alpha-\frac{\pi}{2})\boldsymbol{R}_1(\delta-\frac{\pi}{2})\boldsymbol{R}_3(-\Omega)\boldsymbol{R}_1(-i)\begin{bmatrix}b\cos\theta\\ b\sin\theta\\ 0\end{bmatrix} \tag{2-43}$$

其中，θ 为纬度幅角或称为升交点角距。

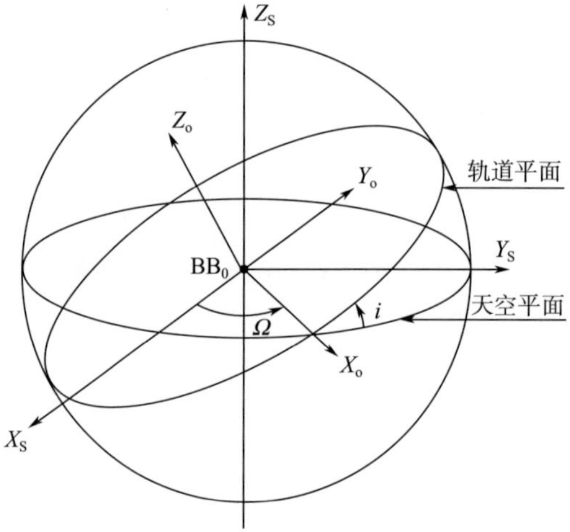

图 2-2　双星系统脉冲星轨道平面与天空平面的几何关系

脉冲星在双星系统中的运动用后开普勒（Post-Keplerian）参数来描述，用公式表示为[82,84,86]

$$u-e\sin u=\int_{T_{P0}}^{T_{ePSR}} n\mathrm{d}T \tag{2-44}$$

$$b=\frac{cx}{\sin i}(1-e_r\cos u) \tag{2-45}$$

$$\theta=\omega+A_{e_\theta}(u) \tag{2-46}$$

其中，$n=2\pi/P_b$ ，为轨道角速度，u 为偏近点角，P_b 为轨道的开普

勒周期，T_{P0} 为过近星点历元，e 为偏心率；x 为投影半长轴，定义为 $x \equiv c^{-1} a \sin i$ ，a 为半长轴；e_r 与 e_θ 分别是考虑轨道相对论径向与切向变形的偏心率；ω 为近星点幅角，$A_{e_\theta}(u)$ 为真近点角。相关参数可以进一步表示为

$$A_e(u) = 2\arctan\left[\left(\frac{1+e}{1-e}\right)^{1/2} \tan\frac{u}{2}\right] \tag{2-47}$$

$$e_r = e(1+\delta_r) \tag{2-48}$$

$$e_\theta = e(1+\delta_\theta) \tag{2-49}$$

$$\omega = \omega_0 + kA_{e_\theta}(u) \tag{2-50}$$

其中，δ_r 与 δ_θ 为轨道的相对论变形系数；$k = \dot{\omega} P_{b0}/(2\pi)$ ，下标“0”表示参数的初始值（对应于 $T = T_{P0}$ ），$\dot{\omega}$ 为轨道周期内 ω 平均变化率，注意这里不是指 ω 对时间的瞬时导数值[82]，将式（2－50）对时间求导有

$$\frac{d\omega}{dT} = \frac{\dot{\omega}\sqrt{(1+e)(1-e)}}{(1-e\cos u)^2} \tag{2-51}$$

上式表达了 ω 的平均变化速率与瞬时变化率关系。此外，参数 e，P_b 与 x 可以表达为初始值与长期变化量的和

$$e = e_0 + \dot{e}(T_{ePSR} - T_{P0}) \tag{2-51}$$

$$P_b = P_{b0} + \dot{P}_b(T_{ePSR} - T_{P0}) \tag{2-52}$$

$$x = x_0 + \dot{x}(T_{ePSR} - T_{P0}) \tag{2-53}$$

这里的 $\dot{e}$ ，$\dot{P}_b$ 与 $\dot{x}$ 分别表示 e，P_b 与 x 对脉冲星固有时的瞬时导数值。根据式（2－53），式（2－44）等号右边的积分项（称为轨道相位积分）可以表达为

$$\int_{T_{P0}}^{T_{ePSR}} n\,dT = \frac{2\pi}{\dot{P}_b}\ln\left[1 + \frac{\dot{P}_b}{P_{b0}}(T_{ePSR} - T_{P0})\right] \tag{2-55}$$

将上式展开并忽略 $\dot{P}_b^2$ 及更高阶项，可以得到

$$\int_{T_{P0}}^{T_{ePSR}} n\,dT = 2\pi\left[\frac{T_{ePSR} - T_{P0}}{P_{b0}} - \frac{\dot{P}_b}{2}\left(\frac{T_{ePSR} - T_{P0}}{P_{b0}}\right)^2\right] \tag{2-56}$$

这一表达式与参考文献［82］的式（12）与参考文献［86］的式（2.3e）一致，而参考文献［72］的式（61）$\dot{P}_b$ 项前为正号，应为笔误。式（2-56）又可改写为如下形式

$$\int_{T_{P0}}^{T_{ePSR}} n\mathrm{d}T = \frac{2\pi(T_{ePSR} - T_{P0})}{P_{b0} + \frac{\dot{P}_b}{2}(T_{ePSR} - T_{P0})} \tag{2-57}$$

如果将轨道相位积分写为 $n(T_{ePSR} - T_{P0})$ 或 $2\pi/P_b(T_{ePSR} - T_{P0})$，则 P_b 需要表示为

$$P_b = P_{b0} + \frac{\dot{P}_b}{2}(T_{ePSR} - T_{P0}) \tag{2-58}$$

这就是有些关于 P_b 的表达式中 $\dot{P}_b$ 项前 1/2 系数的来历，如参考文献［81］的式（2-48）。实际上 n 为时变的量，轨道相位积分是不能直接写成 $n(T_{ePSR} - T_{P0})$ 的形式的，所以直接使用式（2-56）来表达轨道相位积分更为严谨。

双星系统延时也可以分为四部分，双星 Roemer 延时 Δ_{RB}，双星 Shapiro 延时 Δ_{SB}，双星 Einstein 延时 Δ_{EB}，以及光行差（Aberration）延时 Δ_{AB}

$$\Delta_B = \Delta_{RB} + \Delta_{SB} + \Delta_{EB} + \Delta_{AB} \tag{2-59}$$

双星 Roemer 延时可以归纳为径向分量 Δ_{RBP} 加上 Kopeikin 延时 Δ_{KB}[72,102,103]

$$\Delta_{RB} = \Delta_{RBP} + \Delta_{KB} \tag{2-60}$$

径向分量为 $\Delta_{RBP} = c^{-1}b_P$，借助于上述双星运动方程可以改写为[84]

$$\Delta_{RBP} = x[\sin\omega(\cos u - e_r) + (1 - e_\theta^2)^{1/2}\cos\omega\sin u] \tag{2-61}$$

式（2-15）等号右边最后三项统称为 Kopeikin 项[72,102,103]，Kopeikin 延时表达为

$$\Delta_{KB} = \Delta_{SR} + \Delta_{AOP} + \Delta_{OP} \tag{2-62}$$

其中，$\Delta_{SR} = c^{-1}R_0^{-1}\boldsymbol{l}_V \cdot \boldsymbol{b}_V$，$\Delta_{AOP} = -c^{-1}R_0^{-1}\boldsymbol{r}_V \cdot \boldsymbol{b}_V$，且 $\Delta_{OP} = c^{-1}R_0^{-1}b_V^2/2$。延时项 Δ_{SR} 是由于轨道参数是定义在初始天空平面坐标系中而产生的，其体现了自行引起的双星运动的视几何关系的改

变[72]；延时项 Δ_{AOP} 指“周年轨道视差”（Annual - orbital Parallax），可以看作是航天器横向运动对双星 Roemer 延时的调制；延时项 Δ_{OP} 描述了“轨道视差”（Orbital Parallax），可以用脉冲星横向运动诱导的径向运动来解释，与 Shklovskii 效应类似。

双星 Shapiro 延时是一项相对论效应延时，是光在双星系统的弯曲的时空内传播引起的。可以假设双星系统内引力场是处处弱的，因为强引力场效应对延时来讲只会引入一个常数[84]。根据 DD 模型，双星 Shapiro 延时可以表示为

$$\Delta_{SB}=-2r_S\ln\{1-e\cos u-s_S[\sin\omega(\cos u-e)+(1-e^2)^{1/2}\cos\omega\sin u]\} \tag{2-63}$$

上式引入了一个“距离效应”参数 r_S 与一个“形状效应”参数 s_S，对于不同引力理论，其表达式结构是一样的。

双星 Einstein 延时（Δ_{EB}）是双星系统内又一项相对论效应延时，是由双星质心坐标时与脉冲星固有时的差引起的，定义为 $\Delta_{EB}\equiv\overline{T}_{ePSR}-T_{ePSR}$。根据式（2 - 13），有

$$\Delta_{EB}=\gamma\sin u \tag{2-64}$$

其中，参数 γ 也是一个独立于引力理论的参数。

双星光行差延时（Δ_{AB}）是由光行差效应引起的，光行差效应是由脉冲星固有系与双星质心系之间转换带来的。光行差延时是一种“伪延时”；脉冲发射时间是当脉冲星的辐射轴指向观测者时的时间，这个指向时间由于光行差效应在脉冲星固有系中看并不是均匀的，所以不能描述脉冲星固有的周期转动；于是把真正的脉冲发射时间剔除这个“伪延时”后重新定义为脉冲发射时间，便能描述脉冲星的周期转动了[84]。使用广义相对论理论，光行差延时可以表示为[84]

$$\Delta_{AB}=\frac{1}{f_0}\frac{\boldsymbol{v}_{PSR}\cdot(\hat{\boldsymbol{R}}\times\boldsymbol{\Psi})}{c\,|\hat{\boldsymbol{R}}\times\boldsymbol{\Psi}|^2} \tag{2-65}$$

其中，$\boldsymbol{v}_{PSR}$ 是脉冲星在 BBCRS 中的速度，$\boldsymbol{\Psi}$ 为脉冲星自转轴单位矢量，f_0 是脉冲星的自转频率。光行差延时也可以使用参数 A 与 B 表

示为独立于引力场理论的形式[84]

$$\Delta_{AB}=A\{\sin[\omega+A_e(u)]+e\sin\omega\}+B\{\cos[\omega+A_e(u)]+e\cos\omega\} \tag{2-66}$$

在假设广义相对论为正确引力理论前提下，相关参数可以表示为脉冲星与其伴星质量的函数，此时DD模型称为DDGR模型，定义 $m_t\equiv m_p+m_c$ 与 $a_R\equiv(m_t/m_c)a$ ，其中，m_p 指脉冲星质量，m_c 指伴星质量，有下述表达式[84,103,104]

$$n=\left(\frac{Gm_t}{a_R^3}\right)^{1/2}\left[1+\left(\frac{m_p m_c}{m_t^2}-9\right)\frac{Gm_t}{2a_R c^2}\right] \tag{2-67}$$

$$k=\frac{3Gm_t}{c^2 a_R(1-e^2)} \tag{2-68}$$

$$\gamma=\frac{Gm_c(m_p+2m_c)e}{c^2 n a_R m_t} \tag{2-69}$$

$$\delta_r=\frac{G(3m_p^2+6m_p m_c+2m_c^2)}{c^2 a_R m_t} \tag{2-70}$$

$$\delta_\theta=\frac{G(\frac{7}{2}m_p^2+6m_p m_c+2m_c^2)}{c^2 a_R m_t} \tag{2-71}$$

$$r_S=Gm_c/c^3 \tag{2-72}$$

$$s_S=\sin i \tag{2-73}$$

$$A=-\frac{na\sin\eta}{2\pi c f_0\sin\lambda(1-e^2)^{1/2}} \tag{2-74}$$

$$B=-\frac{na\cos i\cos\eta}{2\pi c f_0\sin\lambda(1-e^2)^{1/2}} \tag{2-75}$$

$$\dot{P}_b=-\frac{192\pi}{5c^5}\left(\frac{2\pi G}{P_b}\right)^{5/3}m_p m_c m_t^{-1/3}f(e) \tag{2-76}$$

$$f(e)=(1+\frac{73}{24}e^2+\frac{37}{96}e^4)(1-e^2)^{-7/2} \tag{2-77}$$

$$\dot{e}=-\frac{304}{15}\frac{G^{5/3}n^{8/3}}{c^5}\frac{e(1+\frac{121}{304}e^2)}{(1-e^2)^{5/2}}\frac{m_p m_c}{m_t^{1/3}} \tag{2-78}$$

$$\dot{x}=-\frac{64}{5c^6}\sin i\left(\frac{2\pi G}{P_b}\right)^2\frac{m_{\mathrm{p}}m_{\mathrm{c}}^2}{m_{\mathrm{t}}}f(e) \tag{2-79}$$

式（2-74）与式（2-75）中参数 η 与 λ 称为脉冲星自转轴矢量的极角。极角 η 与 λ 定义使得自转轴单位矢量 $\boldsymbol{\Psi}$ 在天空平面坐标系的投影为

$$\boldsymbol{\Psi}_{\mathrm{S}}=\begin{bmatrix}\sin\lambda\cos\eta\cos\Omega-\sin\lambda\sin\eta\sin\Omega\\ \sin\lambda\cos\eta\sin\Omega+\sin\lambda\sin\eta\cos\Omega\\ \cos\lambda\end{bmatrix} \tag{2-80}$$

2.4　正向延时模型与逆向延时模型

延时模型描述了脉冲星发出的光信号传播到观测者所经历的时间，可以分为正向延时模型与逆向延时模型。所谓“正向”与“逆向”并不是指光的传播方向，而是延时计算的方向：延时计算从脉冲星固有时到航天器固有时称为正向延时模型，从航天器固有时到脉冲星固有时称为逆向延时模型。正向延时模型计算方向与光传播方向一致，对延时公式的表达可以更方便，但航天器固有时是可以直接测得的，所以逆向延时模型更为实用，例如用来将航天器的光子到达时间改正为脉冲星固有时描述的光子发射时间（TOE）。图 2-3 为正向延时与逆向延时的示意图；图中“OBS”表示观测者即航天器，“PSR”代表脉冲星，一个单元代表一个光子或脉冲到达事件，如“t，OBS”单元表示以太阳系质心坐标时描述的航天器处光子或脉冲到达事件；图中实线展示了正向延时的计算过程，虚线展示了逆向延时的计算过程。

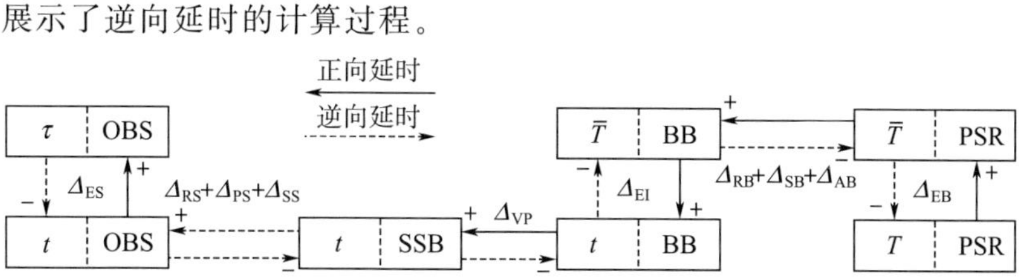

图 2-3　正向延时与逆向延时计算流程示意图

计总逆向延时为 $\overline{\overline{\Delta}}(\tau_{\mathrm{aOBS}})$（若无上标“=”则表示正向延时），其满足 $\tau_{\mathrm{aOBS}}-\overline{\overline{\Delta}}(\tau_{\mathrm{aOBS}})=T_{\mathrm{ePSR}}$，用迭代的方法给出 $\overline{\overline{\Delta}}(\tau_{\mathrm{aOBS}})$ 表达式可获得足够的精度[84]

$$\overline{\overline{\Delta}}(\tau_{\mathrm{aOBS}})=\Delta\{\tau_{\mathrm{aOBS}}-\Delta[\tau_{\mathrm{aOBS}}-\Delta(\tau_{\mathrm{aOBS}})]\} \tag{2-81}$$

具体计算逆向延时可以按图 2-3 顺序分步进行，步骤如下。

步骤 1　由 τ_{aOBS} 计算 t_{aOBS}：要求解 $\overline{\overline{\Delta}}_{\mathrm{ES}}$，需进行迭代，先令 $t_{\mathrm{aOBS}}=\tau_{\mathrm{aOBS}}$，求得 $\overline{\overline{\Delta}}_{\mathrm{ES}}(\tau_{\mathrm{aOBS}})=\Delta_{\mathrm{ES}}(t_{\mathrm{aOBS}})$，再更新 t_{aOBS}，若其与前一步的值差别在限定范围内则停止迭代，否则继续迭代过程。

步骤 2　由 t_{aOBS} 计算 t_{aSSB}：若要求误差低于纳秒级，$\overline{\overline{\Delta}}_{\mathrm{RS}}$ 的求解中可以将 Δ_{RS} 的参数替换为 $\overline{T}_{\mathrm{aBB}}=t_{\mathrm{aOBS}}$，即 $\overline{\overline{\Delta}}_{\mathrm{RS}}(t_{\mathrm{aOBS}})=\Delta_{\mathrm{RS}}(t_{\mathrm{aOBS}})$，$\overline{\overline{\Delta}}_{\mathrm{SS}}$ 的求解中可以将 Δ_{SS} 的参数替换为 $t_{\mathrm{aSSB}}=t_{\mathrm{aOBS}}$，即 $\overline{\overline{\Delta}}_{\mathrm{SS}}(t_{\mathrm{aOBS}})=\Delta_{\mathrm{SS}}(t_{\mathrm{aOBS}})$，$\overline{\overline{\Delta}}_{\mathrm{PS}}$ 与时间参数无关可以直接求解。

步骤 3　由 t_{aSSB} 计算 $\overline{T}_{\mathrm{aBB}}$：$\overline{\overline{\Delta}}_{\mathrm{I}}$ 的求解需要迭代，先令 $\overline{T}_{\mathrm{aBB}}=t_{\mathrm{aSSB}}$，迭代过程与步骤 1 类似。

步骤 4　由 $\overline{T}_{\mathrm{aBB}}$ 计算 $\overline{T}_{\mathrm{ePSR}}$：$\overline{\overline{\Delta}}_{\mathrm{B}}$ 的求解需要迭代，先令 $T_{\mathrm{ePSR}}=\overline{T}_{\mathrm{aBB}}$，迭代过程与步骤 1 类似。

为了符号表示的简洁，在下文中，不再特别使用 $\overline{\overline{\Delta}}$ 符号来表示逆向延时，而使用 Δ 来统一表示正向与逆向延时，读者根据上下文比较容易由延时项的参数判断其应为正向延时还是逆向延时。

2.5　脉冲星自转相位模型

脉冲星自转相位模型也是计时模型的一部分。脉冲星的固有自转相位可以用泰勒级数来表示[80]

$$\Phi^{\mathrm{P}}(T)=\Phi_0^{\mathrm{P}}+f_0\Delta T+1/2f_1\Delta T^2+1/6f_2\Delta T^3 \quad (2-82)$$

其中，Φ_0^{P} 为初始相位（当 $T=E_{\mathrm{FRQ}}$ 时，E_{FRQ} 为频率历元），f_0 为自转频率（周期的倒数），f_1 与 f_2 为自转频率对脉冲星固有时的一阶与二阶导数，Δ（注意为正体）表示相对频率历元经过的时间，这里 ΔT 定义为 $\Delta T\equiv T-E_{\mathrm{FRQ}}$。式（2-82）只保留到了频率的二阶导数项，虽然三阶及更高阶频率导数参数也可以拟合得到，但一般认为其并不代表脉冲星长期转速衰减效应（Spin-down Effect），而只能作为计时噪声[72,105]。

脉冲星自转相位在脉冲发射时刻有整数值，即 $\Phi^{\mathrm{P}}(T_{\mathrm{ePSR}})$ 为整数。在射电脉冲星观测中，Φ_0^{P} 一般不直接给定，而是通过给定观测站与观测频率的参考脉冲 TOA 来定义[72]，在 TEMPO2 中由三个参数即 TZRMJD，TZRFRQ 与 TZRSITE 来确定[106]。TZRMJD 为观测站在频率历元 E_{FRQ} 后的第一个脉冲 TOA，使用自转相位模型来预测此站在 TZRMJD 时的视脉冲相位应严格为整数；TZRFRQ 为对应于 TZRMJD 的观测频率；TZRSITE 为对应于 TZRMJD 观测站的代号。根据这三个参数，使用逆向延时模型，即令 $\Phi^{\mathrm{P}}(\mathrm{TZRMJD}-\Delta)$ 为整数，可以计算 Φ_0^{P} 的值，由于使用射电观测数据，这里逆向延时还应考虑大气延时与色散延时。值得注意的是，X 射线频段相比于射电频段存在初始相位差，因而，对于 X 射线脉冲星导航，初始相位 Φ_0^{P} 需要通过 X 射线在轨观测重新测定。

2.6　导航量测方程建立原理与参数化

Sheikh[23,93] 基于太阳系时间转换模型来建立导航量测方程。他的模型建立了航天器处 TOA 与 SSB 处 TOA 的关系。Sheikh 引入的 SSB 处 TOA 是假想的 SSB 处真实的脉冲或光子到达时间，这里记为 $\tilde{t}_{\mathrm{aSSB}}$，以区别于本章延时模型中的 t_{aSSB}。$\tilde{t}_{\mathrm{aSSB}}$ 与 t_{aSSB} 对应于同一 TOE，但却代表着两个光信号的传播路径，$\tilde{t}_{\mathrm{aSSB}}$ 是光从脉冲星传至 SSB 这条路径的终点时刻，而 t_{aSSB} 是光从脉冲星传至航天器这条路径经过 SSB 的历元。

Sheikh 的延时模型是针对单星情形建立的，单星情形下的空间几何关系如图 2-4 所示。图 2-4 相对于图 2-1 引入了若干新量：$\boldsymbol{s}_j$ 代表第 j 个天体指向 SSB 的矢量，其中 $\boldsymbol{s}_0$ 为太阳指向 SSB 的矢量，$\boldsymbol{D}_0$ 与 $\boldsymbol{D}$ 分别表示太阳指向脉冲星初始位置与当前位置的矢量。Sheikh 简化的延时模型，即参考文献［23］的式（4-31）或参考文献［93］的式（28），可以改写为

$$\tilde{t}_{\mathrm{aSSB}} - t_{\mathrm{aOBS}} = c^{-1} r_{\mathrm{P}'} + c^{-1} D_0^{-1} \boldsymbol{l}_{\mathrm{V}'} \cdot \boldsymbol{r}_{\mathrm{V}'} - \frac{1}{2} c^{-1} D_0^{-1} r_{\mathrm{V}'}^2 - c^{-1} D_0^{-1} \boldsymbol{s}_{0\mathrm{V}'} \cdot \boldsymbol{r}_{\mathrm{V}'} + 2Gm_0 c^{-3} \ln \frac{r_{0\mathrm{P}'} + r_0}{s_{0\mathrm{P}'} + s_0} \tag{2-83}$$

其中，t_{aOBS} 为用 TCB 表达的航天器处的 TOA，下标“P′”与“V′”定义为对于任意矢量 $\boldsymbol{a}$，$a_{\mathrm{P}'} \equiv \boldsymbol{a} \cdot \boldsymbol{D}_0 / D_0$ 且 $\boldsymbol{a}_{\mathrm{V}'} \equiv \boldsymbol{a} - a_{\mathrm{P}'} \boldsymbol{D}_0 / D_0$。式（2-83）所表示的太阳系时间转换模型被国内学者广泛引用[107]。

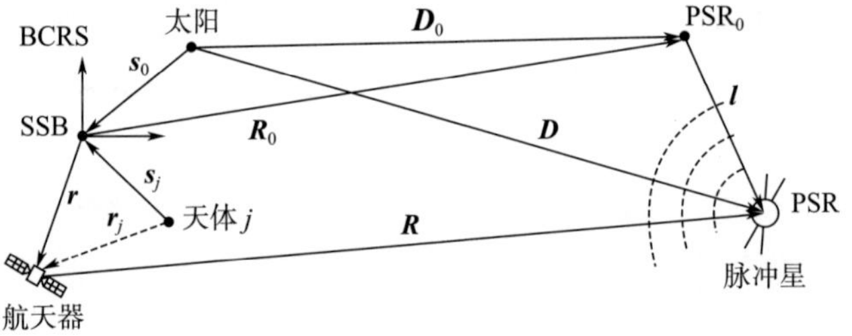

图 2-4　脉冲星（单星情形）与航天器间的空间几何关系

接下来，根据延时模型导出与式（2-83）类似的表达式。下文分析表明，对于简化的参数组，延时模型可以描述为式（2-97）的形式；对于单星情形，式（2-97）可进一步简化为

$$\Delta = -c^{-1} r_{\mathrm{P}} - c^{-1} R_0^{-1} \boldsymbol{l}_{\mathrm{V}} \cdot \boldsymbol{r}_{\mathrm{V}} + \Delta_{\mathrm{PS}} + \Delta_{\mathrm{SS}} + \Delta_{\mathrm{ES}} \tag{2-84}$$

鉴于航天器处的 TOA 用 TCB 来表达，Δ_{ES} 项可以不计，太阳系 Shapiro 延时只考虑太阳的作用，并忽略二阶太阳系 Shapiro 延时，式（2-84）可以写为

$$t_{\mathrm{aOBS}}-T_{\mathrm{ePSR}}=-c^{-1}r_{P}-c^{-1}R_0^{-1}\boldsymbol{l}_{\mathrm{V}}\cdot\boldsymbol{r}_{\mathrm{V}}+\frac{1}{2}c^{-1}R_0^{-1}r_{\mathrm{V}}^2-2Gm_0c^{-3}\ln(r_{0\mathrm{P}}+r_0) \tag{2-85}$$

式中，将航天器替换为 SSB 可得

$$\tilde{t}_{\mathrm{aSSB}}-T_{\mathrm{ePSR}}=-2Gm_0c^{-3}\ln(s_{0\mathrm{P}}+s_0) \tag{2-86}$$

式（2-86）减去式（2-85）得到

$$\tilde{t}_{\mathrm{aSSB}}-t_{\mathrm{aOBS}}=c^{-1}r_{\mathrm{P}}+c^{-1}R_0^{-1}\boldsymbol{l}_{\mathrm{V}}\cdot\boldsymbol{r}_{\mathrm{V}}-\frac{1}{2}c^{-1}R_0^{-1}r_{\mathrm{V}}^2+2Gm_0c^{-3}\ln\frac{r_{0\mathrm{P}}+r_0}{s_{0\mathrm{P}}+s_0} \tag{2-87}$$

式（2-87）与式（2-83）形式上很相似，不同的是式（2-87）是投影在 $\boldsymbol{R}_0$ 上的，而式（2-83）是投影在 $\boldsymbol{D}_0$ 上的，且式（2-83）多出来一项 $-c^{-1}D_0^{-1}\boldsymbol{s}_{0\mathrm{V}'}\cdot\boldsymbol{r}_{\mathrm{V}'}$ 。进一步发现

$$c^{-1}r_{\mathrm{P}}-c^{-1}r_{\mathrm{P}'}=-c^{-1}D_0^{-1}\boldsymbol{s}_{0\mathrm{V}'}\cdot\boldsymbol{r}_{\mathrm{V}'}+O(c^{-1}R_0^{-2}) \tag{2-88}$$

这意味着式（2-83）多出的一项正是由于在不同基准矢量上投影造成的。式（2-83）的几何延时项也可以通过将下式展开获得（只要忽略 D_0^{-2} 与更高次项以及只依赖于 $\boldsymbol{l}$ 的项）

$$c^{-1}R=c^{-1}[(\boldsymbol{D}_0-(\boldsymbol{s}_0+\boldsymbol{r})+\boldsymbol{l})\cdot(\boldsymbol{D}_0-(\boldsymbol{s}_0+\boldsymbol{r})+\boldsymbol{l})]^{1/2} \tag{2-89}$$

由上述分析可知，式（2-87）与式（2-83）本质上是一致的，通过本章的延时模型可以推导得到 Sheikh 的太阳系时间转换模型。然而，这个模型作为导航量测方程有两个缺点：1）Sheikh 引入了假想的 SSB 处的 TOA，其结果是增加了一个多余的引力延迟项，这个项当太阳沿视线位于 SSB 后方时处于奇点，是无法求解的；2）Sheikh 在光传播路径中引入了 SSB 相对于太阳的矢量 $\boldsymbol{s}_0$，这使得延时方程形式上更为复杂。那么，Sheikh 的模型是否可以用于光子 TOA 的改正呢？笔者认为答案也是否定的。光子 TOA 改正目的是将以航天器固有时表示的光子 TOA 改正为以脉冲星固有时表示的光子 TOE，光子 TOE 代表着脉冲星的周期转动信息，可以用来折叠得到脉冲轮廓。对于单星简化参数组的情形，有 $T_{\mathrm{ePSR}}=t_{\mathrm{aSSB}}$ ，所以

只要将光子 TOA 改正到 t_{aSSB} 即可，这也是常见的“改正到 SSB”的含义，即使用式（2-84）或式（2-85）将光子到达时间 τ_{aOBS} 改正到光信号经过 SSB 的历元 t_{aSSB} ，而不是改正到假想的 SSB 处的到达时间 $\tilde{t}_{aSSB}$ 。赵铭等[107]指出，像 Sheikh 这样引入假想的 SSB 处的 TOA 对于计时数据分析是“灾难性的”。虽然可能言重了，但笔者也认为 Sheikh 的模型是不可以用于光子 TOA 改正的，且作为导航量测模型，也没有必要采用这样的形式。

考虑到 Sheikh 太阳系时间转换模型的不足，下面对计时模型与量测方程的关系以及导航参数的设定与简化方法进行阐述，量测方程的具体建立与线性化过程将在第 4 章中详细讨论。

在地面脉冲星观测中，观测站与 SSB 的相对位置是已知的，而脉冲星参数是未知的，对于航天器导航，脉冲星参数可作为已知量，而航天器相对于 SSB 的位置 $\boldsymbol{r}$ 正是要求的未知量。要求解 $\boldsymbol{r}$，一个简单的构想便是将延时方程中与 $\boldsymbol{r}$ 有关的项移到方程的一边，其他项用脉冲星参数来计算，这样观测多颗脉冲星便可以联立求解 $\boldsymbol{r}$ 值了。延时模型中与 $\boldsymbol{r}$ 有关的项可以归纳为

$$F(\boldsymbol{r}) = \Delta_{RS} + \Delta_{PS} + \Delta_{SS} + \Delta_{ES} + \Delta_{AOP} \tag{2-90}$$

而与 $\boldsymbol{r}$ 无关的项可表示为

$$\Delta_M = \tau_{aOBS} - T_{ePSR} - \Delta_{VP} - \Delta_{EI} - \Delta_{RBP} - \Delta_{SR} - \Delta_{OP} - \Delta_{EB} - \Delta_{SB} - \Delta_{AB} \tag{2-91}$$

这样

$$\Delta_M = F(\boldsymbol{r}) \tag{2-92}$$

便构成一个导航量测方程。式（2-91）中 τ_{aOBS} 由航天器测量得到（这里暂未考虑钟差与其他测量误差），T_{ePSR} 由脉冲星自转相位模型即式（2-82）预测得到：求解 $\Phi^{P}(T_{ePSR}) = N$ ，其中 N 为脉冲序号。式（2-92）只能作为原理性的量测方程，因为其不具有实用性：1）方程是非线性的，甚至由于迭代关系不存在显式表达式；2）τ_{aOBS} 并不是简单地直接测得的，因为直接测量的是光子到达时间，由光子到达时间计算 τ_{aOBS} 是一个复杂的过程，这将在第 3 章中

讨论；3）脉冲序号 N 是未知的，这个量被解释为整周模糊度，将在第 5 章中详细讨论。

根据完整的计时模型，可以设定完整的导航参数组，在双星情形下，包括 31 个参数，其中 5 个是脉冲星自转参数，9 个是天文参数，7 个是双星轨道开普勒参数，还有 10 个是双星轨道后开普勒参数（见表 2－1）。

表 2－1　完整导航参数设定

	序号	参数符号	参数说明	单位
自转参数	1	Φ_0^{P}	自转初始相位	—
	2	f_0	自转频率	s^{-1}
	3	f_1	自转频率一阶导数	s^{-2}
	4	f_2	自转频率二阶导数	s^{-3}
	5	E_{FRQ}	频率历元	MJD
天文参数	6	R_0	脉冲星初始距离	kpc
	7	E_{POS}	位置历元	MJD
	8	α	赤经	rad
	9	δ	赤纬	rad
	10	μ_α	赤经方向自行	mas/yr
	11	μ_δ	赤纬方向自行	mas/yr
	12	μ_{P}	径向自行	mas/yr
	13	a_{BP}	径向加速度	m/s^2
	14	$a_{\mathrm{B}\mu}$	横向加速度	m/s^2
双星轨道开普勒参数	15	T_{P0}	双星轨道过近星点历元	MJD
	16	e_0	双星轨道初始偏心率	—
	17	P_{b0}	双星轨道初始轨道周期	s
	18	ω_0	双星轨道初始近星点幅角	rad
	19	x_0	双星轨道初始投影半长轴	s
	20	i	双星轨道倾角	rad
	21	Ω	双星轨道升交点赤经	rad

续表

	序号	参数符号	参数说明	单位
双星轨道后开普勒参数	22	δ_r	双星轨道径向相对论变形系数	—
	23	δ_θ	双星轨道切向相对论变形系数	—
	24	$\dot{e}$	双星轨道偏心率变化率	s^{-1}
	25	$\dot{P}_b$	双星轨道轨道周期变化率	—
	26	$\dot{\omega}$	双星轨道近星点幅角平均变化率	rad/s
	27	γ	双星 Einstein 延时振幅	—
	28	r_S	双星 Shapiro 延时距离效应参数	—
	29	s_S	双星 Shapiro 延时形状效应参数	—
	30	A	双星光行差参数 1	s
	31	B	双星光行差参数 2	s

若假设广义相对论正确，根据 DDGR 模型，10 个后开普勒轨道参数可以简化为 4 个：总质量 m_t，伴星质量 m_c，以及两个极角参数 η 与 $\sin\lambda$。在导航应用中，不推荐使用 DDGR 模型中的导出参数，因为双星运动模型是基于相对论二体模型建立的，其他摄动的存在，比如说第三体引力或自旋-轨道相互作用（Spin - orbit Interaction）[57]会带来计时误差。使用表 2 - 1 中直接测量的参数才能使导航量测方程的精度达到与计时精度同等水平。

遗憾的是，表 2 - 1 中的参数不是对所有脉冲星都可精确测得的，比如距离、径向运动及后开普勒轨道参数[57,71,84]。未测得的参数可以被吸收到其他参数的定义中去，在引用脉冲星数据库发表的参数数据的时候，可以根据其参数的细化程度来确定参数是相对“固有的”，还是吸收了其他一些参数。表 2 - 1 中的完整导航参数组代表了导航参数的细化的一种目标，还需要设置一组适应于大多数脉冲星当前观测精度水平的参数。

真空传播延时（Δ_{VP}）中径向加速度效应与 Shklovskii 延时（Δ_{SH}）可以被吸收到 f_1 与 $\dot{P}_b$ 的重定义中去，Shklovskii 延时长期变化项可以被吸收到 f_2 的重定义中去[71]，于是有

$$\Delta_{\mathrm{VP}} = c^{-1} v_{\mathrm{BP}} \Delta T_{\mathrm{aBB}} \tag{2-93}$$

真空传播延时也可以表示为

$$\Delta_{\mathrm{VP}} = t_{\mathrm{aSSB}} - t_{\mathrm{aBB}} \tag{2-94}$$

根据式（2-12）、式（2-40）、式（2-93）与式（2-94）可以得到

$$(1 + c^{-1} v_{\mathrm{BP}} + 1/2c^{-2} v_{\mathrm{B}}^2)\overline{T}_{\mathrm{aBB}} = t_{\mathrm{aSSB}} + (c^{-1} v_{\mathrm{BP}} + 1/2c^{-2} v_{\mathrm{B}}^2) E_{\mathrm{POS}} + O(c^{-3}) \tag{2-95}$$

忽略常数项与高阶小量，上式可写为

$$D_{\mathrm{p}} \overline{T}_{\mathrm{aBB}} = t_{\mathrm{aSSB}} \tag{2-96}$$

其中，D_{p} 称为多普勒系数[84]，以乘以系数 D_{p}^{-1} 的形式，可以被吸收到有量纲参数的重定义中去[57,84]。

同样，参数 A 与 B 可以被吸收到 T_{P0} 、x_0、e_0 与 δ_θ 的重定义中去，参数 δ_r 可以被吸收到脉冲星自转参数的重定义中去[57,84]。

参数 Ω 与 i 可以被吸收到 $\dot{x}$ 与 $\dot{\omega}$ 的重定义中去，于是 Δ_{KB} 可以忽略；进一步，如果忽略 Δ_{RS} 中的 R_0^{-2} 项（例如对于 PSR B1913+16 使用 20 年前的位置历元，其值为 10^{-14} s 量级），参数 μ_{P} 就不用考虑，且 R_0 只存在于 Δ_{PS} 中，那么，R_0 可以用一个更常用的参数即视差（Parallax，Π ）来取代，其定义为 $\Pi \equiv 1\ \mathrm{Au}/R_0$。这样，便可以得到简化的导航参数组，共有 23 个参数，包括 5 个自转参数（同表 2-1），6 个天文参数为 Π 、E_{POS} 、α 、δ 、μ_α 与 μ_δ ，5 个双星轨道开普勒参数为 T_{P0} 、e_0、P_{b0} 、ω_0 与 x_0，7 个双星轨道后开普勒参数为 $\dot{e}$ 、$\dot{P}_b$ 、$\dot{\omega}$ 、δ_θ 、γ 、r_{S} 与 s_{S} 。对应于 23 个导航参数组的延时模型可简化为

$$\Delta = \Delta_{\mathrm{RS0}} + \Delta_{\mathrm{RS2}} + \Delta_{\mathrm{PS}} + \Delta_{\mathrm{SS}} + \Delta_{\mathrm{ES}} + \Delta_{\mathrm{RBP}} + \Delta_{\mathrm{SB}} + \Delta_{\mathrm{EB}} \tag{2-97}$$

其中，$\Delta_{\mathrm{RS0}} = -c^{-1} r_{\mathrm{P}}$ ，$\Delta_{\mathrm{RS2}} = -c^{-1} R_0^{-1} \boldsymbol{l}_{\mathrm{V}} \cdot \boldsymbol{r}_{\mathrm{V}}$ 。

2.7　基于空间计时观测的可用导航源分析

未来的脉冲星导航系统需要高精度的脉冲星数据库作支撑。虽

然国外对许多射电脉冲星有长期的观测，但其观测数据只是部分公布；而国内的观测数据积累还很少，加之地面观测效率较低，无法得到高精度的脉冲星参数。此外，基于X射线观测的脉冲星自转初始相位与基于射电观测的脉冲星自转初始相位是不一致的，且X射线频段的标准轮廓也无法在地面获得。因此，可以考虑直接使用空间观测进行X射线脉冲星参数的测定。本节分析了对计时残差影响最大的角位置参数的测定精度及对应残差，可用其作为导航源可用性的评判指标之一。

2.7.1 基于空间计时观测的脉冲星角位置测定精度预测模型

类似于地面观测，对脉冲星参数的确定也可以利用空间计时观测来进行，即通过脉冲TOA数据的累积，使用最小二乘法对相关参数进行拟合。通过拟合后的参数预测的脉冲TOA与实测脉冲TOA的差称为计时残差；计时残差表征了脉冲星参数确定误差对延时计算的影响，所以其可以描述参数的确定精度。对计时残差影响最大的参数是脉冲星角位置，因而角位置的可观度最高。本节分析中假设其他参数是已知的；把观测信息集中于角位置参数估计会使其预测精度有所偏高，但由于角位置的观测度远高于其他参数，所以不会带来量级上的影响；在分析中适当调低计时观测量的精度来弥补这个误差。下面将建立计时残差（或角位置估计误差）与观测时间的关系，从而预测航天器与探测器寿命内是否能达到所预期的参数测定精度。

如果探测器在空间静止或作直线运动，那么观测方程是线性相关的，即使累积再多数据，也不具有任何观测性。计时观测的观测性来源于探测器在空间的周期运动，其中最主要部分是探测器随地球的绕日公转，所以需要将观测数据均匀分布到公转轨道的不同相位上才能达到最好的观测效果，于是，设定实际观测跨度至少为1年。视高阶延时为噪声，且认为除角位置外的其他参数已知，得到如下计时模型

$$R_{\mathrm{m}} = x\cos\delta\cos\alpha + y\cos\delta\sin\alpha + z\sin\delta \tag{2-98}$$

其中，$R_{\mathrm{m}} = -c(t_{\mathrm{aOBS}} - t_{\mathrm{aSSB}})$ 为计时观测量，$[x,\ y,\ z]^{\mathrm{T}}$ 为探测器在 BCRS 中的位置。给定角位置的初始值，利用高斯-牛顿非线性最小二乘方法对角位置误差（记为 $\Delta\delta$ 与 $\Delta\alpha$）迭代地进行估计，可得到精化的角位置参数[84]。估计残差可以表达为（$\Delta t = \Delta R_{\mathrm{m}}/c$ 即为计时残差）

$$\Delta R_{\mathrm{m}} = \frac{\partial R}{\partial \delta}\Delta\delta + \frac{\partial R}{\partial \alpha}\Delta\alpha \tag{2-99}$$

其中

$$\begin{cases} \dfrac{\partial R_{\mathrm{m}}}{\partial \delta} = -x\cos\alpha\sin\delta - y\sin\alpha\sin\delta + z\cos\delta \\ \dfrac{\partial R_{\mathrm{m}}}{\partial \alpha} = -x\cos\delta\sin\alpha + y\cos\delta\cos\alpha \end{cases} \tag{2-100}$$

设共有 N 个观测数据点，则有

$$\Delta \boldsymbol{R}_{\mathrm{m}} = \boldsymbol{A}[\Delta\delta, \Delta\alpha]^{\mathrm{T}} \tag{2-101}$$

其中，$\Delta\boldsymbol{R}_{\mathrm{m}} = [\Delta R_{\mathrm{m1}},\ \Delta R_{\mathrm{m2}},\ \cdots,\ \Delta R_{\mathrm{m}N}]^{\mathrm{T}}$，且

$$\boldsymbol{A} = \begin{bmatrix} (\partial R_{\mathrm{m}}/\partial\delta)_1, & (\partial R_{\mathrm{m}}/\partial\alpha)_1 \\ (\partial R_{\mathrm{m}}/\partial\delta)_2, & (\partial R_{\mathrm{m}}/\partial\alpha)_2 \\ & \vdots \\ (\partial R_{\mathrm{m}}/\partial\delta)_N, & (\partial R_{\mathrm{m}}/\partial\alpha)_N \end{bmatrix} \tag{2-102}$$

对上式两边求方差，假设所有观测点等权，即有相同的方差 $\varepsilon^2 = \mathrm{var}(R_{\mathrm{m}i})$，可以得到角位置估计的方差阵

$$\mathrm{var}([\hat{\delta}, \hat{\alpha}]^{\mathrm{T}}) = (\boldsymbol{A}^{\mathrm{T}}\boldsymbol{A})^{-1}\boldsymbol{A}^{\mathrm{T}}(\varepsilon^2\boldsymbol{I})[(\boldsymbol{A}^{\mathrm{T}}\boldsymbol{A})^{-1}\boldsymbol{A}^{\mathrm{T}}]^{\mathrm{T}} = (\boldsymbol{A}^{\mathrm{T}}\boldsymbol{A})^{-1}\varepsilon^2 \tag{2-103}$$

其中，略去 Δ 是因为角位置误差是用来修正角位置的，对角位置误差的估计精度即等于对角位置的估计精度。将式（2-103）写为

$$\mathrm{var}([\hat{\delta}, \hat{\alpha}]^{\mathrm{T}}) = \varepsilon^2\left(\sum_{i=1}^{N}\boldsymbol{M}_i\right)^{-1} \tag{2-104}$$

其中

$$\boldsymbol{M}_i = \begin{bmatrix} \left(\frac{\partial R_{\mathrm{m}}}{\partial \delta}\right)^2 & \frac{\partial R_{\mathrm{m}}}{\partial \delta}\frac{\partial R_{\mathrm{m}}}{\partial \alpha} \\ \frac{\partial R_{\mathrm{m}}}{\partial \delta}\frac{\partial R_{\mathrm{m}}}{\partial \alpha} & \left(\frac{\partial R_{\mathrm{m}}}{\partial \alpha}\right)^2 \end{bmatrix}_i \tag{2-105}$$

可以证明，若探测器静止或沿直线运动，式（2－104）中 $\sum \boldsymbol{M}_i$ 是不可逆的，即角位置不可观测。可观性主要来源于探测器的绕日运动，于是，设计了空间观测的无间隙观测与有间隙观测两种模式（如图2－5所示）。无间隙观测是一个观测周期紧接着上一个观测周期；有间隙观测是观测周期之间存在时间间隔，这样能保证将观测数据尽可能地分配到整个公转轨道上。定义除去间隙的实际观测时间为累积观测时间（即图2－5中加粗部分），记为 t_{Y} 。对于 t_{Y} 大于1年，无论采用哪种观测方式，只要观测点均匀分布，便可以用沿公转轨道的积分来近似求和项 $\sum \boldsymbol{M}_i$ ；对于 t_{Y} 小于1年，采用有间隙观测方式，只要不同观测点均匀分布，那么也可以用沿公转轨道的积分来近似求和项 $\sum \boldsymbol{M}_i$ 。

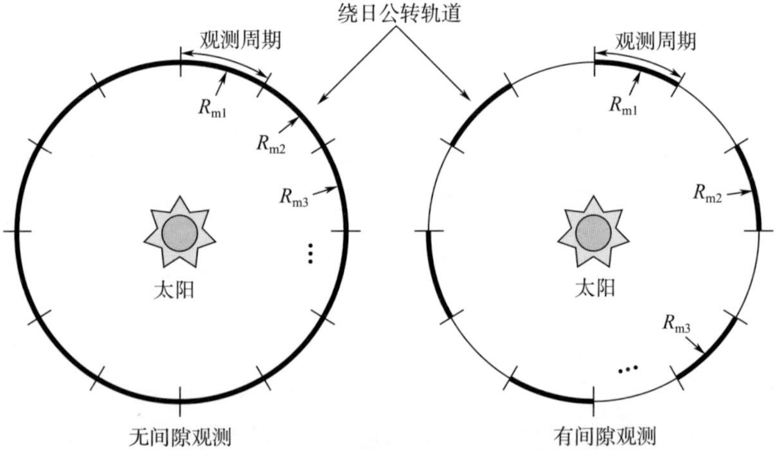

图2－5　空间计时观测的无间隙观测模式与有间隙观测模式示意图

忽略探测器距地心的距离，即认为探测器在BCRS中位置等于地心在 BCRS 中的位置：$[x, y, z]^{\mathrm{T}} = [x_{\mathrm{E}}, y_{\mathrm{E}}, z_{\mathrm{E}}]^{\mathrm{T}}$。那么 $\partial R_{\mathrm{m}}/\partial\delta$ 与 $\partial R_{\mathrm{m}}/\partial\alpha$ 可以用地球公转轨道参数来表达，自变量为地球真近点角 f_{E}。用沿轨道积分来近似求和，可得[81]

$$\sum_{i=1}^{N}\boldsymbol{M}_i = \frac{N}{2\pi}\int_0^{2\pi}\boldsymbol{M}(f_{\mathrm{E}})\mathrm{d}f_{\mathrm{E}} \tag{2-106}$$

式（2－104）中 ε^2 的可用 Sheikh 给出的 TOA 误差公式[23]，即式（3－37）来计算。考虑高阶延时误差以及 Sheikh 的公式所得到的 TOA 误差要比理论的误差下限还要低（见 3.4.1 节），故将 Sheikh 的 TOA 误差公式放大 10 倍，即认为 $\varepsilon^2 = 100c^2\sigma_{\mathrm{TOA\_Sheihk}}$；记观测周期为 τ_{obs}，观测点个数可以表示为 $N = t_{\mathrm{Y}}/\tau_{\mathrm{obs}}$，根据式（2－106）与式（3－37），式（2－104）可写为

$$\mathrm{var}([\hat{\delta}, \hat{\alpha}]^{\mathrm{T}}) = \frac{200\pi c^2(W/2)^2\{[R_{\mathrm{b}} + R_{\mathrm{s}}(1 - p_{\mathrm{f}})](Wf_0) + R_{\mathrm{s}}p_{\mathrm{f}}\}}{(R_{\mathrm{s}}p_{\mathrm{f}})^2 A_{\mathrm{d}} t_Y}\left[\int_0^{2\pi} M(f_{\mathrm{E}})\mathrm{d}f_{\mathrm{E}}\right]^{-1} \tag{2-107}$$

其中，W 为脉冲半高宽（HWHM），R_{b} 为背景流量，R_{s} 为来自脉冲星源的流量，上两个参数一般统计为 2～10 keV 频段内单位时间单位面积接收的光子数[单位为 ph/(m² · s)或 ph/(cm² · s)]，A_{d} 为探测器面积，p_{f} 为脉冲比例，积分项逆的表达式比较复杂，不再具体列出。由式（2－107）可见，角位置估计方差与观测点数 N 与单点的观测周期 τ_{obs} 没有直接关系，而取决于累积观测时间 t_{Y}。根据式（2－107），可以得到计时残差的表达式

$$\mathrm{var}(\Delta t) = c^{-2}\left[\left(\frac{\partial R_{\mathrm{m}}}{\partial\delta}\right)^2\mathrm{var}(\hat{\delta}) + \left(\frac{\partial R_{\mathrm{m}}}{\partial\alpha}\right)^2\mathrm{var}(\hat{\alpha}) + 2\frac{\partial R_{\mathrm{m}}}{\partial\delta}\frac{\partial R_{\mathrm{m}}}{\partial\alpha}\mathrm{cov}(\hat{\delta}, \hat{\alpha})\right] \tag{2-108}$$

作为示例，图 2－6 给出了 Crab 脉冲星（PSR B0531＋21）当 $A_{\mathrm{d}} = 0.5\ \mathrm{m}^2$ 时的角位置测定精度与计时残差随累积观测时间的变化曲线。

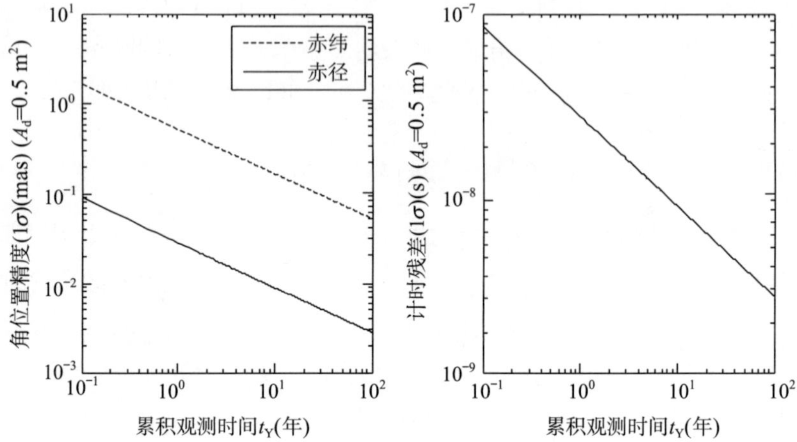

图 2-6　PSR B0531+21 角位置测定精度与计时残差随累积观测时间的变化曲线（对数坐标）

2.7.2　角位置精度预测结果与可用导航源分析

接下来，对可能导航源逐个作出分析。选取了 55 个可能导航源，包括 24 颗自转供能脉冲单星（IRPSR）[23,108]，6 颗自转供能脉冲双星（BRPSR）[23,108] 与 25 颗吸积供能的 X 射线双星（XB）[23]。导航源相关参数列于表 2-2～表 2-4[23,55,56]，其中，部分脉冲星的 p_f 与 W 值取为参考文献［23］的预测值，部分脉冲星的 W 值采用 ATNF 目录提供的射电脉宽数据，XB 的角位置由参考文献［23］给出的 PSR J 名称推算得到。

分别选取探测器面积 $A_d=0.1\ m^2$，$A_d=0.25\ m^2$，$A_d=0.5\ m^2$，$A_d=1\ m^2$ 以及 $A_d=10\ m^2$ 计算了角位置误差对应的计时残差达到一定目标值时所需要的累计观测时间 t_Y；以 t_Y 值升序排序，表 2-5 给出了计时残差达到 1 μs 所需要的 t_Y（1 μs 对应于未来百米级精度的脉冲星导航发展需求）。若 $A_d=0.5\ m^2$，有 19 个源在 1 年内能达到计时残差 1 μs；其中 PSR B1821－24 与 PSR B1937＋21 在射电与 X 射线频段均有很好的计时观测性能，它们在射电频段观测

表 2-2　可能导航源参数表（自转供能脉冲单星）

序号	PSR	$(1/f_0)$/s	p_f	W/s	R_s/[(ph/s)/cm^2]	α/(°)	δ/(°)
1	B0531+21	0.033 085	0.70	0.001 670	1.54×10^{0}	83.633 22	22.014 46
2	B1937+21	0.001 558	0.86	0.000 021	4.99×10^{-5}	294.910 66	21.583 09
3	B1821−24	0.003 054	0.98	0.000 055	1.93×10^{-4}	276.133 37	−24.869 75
4	B0540−69	0.050 499	0.67	0.002 500	5.15×10^{-3}	85.046 50	−69.331 64
5	B1823−13	0.101 487	0.60	0.005 800	2.63×10^{-3}	276.554 90	−13.579 67
6	B1509−58	0.150 658	0.65	0.016 000	1.62×10^{-2}	228.481 75	−59.135 83
7	J1124−5916	0.135 310	0.10	0.002 500	1.70×10^{-3}	171.162 92	−59.272 22
8	J1846−0258	0.325 684	0.10	0.005 900	6.03×10^{-3}	281.603 9	−2.975 03
9	J0205+6449	0.065 686	0.10	0.003 300	2.32×10^{-3}	31.408 00	64.828 56
10	J1811−1925	0.064 670	0.10	0.003 200	1.90×10^{-3}	272.871 67	−19.424 44
11	J1617−5055	0.069 340	0.10	0.003 500	1.37×10^{-3}	244.372 08	−50.920 33
12	B0833−45	0.089 290	0.10	0.004 500	1.59×10^{-3}	128.835 88	−45.176 35
13	B1951+32	0.039 500	0.10	0.002 000	3.15×10^{-4}	298.242 52	32.877 92
14	J0030+0451	0.004 870	0.10	0.000 240	1.96×10^{-5}	7.614 30	4.861 03
15	J1024−0719	0.005 160	0.10	0.000 590	1.37×10^{-6}	156.161 20	−7.321 99
16	B0355+54	0.156 382	0.10	0.003 900	1.79×10^{-5}	59.723 82	54.220 48
17	B1920+10	0.226 518	0.10	0.007 400	4.30×10^{-5}	293.058 12	10.992 34

续表

序号	PSR	$(1/f_0)$/s	p_f	W/s	R_s/[(ph/s)/cm²]	α/(°)	δ/(°)
18	J2124−3358	0.004 931	0.10	0.000 510	1.28×10^{-5}	321.182 72	−33.979 07
19	B0656+14	0.384 891	0.10	0.018 400	3.17×10^{-5}	104.950 56	14.239 31
20	J2229+6114	0.051 624	0.10	0.004 000	2.01×10^{-4}	337.272 00	61.235 92
21	J0537−6910	0.016 11	0.10	0.000 810	7.93×10^{-5}	84.447 33	−69.172 33
22	J1420−6048	0.068 18	0.10	0.003 400	7.26×10^{-4}	215.034 32	−60.804 56
23	B1706−44	0.102 45	0.10	0.001 900	1.59×10^{-4}	257.428 03	−44.485 62
24	J1930+1852	0.136 86	0.27	0.002 500	2.16×10^{-4}	292.625 54	18.870 58

表 2-3　可能导航源参数表（旋转供能脉冲双星）

序号	PSR	$(1/f_0)$/s	p_f	W/s	R_s/[(ph/s)/cm²]	α/(°)	δ/(°)
1	B1957+20	0.001 610	0.60	0.000 035	8.31×10^{-5}	299.903 21	20.804 20
2	J0218+4232	0.002 323	0.73	0.000 350	6.65×10^{-5}	34.526 46	42.538 18
3	J0437−4715	0.057 570	0.28	0.000 969	6.65×10^{-5}	69.316 18	−47.252 51
4	J0751+1807	0.003 480	0.70	0.000 700	6.63×10^{-6}	117.788 15	18.127 39
5	J1012+5307	0.005 260	0.75	0.000 690	1.93×10^{-6}	153.139 31	53.117 39
6	B1259−63	0.047 760	0.10	0.002 400	5.10×10^{-4}	195.698 54	−63.835 75

表 2-4 可能导航源参数表（X 射线双星）

序号	PSR 或别名	$(1/f_0)$/s	p_f	W/s	R_s/[(ph/s)/cm^2]	α/(°)	δ/(°)
1	J1751−3037(XTE 1751−305)	0.002 30	0.055	0.000 460	1.81×10^{-1}	267.75	−30.62
2	J1808−3658(SAX J1808.4−3658)	0.002 50	0.041	0.000 500	3.29×10^{-1}	272.00	−36.97
3	J1731−3350(B1728−337)	0.002 80	0.100	0.000 550	4.49×10^{-1}	262.75	−33.83
4	J1801−2504(B1758−250)	0.003 00	0.100	0.000 610	3.74×10^{0}	270.25	−25.07
5	J0617+0908(B0614+091)	0.003 10	0.100	0.000 610	1.50×10^{-1}	94.25	9.13
6	J1813−3346(XTE J1814−338)	0.003 20	0.120	0.000 640	3.88×10^{-2}	273.25	−33.77
7	J1619−1538(B1617−155)	0.003 20	0.100	0.000 650	4.19×10^{1}	244.75	−15.63
8	J1816−1402(B1813−140)	0.003 30	0.100	0.000 650	2.10×10^{0}	274.00	−14.03
9	J1640−5345(B1636−536)	0.003 40	0.100	0.000 690	6.58×10^{-1}	250.00	−53.75
10	J1823−3021(B1820−303)	0.003 60	0.100	0.000 730	7.48×10^{-1}	275.75	−30.35
11	J1911+0035(B1908+005)	0.003 60	0.100	0.000 730	2.99×10^{-4}	287.75	0.58
12	J1734−2605(B1731−260)	0.003 80	0.100	0.000 760	2.99×10^{-2}	263.50	−26.08
13	J1806−2924(XTE J1807−294)	0.005 30	0.075	0.001 500	1.18×10^{-1}	271.50	−29.40
14	J0929−3123(XTE J0929−314)	0.005 40	0.050	0.001 100	1.05×10^{-2}	142.25	−31.38
15	J0635+0533	0.03380	0.100	0.006 800	1.70×10^{-3}	98.83	5.55
16	J1025−5748(1E 1024.0−5732)	0.061 00	0.100	0.012 000	1.70×10^{-3}	156.25	−57.80
17	J0538−6652(AO 0538−66)	0.069 20	0.100	0.014 000	4.27×10^{-1}	84.50	−66.87

续表

序号	PSR 或别名	$(1/f_0)$/s	p_f	W/s	R_s/[(ph/s)/cm^2]	α/(°)	δ/(°)
18	J1744−2844(GRO J1744−28)	0.467 00	0.100	0.008 500	3.80×10^{1}	266.00	−28.73
19	J0117−7326(B0115−737)	0.716 00	0.100	0.013 000	1.50×10^{-3}	19.25	−73.43
20	J1657+3520(B1656+354)	1.240 00	0.100	0.023 000	4.49×10^{-2}	254.25	35.33
21	J1749−2638(GRO J1750−27)	4.450 00	0.100	0.081 000	8.08×10^{-2}	267.25	−26.63
22	J1121−6037(B1119−603)	4.817 90	0.100	0.088 000	2.99×10^{-2}	170.25	−60.62
23	J1632−6727(B1627−673)	7.700 00	0.100	0.140 000	7.48×10^{-2}	248.00	−67.45
24	B1744−24A	0.01160	0.600	0.000 925	1.10×10^{-3}	267.01	−24.78
25	J1948+3200(GRO J1948+32)	18.700 00	0.100	0.340 000	7.31×10^{-1}	297.00	32.00

表 2-5 计时残差达到 1 μs 所需要累计观测时间 t_Y（年）

序号	PSR 或别名	类型	A_d=0.1 m^2	A_d=0.25 m^2	A_d=0.5 m^2	A_d=1 m^2	A_d=10 m^2
1	J1619−1538(B1617−155)	XB	0.000 43*	0.000 17	0.000 09	0.000 04	0.000 004
2	B0531+21	IRPSR	0.004 05	0.00162	0.000 81	0.000 41	0.000 041
3	J1801−2504(B1758−250)	XB	0.004 29	0.001 72	0.000 86	0.000 43	0.000 043
4	J1816−1402(B1813−140)	XB	0.008 62	0.003 45	0.001 72	0.000 86	0.000 086
5	J1731−3350(B1728−337)	XB	0.029 08	0.011 63	0.005 82	0.002 91	0.000 291
6	J1823−3021(B1820−303)	XB	0.030 83	0.012 33	0.006 17	0.003 08	0.000 308

续表

序号	PSR 或别名	类型	A_d=0.1 m^2	A_d=0.25 m^2	A_d=0.5 m^2	A_d=1 m^2	A_d=10 m^2
7	J1640－5345(B1636－536)	XB	0.031 22	0.012 49	0.006 24	0.003 12	0.000 312
8	J1744－2844(GROJ1744－28)	XB	0.033 92	0.013 57	0.006 78	0.003 39	0.000 339
9	B1821－24	IRPSR	0.03 62	0.014 48	0.007 24	0.003 62	0.000 362
10	B1937＋21	IRPSR	0.040 53	0.016 21	0.008 11	0.004 05	0.000 405
11	J0617＋0908(B0614＋091)	XB	0.109 01	0.043 6	0.021 8	0.010 9	0.001 090
12	B1957＋20	BRPSR	0.120 31	0.048 12	0.024 06	0.012 03	0.001 20
13	J1751－3037(XTE1751－305)	XB	0.147 82	0.059 13	0.029 56	0.014 78	0.001 48
14	J1808－3658(SAXJ1808.4－3658)	XB	0.163 96	0.065 58	0.032 79	0.016 4	0.001 64
15	J1813－3346(XTEJ1814－338)	XB	0.363 02	0.145 21	0.072 6	0.036 3	0.003 63
16	J1734－2605(B1731－260)	XB	0.928 15	0.371 26	0.185 63	0.092 82	0.009 28
17	J1806－2924(XTEJ1807－294)	XB	1.825 88	0.730 35	0.365 18	0.182 59	0.018 26
18	B0540－69	IRPSR	3.043 4	1.21736	0.608 68	0.304 34	0.030 43
19	B1744－24A	XB	3.339 33	1.33573	0.667 87	0.333 93	0.033 39
20	J0538－6652(AO0538－66)	XB	20.012 24	8.004 9	4.002 45	2.001 22	0.200 12
21	J0929－3123(XTEJ0929－314)	XB	24.060 32	9.624 13	4.812 06	2.406 03	0.240 60
22	B1823－13	IRPSR	39.840 15	15.936 06	7.968 03	3.984 02	0.398 40
23	B1509－58	IRPSR	41.276 43	16.510 57	8.255 29	4.127 64	0.412 76

续表

序号	PSR 或别名	类型	$A_d=0.1\ m^2$	$A_d=0.25\ m^2$	$A_d=0.5\ m^2$	$A_d=1\ m^2$	$A_d=10\ m^2$
24	J0218＋4232	BRPSR	64.107 14	25.642 86	12.821 43	6.410 71	0.641 07
25	J1124－5916	IRPSR	96.350 34	38.540 14	19.270 07	9.635 03	0.963 50
26	J1846－0258	IRPSR	116.208 5	46.483 42	23.241 71	11.620 85	1.162 09
27	J0205＋6449	IRPSR	182.390 1	72.956 03	36.478 01	18.239 01	1.823 90
28	J1657＋3520(B1656＋354)	XB	214.475 9	85.790 37	42.895 18	21.447 59	2.144 76
29	J1811－1925	IRPSR	226.978 8	90.79153	45.395 76	22.697 88	2.269 79
30	J1930＋1852	IRPSR	429.650 7	171.8603	85.930 15	42.965 07	4.296 51
31	J0437－4715	BRPSR	444.388 2	177.7553	88.877 64	44.438 82	4.443 88
32	J1617－5055	IRPSR	451.821 7	180.7287	90.364 33	45.182 17	4.518 22
33	B0833－45	IRPSR	593.166 2	237.2665	118.633 2	59.316 62	5.931 66
34	J1911＋0035(B1908＋005)	XB	992.845 1	397.138 1	198.569	99.284 51	9.928 45
35	B1259－63	BRPSR	1 104.326	441.730 6	220.865 3	110.432 64	11.043 26
36	J1420－6048	IRPSR	1 191.879	476.751 8	238.375 9	119.187 94	11.918 79
37	J1749－2638(GROJ1750－27)	XB	1 462.614	585.045 6	292.522 8	146.261 4	14.62614
38	B1951＋32	IRPSR	1 847.737	739.094 7	369.547 3	184.773 66	18.477 37
39	B1706－44	IRPSR	2 435.794	974.317 4	487.1587	243.579 36	24.357 94
40	J1948＋3200(GROJ1948＋32)	XB	2 823.736	1129.494	564.747 2	282.373 58	28.23736

续表

序号	PSR 或别名	类型	A_d=0.1 m^2	A_d=0.25 m^2	A_d=0.5 m^2	A_d=1 m^2	A_d=10 m^2
41	J0117−7326(B0115−737)	XB	3 054.449	1221.78	610.889 8	305.444 91	30.54449
42	J0635+0533	XB	3 826.252	1 530.501	765.2503	382.625 15	38.262 52
43	J0537−6910	IRPSR	4 204.764	1 681.905	840.952 7	420.476 36	42.047 64
44	J1632−6727(B1627−673)	XB	4 722.66	1 889.064	944.5319	472.265 95	47.226 60
45	J1121−6037(B1119−603)	XB	4 743.937	1 897.575	948.7874	474.393 69	47.439 37
46	J0030+0451	IRPSR	5 728.269	2 291.308	1145.654	572.82691	57.282 69
47	J1025−5748(1E1024.0−5732)	XB	11 681.05	4672.421	2 336.21	1168.105 2	116.81052
48	J2229+6114	IRPSR	25 589.73	10 235.89	5117.946	2 558.9732	255.897 32
49	J0751+1807	BRPSR	35 247.91	14 099.16	7049.581	3 524.7906	352.479 06
50	J2124−3358	IRPSR	126 441.3	50 576.52	25288.26	12 644.1310	1 264.413 10
51	J1012+5307	BRPSR	228 979.2	91 591.68	45795.84	22 897.9190	2 289.791 90
52	B1920+10	IRPSR	766 790.2	306 716.1	153358	76 679.0203	7 667.902 03
53	B0355+54	IRPSR	923 293.1	369 317.2	184658.6	92 329.3110	9 232.931 1
54	B0656+14	IRPSR	12 578 535	5 031 414	2515707	1 257 853.50	125 785.350
55	J1024−0719	IRPSR	16 261 056	6 504 422	3252211	1 626 105.56	162 610.556

注*：若累计观测时间小于 1 年，其观测数据点需要分布到整个公转轨道上以达到最优观测效果。

的计时残差也分别达到 0.24 μs 与 0.02 μs[109]，可以作为优选源；而另一些在射电观测中表现较好的脉冲星却不利于 X 射线频段的观测，如 PSR J0437－4715 在射电频段观测的计时残差可达到 0.03 μs[109]，在 X 射线频段需要近 90 年（$A_d=0.5\ m^2$）才达到1 μs 残差水平，这类脉冲星不建议作为导航源。表 2-5 中排名前 20 的脉冲星只有 4 颗是自旋转供能的单星，为 PSR B0531＋21，PSR B1821－24，PSR B1937＋21 与 PSR B0540－69，有 1 颗为自旋转供能双星 PSR B1957＋20，其余均为 X 射线双星；从导航源数量上来看，只选用单星或只考虑自旋转供能脉冲星是不够的，因此，建议将 X 射线双星纳入导航候选源。X 射线双星大部分没有射电数据的积累，因而，若要实现其参数精确测定、周期特性的研究，以及探索其作为导航源可能面临的未知因素，需要发射 X 射线天文卫星以积累足够空间观测数据。

2.8 本章小结

本章基于脉冲星计时观测领域丰富研究成果，归纳了面向导航的脉冲星计时模型；充分研究了使用双星进行导航的理论基础，详细阐述了双星前提下的光行延时模型，分为太阳系延时、星际延时与双星系统延时对光行延时方程进行了修订与整理，并根据正向延时与逆向延时的概念描述了延时模型在导航中的应用方式。讨论了导航量测方程建立的原理，给出了包含 31 个参数的完整导航参数组定义，并基于当前的计时观测水平对延时模型进行简化，得到了包含 23 个参数的简化导航参数组。以单星情形为特列，将本章的延时模型与 Sheikh 的延时模型进行了比较，指出了后者应用中可能存在的误区。此外，基于空间计时观测的构想，分析了在轨对脉冲星角位置的测定精度，对可能导航源观测效果进行了比较，指出了双星作为导航源的必要性，并建议发射 X 射线天文卫星进行空间观测数据的积累。

第3章　脉冲相位与多普勒频移估计理论与算法

3.1　概述

脉冲相位的估计是构建导航量测方程的前提，脉冲相位与多普勒频移包含着航天器的位置、速度与钟差信息。要形成导航量测，可以用脉冲TOA的形式，也可以用脉冲相位的形式，这两者是等效的，脉冲TOA无非是脉冲相位乘以脉冲周期。虽然用脉冲TOA描述更为直观，但使用脉冲相位来表达量测有其内在的优点：1）可以直接将整周模糊度建立到量测方程中去；2）对于多星测量，不同量测可以方便地对齐以形成集中的量测量；3）可以用多普勒频移构建对航天器速度的量测。因而，本章将不使用常见的“脉冲TOA估计”的说法，而把相关问题统称为脉冲相位估计问题。本章的目的是设计高效的光子TOA数据处理算法，获取高精度的脉冲相位估计与多普勒频移的估计。

脉冲相位估计的方法通常分为基于光子历元折叠的方法与直接使用光子数据的方法[110,111]。对于光子历元折叠，可以用互相关技术[112,113]或非线性最小二乘估计[110,114]实现折叠轮廓与标准轮廓的比对。直接使用光子数据的方法是基于最大似然原理，通过最大化似然函数直接求得相位偏移[115]。似然函数最大化的过程可使用数值算法如栅格化搜索[116]或牛顿迭代法[111]，也可以用基于似然函数一次谐波近似的解析方法[22,117]。上述算法只适用于静态情形或常多普勒频移情形下的相位估计，本章对有关算法进行了改进以适应实际在轨的动态情形。

多普勒频移虽然可以用最大似然法搜索得到[116,118]，但仍需要假设处于静态情形或常多普勒频移情形。Golshan 等[116]引入了相位跟踪技术来解决动态问题。基于这一思想，本章重新设计了跟踪滤波器以获得最优的动态与稳态性能，根据跟踪指数理论[119]对相位跟踪精度进行了分析，并给出了可能导航源的理论稳态相位跟踪精度作为工程设计的参考。

3.2 视脉冲相位与多普勒频移模型

航天器处测得的脉冲相位与频率与脉冲星处测得的脉冲相位与频率是不一致的，主要是由信号传播距离造成的相位延迟与相对运动造成的多普勒频移引起的。我们把航天器处测得的脉冲相位称为视脉冲相位（Observed Pulse Phase），记为 Φ^{X} ，以区别于脉冲星固有自转相位 Φ^{P} 。如无特别说明，本章所讨论的脉冲相位均指视脉冲相位。

为了使表达式简洁明了，我们在后文中略去信号传播途径中相关时刻或历元的下标，即将 T_{ePSR} ，$\overline{T}_{\mathrm{aBB}}$ ，t_{aSSB} 与 τ_{aOBS} 分别记为 T ，$\overline{T}$ ，t 与 τ ，读者根据上下文应不难判断这四个量是表示时间系统还是表示信号传播途径中的不同到达（或发射）时间，例如，$\Delta=\tau-T$ 即代表延时公式（2－16）。

脉冲信号用了 Δ 时间从脉冲星传播到航天器，整个过程也可视为脉冲的同一相位从脉冲星传播到航天器，故视相位是固有相位的一个延迟

$$\Phi^{X}(\tau)=\Phi^{P}(\tau-\Delta) \tag{3-1}$$

视脉冲频率定义为视脉冲相位相对于航天器固有时的变化率，即 $f_{\mathrm{o}}\equiv \mathrm{d}\Phi^{X}/\mathrm{d}\tau$ ，其倒数为视脉冲周期 $P_{\mathrm{o}}=1/f_{\mathrm{o}}$ 。将式（3－1）两边对时间求导可以得到

$$f_{\mathrm{o}}=f_{\mathrm{s}}+f_{\mathrm{d}} \tag{3-2}$$

其中，f_{s} 称为源脉冲频率（Source Pulse Frequency），为考虑自转衰

减效应后的脉冲星当前自转频率

$$f_{\mathrm{s}}=f_{0}+f_{1}\Delta T+f_{2}/2\Delta T^{2} \tag{3-3}$$

这里，$T=\tau-\Delta$ ，$\Delta T=T-E_{\mathrm{FRQ}}$ ，由于 f_1 与 f_2 均为小量，ΔT 也可用 $\Delta\tau=\tau-E_{\mathrm{FRQ}}$ 替代，即

$$f_{s}=f_{0}+f_{1}\Delta\tau+f_{2}/2\Delta\tau^{2} \tag{3-4}$$

注意，当脉冲星频率历元比较旧时，$\Delta\tau$ 与 $\Delta\tau^2$ 项是不能忽略的；f_{d} 为多普勒频率，或者称为多普勒频移，其表达式为

$$f_{\mathrm{d}}=-(\mathrm{d}\Delta/\mathrm{d}\tau)f_{\mathrm{s}} \tag{3-5}$$

要得到多普勒频移表达式，需要求解 $\mathrm{d}\Delta/\mathrm{d}\tau$ 。将式（2－97）两边对 τ 求导得

$$\begin{aligned}\frac{\mathrm{d}\Delta}{\mathrm{d}\tau}=&\frac{\mathrm{d}\Delta_{\mathrm{RS0}}}{\mathrm{d}t}\frac{\mathrm{d}t}{\mathrm{d}\tau}+\frac{\mathrm{d}\Delta_{\mathrm{RS2}}}{\mathrm{d}t}\frac{\mathrm{d}t}{\mathrm{d}\tau}+\frac{\mathrm{d}\Delta_{\mathrm{PS}}}{\mathrm{d}t}\frac{\mathrm{d}t}{\mathrm{d}\tau}+\frac{\mathrm{d}\Delta_{\mathrm{ES}}}{\mathrm{d}\tau}+\frac{\mathrm{d}\Delta_{\mathrm{SS}}}{\mathrm{d}t}\frac{\mathrm{d}t}{\mathrm{d}\tau}+\\&\frac{\mathrm{d}\Delta_{\mathrm{RBP}}}{\mathrm{d}T}\frac{\mathrm{d}T}{\mathrm{d}\tau}+\frac{\mathrm{d}\Delta_{\mathrm{SB}}}{\mathrm{d}T}\frac{\mathrm{d}T}{\mathrm{d}\tau}+\frac{\mathrm{d}\Delta_{\mathrm{EB}}}{\mathrm{d}T}\frac{\mathrm{d}T}{\mathrm{d}\tau}\end{aligned} \tag{3-6}$$

假设星钟读数已经校正为与 TT 一致，这样便有

$$\mathrm{d}\Delta_{\mathrm{ES}}/\mathrm{d}\tau=-L_{\mathrm{G}}-c^{-2}(U_{\mathrm{SS\text{-}E}}+v_{\mathrm{E}}^{2}/2) \tag{3-7}$$

$$\mathrm{d}t/\mathrm{d}\tau=1+L_{\mathrm{G}}+c^{-2}(U_{\mathrm{SS\text{-}E}}+v_{\mathrm{E}}^{2}/2) \tag{3-8}$$

脉冲星固有时对航天器固有时的导数可以分解为

$$\mathrm{d}T/\mathrm{d}\tau=(\mathrm{d}T/\mathrm{d}\bar{T})(\mathrm{d}\bar{T}/\mathrm{d}t)(\mathrm{d}t/\mathrm{d}\tau) \tag{3-9}$$

由式（2－13）可得

$$\mathrm{d}T/\mathrm{d}\bar{T}=1-\gamma\dot{u}\cos u \tag{3-10}$$

其中，$\dot{u}\equiv\mathrm{d}u/\mathrm{d}T$ ，通过式（2－44）对 T 求导，有

$$\dot{u}=\frac{n}{1-e\cos u} \tag{3-11}$$

由于星际 Einstein 延时已通过多普勒系数被吸收到参数的重定义中去了（见 2.6 节），故可认为 $\mathrm{d}\bar{T}/\mathrm{d}t=1$，因此将式（3－8）与式（3－10）代入式（3－9），得

$$\mathrm{d}T/\mathrm{d}\tau=1+L_{\mathrm{G}}+c^{-2}(U_{\mathrm{SS\text{-}E}}+v_{\mathrm{E}}^{2}/2)-\gamma\dot{u}\cos u \tag{3-12}$$

对于近地航天器，其相对于 SSB 的速度 $\boldsymbol{v}$ 由 $\boldsymbol{v}_{\mathrm{E}}$ 与 $\boldsymbol{v}_{1}$ 两部分组

成，其中，$\boldsymbol{v}_E$ 表示地球的速度（$\boldsymbol{v}_E \equiv \mathrm{d}\boldsymbol{r}_E/\mathrm{d}t$），$\boldsymbol{v}_1$ 为航天器在 GCRS 中的速度。根据参考文献［120］的式（23）可以推断，把 $\boldsymbol{v}_1$ 看作是定义在 BCRS 中的量（即认为 $\boldsymbol{v}_1 = \mathrm{d}\boldsymbol{r}_1/\mathrm{d}t$）只会带来 10^{-5}～10^{-4} m/s 量级的速度误差。所以在这样的精度下，$\boldsymbol{v}$ 可以表示为 $\boldsymbol{v} = \boldsymbol{v}_E + \boldsymbol{v}_1$。

Δ_{RBP} 对时间的导数可以通过式（2-61）对 T 求导获得，忽略 $\dot{x}$ 与 $\dot{e}$ 项，有

$$\mathrm{d}\Delta_{RBP}/\mathrm{d}T = (\partial\Delta_{RBP}/\partial u)\dot{u} + (\partial\Delta_{RBP}/\partial\omega)(\mathrm{d}\omega/\mathrm{d}T) \quad (3-13)$$

其中，$\mathrm{d}\omega/\mathrm{d}T$ 应由式（2-51）确定，而不是直接写为 $\dot{\omega}$（$\dot{\omega}$ 是一个特定的双星参数），具体表达式见式（3-21）与式（3-22）。

定义两个因子

$$k_1 \equiv L_G + c^{-2}(U_{SS\text{-}E} + v_E^2/2) \quad (3-14)$$

$$k_2 \equiv -\gamma\dot{u}\cos u \quad (3-15)$$

这样有 $\mathrm{d}t/\mathrm{d}\tau = 1 + k_1$，$\mathrm{d}T/\mathrm{d}\tau = 1 + k_1 + k_2$，以及 $\mathrm{d}\Delta_{ES}/\mathrm{d}\tau = -k_1$。根据以上三式及式（3-13），可以将式（3-6）展开为 21 项

$$\begin{aligned}\mathrm{d}\Delta/\mathrm{d}\tau = {} & \dot{\Delta}_{RS0} + k_1\dot{\Delta}_{RS0} + \dot{\Delta}_{RS2} + k_1\dot{\Delta}_{RS2} + \dot{\Delta}_{PS} + k_1\dot{\Delta}_{PS} - k_1 + \dot{\Delta}_{SS} + \\ & k_1\dot{\Delta}_{SS} + \dot{\Delta}_{RBPu} + k_1\dot{\Delta}_{RBPu} + k_2\dot{\Delta}_{RBPu} + \dot{\Delta}_{RBP\omega} + k_1\dot{\Delta}_{RBP\omega} + \\ & k_2\dot{\Delta}_{RBP\omega} + \dot{\Delta}_{SB} + k_1\dot{\Delta}_{SB} + k_2\dot{\Delta}_{SB} + \dot{\Delta}_{EB} + k_1\dot{\Delta}_{EB} + k_2\dot{\Delta}_{EB}\end{aligned} \quad (3-16)$$

其中，各导数项的表达式如下

$$\dot{\Delta}_{RS0} \equiv \mathrm{d}\Delta_{RS0}/\mathrm{d}t = -c^{-1}(v_{EP} + v_{1P}) \quad (3-17)$$

$$\dot{\Delta}_{RS2} \equiv \mathrm{d}\Delta_{RS2}/\mathrm{d}t = -c^{-1}R_0^{-1}\boldsymbol{l}_V \cdot (\boldsymbol{v}_{EV} + \boldsymbol{v}_{1V}) \quad (3-18)$$

$$\dot{\Delta}_{PS} \equiv \mathrm{d}\Delta_{PS}/\mathrm{d}t = c^{-1}R_0^{-1}[\boldsymbol{r} \cdot (\boldsymbol{v}_E + \boldsymbol{v}_1) - r_P(v_{EP} + v_{1P})] \quad (3-19)$$

$$\dot{\Delta}_{SS} \equiv \mathrm{d}\Delta_{SS}/\mathrm{d}t = -2Gm_0c^{-3}[v_{EP} + v_{1P} + \hat{\boldsymbol{r}} \cdot (\boldsymbol{v}_E + \boldsymbol{v}_1)]/(r_P + r) \quad (3-20)$$

$$\dot{\Delta}_{RBPu} \equiv \frac{\partial\Delta_{RBP}}{\partial u}\dot{u} = \frac{-nx[\sin u\sin\omega - \cos u\cos\omega(1 - e_\theta^2)^{1/2}]}{1 - e\cos u} \quad (3-21)$$

$$\dot{\Delta}_{\mathrm{RBP}\omega}\equiv\frac{\partial\Delta_{\mathrm{RBP}}}{\partial\omega}\frac{\mathrm{d}\omega}{\mathrm{d}T}=\frac{x\dot{\omega}(1-e^2)^{1/2}[\cos\omega(\cos u-e)-\sin\omega\sin u(1-e_\theta^2)^{1/2}]}{(1-e\cos u)^2} \tag{3-22}$$

$$\begin{aligned}\dot{\Delta}_{\mathrm{SB}}&\equiv\frac{\mathrm{d}\Delta_{\mathrm{SB}}}{\mathrm{d}T}\\&=\frac{-2r_{\mathrm{S}}n}{1-e\cos u}\cdot\frac{e\sin u+s_{\mathrm{S}}[\sin u\sin\omega-(1-e^2)^{1/2}\cos\omega\cos u]}{1-e\cos u-s_{\mathrm{S}}[\sin\omega(\cos u-e)+(1-e^2)^{1/2}\cos\omega\sin u]}\end{aligned} \tag{3-23}$$

$$\dot{\Delta}_{\mathrm{EB}}\equiv\mathrm{d}\Delta_{\mathrm{EB}}/\mathrm{d}T=\gamma n\cos u/(1-e\cos u) \tag{3-24}$$

式（3－16）中每一项都代表着不同的多普勒频移效应，其中 $\dot{\Delta}_{\mathrm{RS0}}$ 代表卫星径向速度的影响，$\dot{\Delta}_{\mathrm{RBP}u}$ 代表脉冲星径向速度的影响，这两项是主分量，为一阶频移效应，其他项代表高阶效应。图 3－1 给出了多普勒频移示例，绘出了 600 km 高度近地航天器观测双星 PSR B1744－24A 的总多普勒频移、非双星运动造成的频移及双星运动造成的频移。PSR B1744－24A 是第 2 颗发现的掩蚀脉冲双星（Eclipsing Binary Pulsar），脉冲周期为 11.56 ms，轨道周期很短，为 1.8 小时[121-123]（见表 3－2）。从图 3－1 可以看出，多普勒频移主要包括三种周期分量，一是双星运动 1.8 小时的周期分量，二是航天器绕地球运动 1.6 小时的周期分量，三是地球公转 1 年的周期分量（在图中体现为非双星运动分量相对于零点的偏移）。航天器运动与双星运动带来的多普勒频移量级基本相当，但像 PSR B1744－24A 这样短轨道周期的双星引入的多普勒频移更为显著。

如果用来确定航天器速度，式（3－16）中的各项乘以 c 即代表这一项对应的速度误差。为了对各频移项做出定量分析，遍历了 ATNF 目录[55,56]中 2 000 余颗脉冲星，在脉冲星运动（如果其在双星系统内）与航天器运动的周期内对所有脉冲星求解式（3－16）中各项对应速度误差的上限。在这个计算过程中，做了如下假设：1）当前初始时间为 MJD 55927.0；2）航天器为 GEO 卫星；3）对于双星系统，伴星质量设为“中等”，即 ATNF 目录在假设脉冲星质量为 1.35 m_0，且 $i=60°$ 条件下提供的伴星质量，双星后开普勒参数由 DDGR 模型求得。

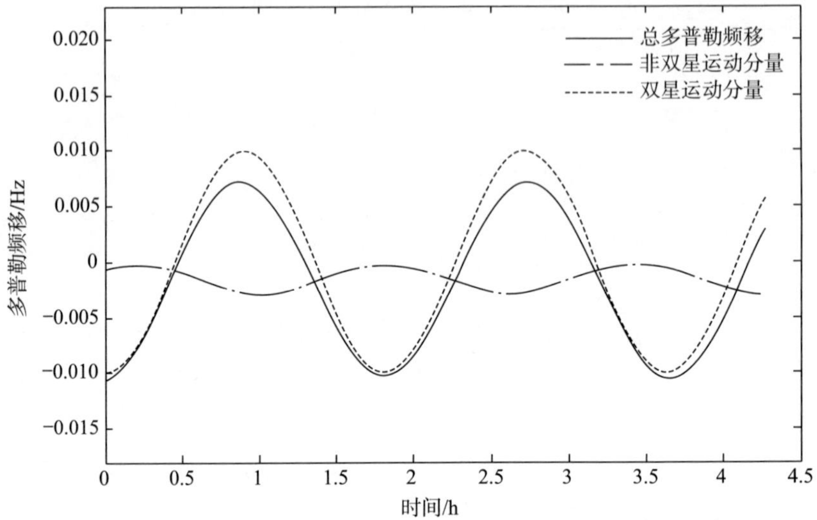

图 3－1　600 km 高度近地航天器观测双星 PSR B1744－24A 的多普勒频移

分析结果在表 3－1 中给出。若保留式（3－16）对应速度误差上限大于 0.01 m/s 的项，最终可以得到多普勒频移的表达式如下

$$f_d/f_s = c^{-1}(v_{EP}+v_{1P}) - \dot{\Delta}_{RS2} + k_1 - \dot{\Delta}_{RBPu} - \dot{\Delta}_{RBPu}k_1 - \dot{\Delta}_{RBP\omega} - \dot{\Delta}_{SB} - \dot{\Delta}_{EB} \tag{3-25}$$

表 3－1　式（3－16）各项对应的速度误差上限

序号	延时导数项表式达	对应速度误差上限/(m/s)	是否保留
1	$\dot{\Delta}_{RS0}$	3.0×10^{4}	是
2	$k_1\dot{\Delta}_{RS0}$	4.6×10^{-4}	否
3	$\dot{\Delta}_{RS2}$	1.4×10^{0}	是
4	$k_1\dot{\Delta}_{RS2}$	2.2×10^{-8}	否
5	$\dot{\Delta}_{PS}$	9.0×10^{-4}	否
6	$k_1\dot{\Delta}_{PS}$	1.4×10^{-11}	否
7	$-k_1$	4.6×10^{0}	是
8	$\dot{\Delta}_{SS}$	1.2×10^{-3}	否

续表

序号	延时导数项表式达	对应速度误差上限/(m/s)	是否保留
9	$k_1\dot{\Delta}_{SS}$	1.8×10^{-11}	否
10	$\dot{\Delta}_{RBPu}$	1.2×10^{6}	是
11	$k_1\dot{\Delta}_{RBPu}$	1.8×10^{-2}	是
12	$k_2\dot{\Delta}_{RBPu}$	4.4×10^{-4}	否
13	$\dot{\Delta}_{RBP\omega}$	1.5×10^{1}	是
14	$k_1\dot{\Delta}_{RBP\omega}$	2.2×10^{-7}	否
15	$k_2\dot{\Delta}_{RBP\omega}$	3.1×10^{-9}	否
16	$\dot{\Delta}_{SB}$	2.6×10^{1}	是
17	$k_1\dot{\Delta}_{SB}$	4.1×10^{-7}	否
18	$k_2\dot{\Delta}_{SB}$	3.3×10^{-9}	否
19	$\dot{\Delta}_{EB}$	8.1×10^{2}	是
20	$k_1\dot{\Delta}_{EB}$	1.3×10^{-5}	否
21	$k_2\dot{\Delta}_{EB}$	1.4×10^{-7}	否

3.3 脉冲信号模型

到达航天器的脉冲星 X 射线信号模型可以用光子流量函数来描述，其单位是每秒的光子数（ph/s），表达式为[116]

$$\lambda(\tau)=\beta+\alpha h[\Phi^{X}(\tau)] \tag{3-26}$$

式中，α 与 β 参数定义为

$$\begin{cases}\alpha\equiv p_f R_s A_d \\ \beta\equiv R_b A_d+(1-p_f)R_s A_d\end{cases} \tag{3-27}$$

其中，R_b 为背景流量，R_s 为来自脉冲星源的流量，A_d 为探测器面积，p_f 为脉冲比例；式（3-26）中 $h(\Phi)$ 表示归一化的标准脉冲轮廓函数，满足

$$\begin{cases} h(\Phi+1)=h(\Phi) \\ \min\{h(\Phi)\}=0 \\ \int_0^1 h(\Phi)\mathrm{d}\Phi=1 \end{cases} \tag{3-28}$$

$\Phi^X(\tau)$ 为航天器处的视脉冲相位，通过对视脉冲频率的式（3-2）积分，可以将视脉冲相位表达为

$$\Phi^X(\tau)=\Phi_0+\Phi_s(\tau)+\Phi_d(\tau)=m_0^X+\phi_0+\Phi_s(\tau)+\Phi_d(\tau) \tag{3-29}$$

其中，Φ_0 为积分初值，对应于积分初始时刻 τ_0（可以为任务初始时刻或者是观测周期的起点时刻）的视脉冲相位，m_0^X 称为初始整周模糊度（上标“X”表示航天器处的），满足 $m_0^X=\mathrm{floor}(\Phi_0)$，$\phi_0$ 为 Φ_0 小数部分，记为 $\phi_0=\langle\Phi_0\rangle$（小写 ϕ 表示相位只包含小数部分，在 0 与 1 之间），$\Phi_d(\tau)$ 与 $\Phi_s(\tau)$ 的表达式为

$$\begin{cases} \Phi_s(\tau)=\int_{\tau 0}^{\tau} f_s(\tau)\mathrm{d}\tau \\ \Phi_d(\tau)=\int_{\tau 0}^{\tau} f_d(\tau)\mathrm{d}\tau \end{cases} \tag{3-30}$$

其中，$\Phi_s(\tau)$ 称为源相位（Source Phase），$\Phi_d(\tau)$ 称为多普勒相位（Doppler Phase），$\Phi_d(\tau)$ 与 $\Phi_s(\tau)$ 在 τ_0 时刻均为 0。源相位 $\Phi_s(\tau)$ 可以利用式（3-3）对时间积分得到，也可以利用式（2-82）表达为

$$\Phi_s(\tau)=\Phi^P(\tau)-\Phi^P(\tau_0) \tag{3-31}$$

多普勒相位 $\Phi_d(\tau)$ 随着航天器或双星的周期运动表现出相应的周期变化。

标准脉冲轮廓通过对脉冲星的长期观测数据综合得到，具有高信噪比，是脉冲星导航的重要必备数据之一。马克斯·普朗克射电天文学研究所网站上的欧洲脉冲星网络轮廓数据库[124]提供了部分射电脉冲星标准脉冲轮廓数据，是以离散数据点形式给出的，可以对其进行拟合而得到解析形式的轮廓函数。依据此数据库提供的数据，图 3-2 给出了 PSR B0531+21（Crab 脉冲星）与 PSR B1744−24A 经过拟合后的归一化标准轮廓曲线；其中，上图由

Matlab 拟合工具箱的 8 阶高斯模型对 Crab 的 0.1 keV 轮廓数据拟合得到，下图由 4 阶高斯模型对 PSR B1744－24A 的 1.4 GHz 轮廓数据拟合得到。

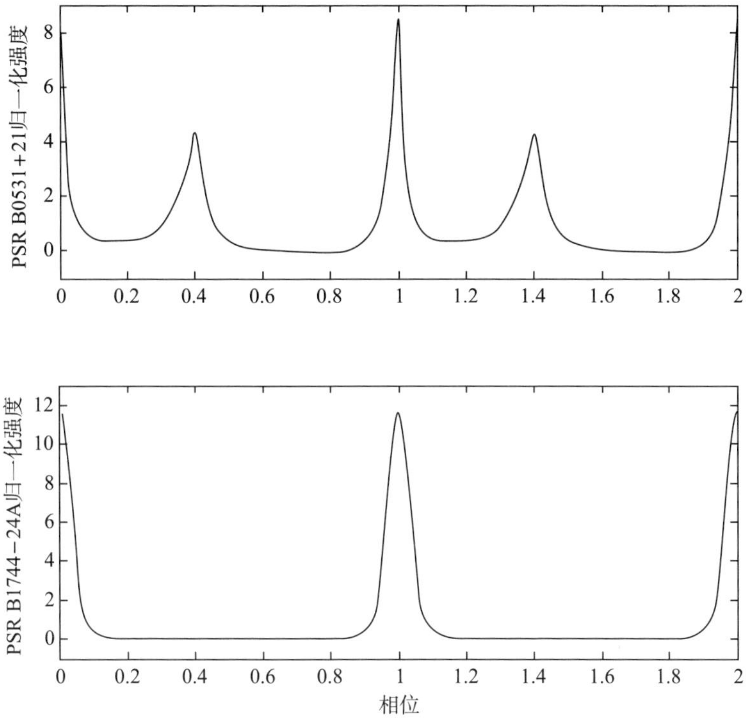

图 3－2　PSR B0531＋21 与 PSR B1744－24A 经过拟合后的归一化标准轮廓函数曲线

与图 3－1 类似，图 3－3 给出了 600 km 高度近地航天器观测双星 PSR B1744－24A 的总多普勒相位、非双星运动分量及双星运动分量；其多普勒相位同样包括三种周期分量，一是双星运动 1.8 小时的周期分量，二是航天器绕地球运动 1.6 小时的周期分量，三是地球公转 1 年的周期分量（在图中体现为总多普勒相位与非双星运动分量向坐标下方漂移）。

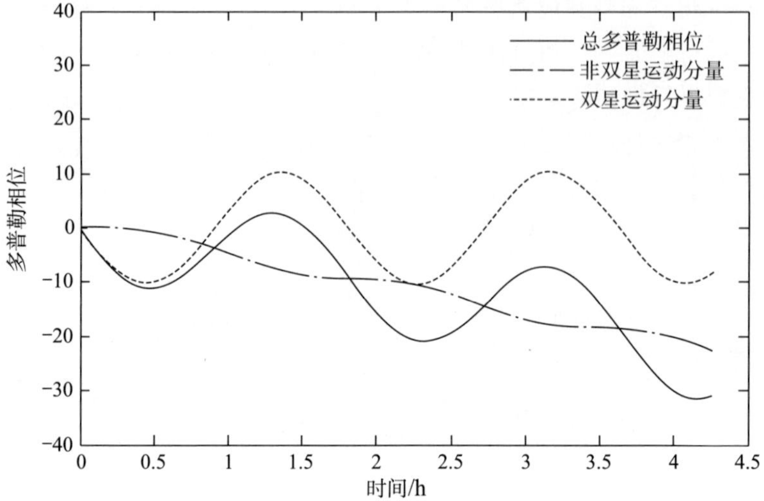

图 3-3　600 km 高度近地航天器观测双星 PSR B1744—24A 的脉冲多普勒相位

航天器探测到的 X 射线光子 TOA 可以用非齐次泊松过程（NHPP）来建模[116]。在给定时间间隔内的光子到达数量是一个泊松随机变量，即在（a，b）的时间间隔内，有 k（$k \geqslant 0$，k 为整数）个光子的概率为[116]

$$\Pr[k;(a,b)]=\frac{1}{k!}\left\{\exp\left[-\int_a^b \lambda(\tau)\mathrm{d}\tau\right]\right\}\left[\int_a^b \lambda(\tau)\mathrm{d}\tau\right]^k \tag{3-32}$$

NHPP 模型可以衍生出如下结论：

1）不相重叠的时间间隔内到达的光子数量是独立的；

2）在（a，b）间隔内没有光子到达的概率为

$$\Pr[0;(a,b)]=\exp\left[-\int_a^b \lambda(\tau)\mathrm{d}\tau\right] \tag{3-33}$$

3）当间隔时间趋于 0 时，有两个或两个以上光子到达的概率也趋于 0。

这样，当探测器时间分辨率 τ_d 足够小时，可以认为 τ_d 间隔内只可能有 1 个或没有光子到达，即 τ_d 间隔内光子到达事件服从

Bernoulli 分布，其成功概率为

$$\Pr[1;\tau_d]=1-\exp[-\tau_d\lambda(\tau)] \tag{3-34}$$

根据式（3-34），可以对光子到达事件进行仿真，得到模拟的光子到达时间序列。

3.4　静态情形下的脉冲相位估计

所谓“静态情形”即假设脉冲星为单星，且航天器相对于 SSB 静止，这样多普勒频移为零，视脉冲频率保持恒定。虽然这种情形不能代表实际情形，但静态情形下的脉冲相位估计方法是开展动态情形下脉冲相位与多普勒频移估计研究的基础。静态情形下的脉冲相位估计主要分为两大类方法[110,111,115]，一类是基于光子历元折叠的方法，另一类是基于最大似然估计方法。历元折叠是将光子分格折叠以恢复脉冲轮廓，再与标准轮廓进行比对进而估计脉冲相位；最大似然估计将光子数据统一处理，根据最大似然原理直接估计脉冲相位。

3.4.1　脉冲相位估计的 Cramer - Rao 下界

在静态情形下，由于多普勒相位为零，源相位又可以根据脉冲星自转参数直接求得，脉冲相位估计就是对观测周期初始相位 ϕ_0 的估计。对 ϕ_0 估计的方差下界可以用 Cramer - Rao 下界（CRB）来描述，记 ϕ_0 的估值为 $\tilde{\phi}_0$，参考文献［116］通过推导给出了 ϕ_0 估计问题的 CRB 表达式

$$\mathrm{CRB}(\tilde{\phi}_0)=L^{-1}\tau_{\mathrm{obs}}^{-1} \tag{3-35}$$

其中，τ_{obs} 为观测周期长度，L 由脉冲标准轮廓与流量参数确定

$$L=\int_0^1\frac{\alpha^2(\mathrm{d}h/\mathrm{d}\Phi)^2}{\alpha h+\beta}\mathrm{d}\Phi \tag{3-36}$$

当多普勒频移为已知常值时，可以直接对 f_d 积分求得 Φ_d，相位估计问题仍然是一个 ϕ_0 估计问题，所以多普勒频移为已知常值的

情形也可作为静态情形的一种特例，式（3－35）所表示的方差下限仍然是适用的。

根据 CRB 可以得到脉冲 TOA 估计误差的下界为 $\sigma_{\mathrm{TOA\_CRB}}=f_0^{-1}\sqrt{\mathrm{CRB}(\tilde{\phi}_0)}$ 。值得注意的是，Sheikh 给出的 TOA 误差公式为[23,125]

$$\sigma_{\mathrm{TOA\_Sheikh}}=\frac{1/2W\sqrt{[R_{\mathrm{b}}+R_{\mathrm{s}}(1-p_{\mathrm{f}})](A_{\mathrm{d}}\tau_{\mathrm{obs}}Wf_0)+R_{\mathrm{s}}A_{\mathrm{d}}p_{\mathrm{f}}\tau_{\mathrm{obs}}}}{R_{\mathrm{s}}A_{\mathrm{d}}p_{\mathrm{f}}\tau_{\mathrm{obs}}} \tag{3-37}$$

式（3－37）被国内学者广泛应用于导航源的品质分析，所以有必要对 Sheihk 公式的近似度做出一定分析。式（3－37）等效的 L 值可以表示为

$$L_{\mathrm{Sheikh}}=\frac{f_0^{-2}}{\tau_{\mathrm{obs}}\sigma_{\mathrm{TOA\_Sheikh}}^2}=\frac{(R_{\mathrm{s}}p_{\mathrm{f}})^2A_{\mathrm{d}}f_0^{-2}}{(W/2)^2[R_{\mathrm{b}}+R_{\mathrm{s}}(1-p_{\mathrm{f}})](W/P)+R_{\mathrm{s}}p_{\mathrm{f}}} \tag{3-38}$$

这样 Sheihk 表示的脉冲 TOA 误差与对应于 CRB 的脉冲 TOA 误差的比为

$$\frac{\sigma_{\mathrm{TOA\_Sheikh}}}{\sigma_{\mathrm{TOA\_CRB}}}=\sqrt{\frac{L}{L_{\mathrm{Sheihk}}}} \tag{3-39}$$

通过仿真可以发现：对于类高斯型脉冲轮廓[126]，$\sigma_{\mathrm{TOA\_Sheikh}}$ 能较好地近似 $\sigma_{\mathrm{TOA\_CRB}}$ ，如对于图 3－2 中 PSR B1744－24A 轮廓，可以求得 $\sigma_{\mathrm{TOA\_Sheikh}}=0.83\sigma_{\mathrm{TOA\_CRB}}$ ；对于非类高斯型的脉冲轮廓，$\sigma_{\mathrm{TOA\_Sheikh}}$ 相对偏离 $\sigma_{\mathrm{TOA\_CRB}}$ ，如对于图 3－4 中三角形轮廓有 $\sigma_{\mathrm{TOA\_Sheikh}}=0.42\sigma_{\mathrm{TOA\_CRB}}$ ，又如 Crab 脉冲星的轮廓头部较尖（图 3－2 上图），介于三角形与高斯函数形轮廓之间，可以求得 $\sigma_{\mathrm{TOA\_Sheikh}}=0.67\sigma_{\mathrm{TOA\_CRB}}$ 。一般来说，Sheikh 给出的脉冲 TOA 误差比理论下界要低，所以在使用其公式时，最好根据脉冲轮廓形状对式（3－37）乘以一定系数，一般至少乘以 1/0.83 倍的系数，如果保守考虑，应乘以 1/0.42 倍的系数。

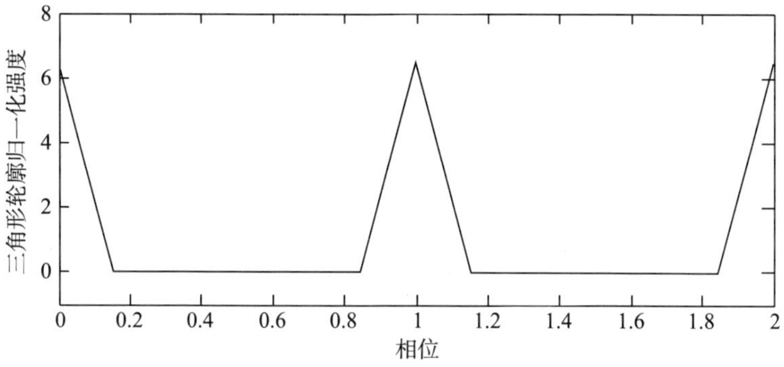

图 3－4　三角形脉冲轮廓示意图

3.4.2　基于光子历元折叠的脉冲相位估计

设长度为 τ_{obs} 的观测周期的起点为 τ_0，则终点为 $\tau_0+\tau_{\mathrm{obs}}$，视脉冲周期为 $P_{\circ}$，光子历元折叠过程如图 3－5 所示。折叠周期 τ_{f} 选为视脉冲周期 $P_{\circ}$（静态情形下等于 $1/f_{\mathrm{s}}$），记折叠周期的起点为 $\tau_{0\mathrm{f}}$。将折叠周期分为 N_{b} 个格，每个格的长度为 τ_{b}，依次计算光子序列中每个光子 TOA 在折叠周期中的位置，若位于第 j 格，则相应格的光子计数 C_j 加 1；这样 C_j 便以离散的形式代表了折叠后的脉冲轮廓，其归一化的形式（$\tilde{h}$）表示为

$$\tilde{h}_j=\frac{P(C_j-\min\limits_j C_j)}{\tau_{\mathrm{b}}\sum\limits_j(C_j-\min\limits_j C_j)},\ j=1,2,\cdots,N_{\mathrm{b}} \tag{3-40}$$

其中，$\tilde{h}_j=\tilde{h}[(j-1/2)/N_{\mathrm{b}}]$，表示折叠轮廓第 j 格中点处的归一化强度。

将折叠所得到的脉冲轮廓 $\tilde{h}$ 与标准脉冲轮廓 h 进行比对，可以得到脉冲的相位延时，进而可以求得初始相位。基于历元折叠的相位估计方法根据脉冲轮廓比对的方式可分为两种：一种是互相关法（CC），另一种是非线性最小二乘法（NLS）[111,113,114]。

互相关法的原理是使标准轮廓与折叠轮廓的互相关函数达到最大值，由于折叠轮廓是离散的，互相关函数可以表示为[111,127]

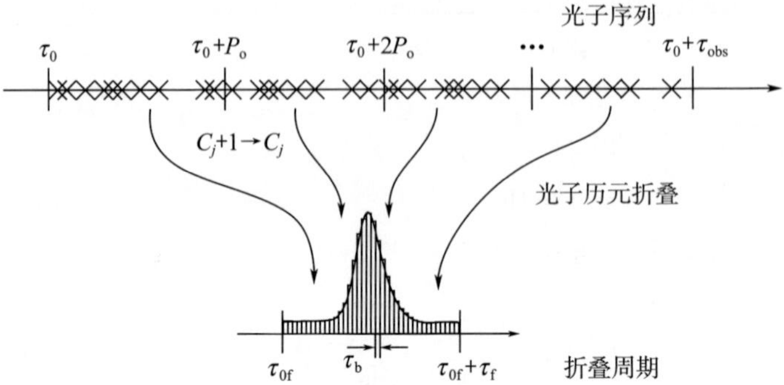

图 3-5　光子历元折叠过程示意图

$$R_D(\phi)=\frac{1}{N_b}\sum_{j=1}^{N_b}h_j\tilde{h}_{j+\phi} \tag{3-41}$$

其中，h_j 表示标准轮廓第 j 格中点处的归一化强度，$\tilde{h}_{j+\phi}$ 表示折叠轮廓相对于第 j 格中点左移 ϕ 后的归一化强度

$$\begin{aligned} h_j &= h[(j-0.5)/N_b] \\ \tilde{h}_{j+\phi} &= \tilde{h}[(j-0.5)/N_b+\phi] \end{aligned} \tag{3-42}$$

相位延迟 ϕ 实际上就是折叠轮廓相对于标准轮廓向坐标轴左边偏移的相位。相位延迟应使式（3-41）表示的互相关函数 $R_D(\phi)$ 达到最大值；不妨记折叠周期的起点为观测周期的起点，那么初始相位的估值为

$$\tilde{\phi}_0=\underset{\phi\in[0,1)}{\operatorname{argmax}}R_D(\phi) \tag{3-43}$$

可以证明，式（3-43）对初始相位的估计是无偏的，且当 $\tau_{obs}\gg 0$ 与 $N_b\rightarrow\infty$ 时，估计方差为[111]

$$\operatorname{var}_{CC}(\tilde{\phi}_0)=\frac{\int_0^1(\alpha h+\beta)\alpha^2(\mathrm{d}h/\mathrm{d}\Phi)^2\mathrm{d}\Phi}{\tau_{obs}\left[\int_0^1\alpha^2(\mathrm{d}h/\mathrm{d}\Phi)^2\mathrm{d}\Phi\right]^2} \tag{3-44}$$

根据式（3-44），可以做出如下结论[111]：1）CC 估计是一致的，因为随 τ_{obs} 的增大，估计方差趋于 0；2）CC 估计并不是渐进有效的，因为 $\operatorname{var}_{CC}(\tilde{\phi}_0)>\operatorname{CRB}(\tilde{\phi}_0)$，即在有限的观测时间内，

$\mathrm{var}_{CC}(\tilde{\phi}_0)$ 并不会收敛到 $\mathrm{CRB}(\tilde{\phi}_0)$ 。

要求解式（3-43），可以在时域内对 $R_D(\phi)$ 的自变量进行搜索，但效率更高的方法是频域的方法。式（3-41）的互相关函数可以用离散傅里叶变换的方法来计算[128]

$$R_D(\phi_j)=\mathrm{IFFT}[\mathrm{FFT}(h_j)\cdot\mathrm{FFT}(\tilde{h}_{-j})] \tag{3-45}$$

其中，FFT 表示快速傅里叶变换，IFFT 表示其反变换，ϕ_j 为离散化的相位延迟（$\phi_j=1/N_b,\ 2/N_b,\ \cdots,\ 1-1/N_b,\ 1$），$h_j$ 表示标准轮廓序列，$\tilde{h}_{-j}$ 的变换效果是将折叠轮廓序列 $\tilde{h}_j$ 反转（最后一个元素成为第一个，倒数第二个元素成为第二个，以此类推），乘法“·”表示两个序列复数元素依次相乘形成新的序列。对初始相位估计过程如图 3-6 所示，令使 $R_D(\phi_j)$ 取得最大值的离散相位为 $\tilde{\phi}_D$ ，由于标准轮廓也被离散化了，相位的偏移量应为 $\tilde{\phi}_D+0.5/N_b$ ，这样初始相位的估值可表示为 $-[1-(\tilde{\phi}_D+0.5/N_b)]$ ，略去整数部分便有

$$\tilde{\phi}_0=0.5/N_b+\underset{\phi j=1/N_b,2/N_b,\cdots,1-1/N_b,1}{\mathrm{argmax}}R_D(\phi_j) \tag{3-46}$$

根据式（3-46）求得的相位估值是离散的，要得到连续的估值可以使用拟合的方法，使用 $\tilde{\phi}_D$ 周围 5 点数据对如下抛物线方程进行拟合

$$\begin{cases}Y=aX^2+bX+c\\ X=\left\{\tilde{\phi}_D-\dfrac{2}{N_b},\tilde{\phi}_D-\dfrac{1}{N_b},\tilde{\phi}_D,\tilde{\phi}_D+\dfrac{1}{N_b},\tilde{\phi}_D+\dfrac{2}{N_b}\right\}\\ Y=\left\{R_D(\tilde{\phi}_D-\dfrac{2}{N_b}),R_D(\tilde{\phi}_D-\dfrac{1}{N_b}),R_D(\tilde{\phi}_D),R_D(\tilde{\phi}_D+\dfrac{1}{N_b}),R_D(\tilde{\phi}_D+\dfrac{2}{N_b})\right\}\end{cases} \tag{3-47}$$

则初始相位估计可进一步细化为

$$\tilde{\phi}_0=-b/2a+0.5/N_b \tag{3-48}$$

下面以观测 Crab 脉冲星为例，给出用互相关法进行相位估计的仿真算例。设探测器面积 $A_d=0.5\ \mathrm{m}^2$，时间分辨率 $\tau_d=100\ \mu\mathrm{s}$ ，观测周期为 $\tau_{obs}=5\ \mathrm{s}$ ，起点为 $\tau_0=56\ 273.0\ \mathrm{MJD}$ ，起点相位为 $\phi_0=0.4$；仿真的光子 TOA 序列包括 22 043 个点；折叠

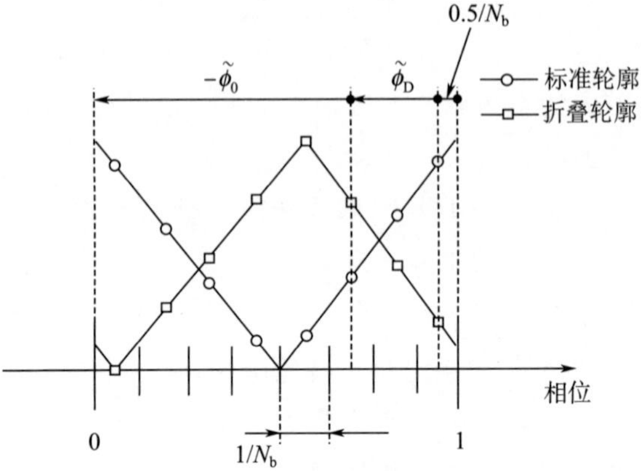

图 3-6　利用互相关相位延迟求解初始相位示意图

周期划分的格数为 $N_b = 1\ 024$，用互相关法得到的初始相位估值为 $\tilde{\phi}_0 = 0.400\ 6$。估计过程如图 3-7 所示，其中，上图为互相关函数，对相位偏移的拟合过程进行了放大显示，下图为折叠轮廓与标准轮廓的比较图。

非线性最小二乘法进行相位估计的原理是使标准轮廓与偏移后的折叠轮廓在每格中点的差的平方和最小。基于 NLS 方法的初始相位估计公式为[111,114]

$$\tilde{\phi}_0 = \underset{\phi \in [0,1)}{\arg\min} \sum_{j=1}^{N_b} (h_j - \tilde{h}_{j+\phi})^2 \tag{3-49}$$

可以证明，NLS 方法的估计方差与 CC 方法的估计方差是相等的，即 $\mathrm{var}_{\mathrm{NLS}}(\tilde{\phi}_0) = \mathrm{var}_{\mathrm{CC}}(\tilde{\phi}_0)$ [111,114]。那么，在精度与有效性上，NLS 方法与 CC 方法是等同的。但 NLS 方法需要对 ϕ 在 0 至 1 内进行搜索，其效率远不及基于 FFT 的频域方法。所以对于静态情形下利用光子历元折叠进行相位估计的问题，建议使用基于快速傅里叶变换的互相关方法。

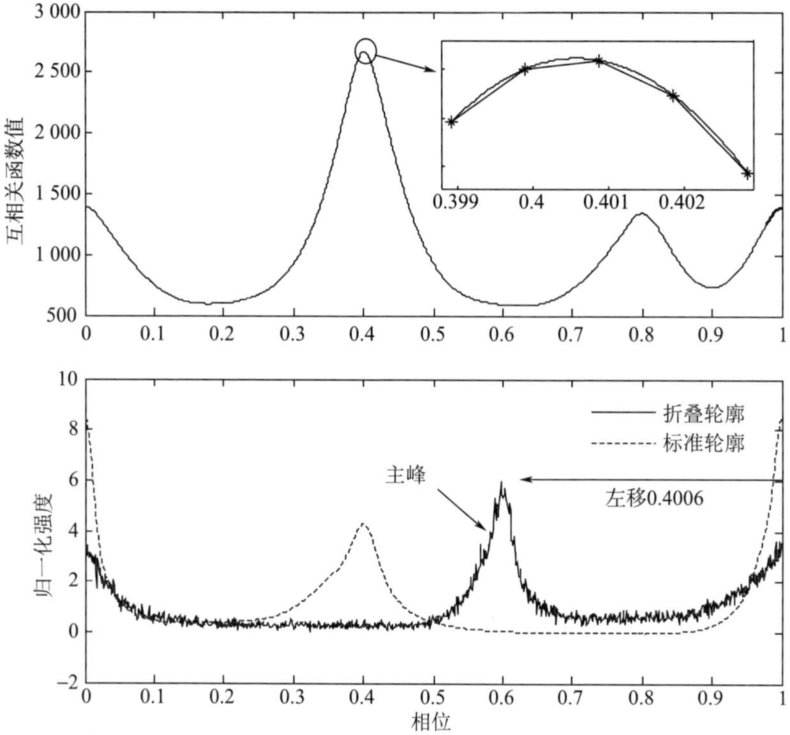

图 3-7 互相关法相位估计仿真算例（Crab 脉冲星）

3.4.3 基于最大似然的脉冲相位估计

基于最大似然（ML）的脉冲相位估计不需要进行光子历元折叠，而是使用观测周期内的所有光子 TOA 数据，根据最大似然估计原理直接得到初始相位的估计。

计观测周期 $[\tau_0, \tau_0+\tau_{obs}]$ 内的光子 TOA 序列为 $\{\tau_k\}$，$k=1, 2, \cdots, K$，其满足 $\tau_0 \leqslant \tau_1 \leqslant \tau_2 \leqslant \cdots \leqslant \tau_K \leqslant \tau_0+\tau_{obs}$。最大似然法的原理是 TOA 序列的联合概率密度函数（PDF）应在其样本实现 $\{\tau_k\}$ 处取得最大值。光子 TOA 序列的 PDF 表达式为[116]

$$\mathrm{PDF}(\{\tau_k\}) = \exp\left[-\int_{\tau_0}^{\tau_0+\tau_{\mathrm{obs}}} \lambda(\tau_k)\mathrm{d}\tau\right] \prod_{k=1}^{K} \lambda(\tau_k) \tag{3-50}$$

对 PDF 求自然对数，记为 Λ ，并忽略自然对数中积分项（因为其对最大化过程没有影响），在无多普勒频移情形下，对于给定 $\{\tau_k\}$ ，Λ 只是初始相位的函数

$$\begin{aligned}\Lambda(\phi_0) &= \sum_k \ln\{\beta + \alpha h[\phi_0 + \Phi_s(\tau_k)]\} \\ &= \sum_k \ln\{\beta + \alpha h[\phi_0 + f_s(\tau_k - \tau_0)]\}\end{aligned} \tag{3-51}$$

上式便为需要最大化的似然函数（LF），其中，由于 $h(\Phi)$ 的周期为 1，Φ_0 表示为其小数部分 ϕ_0；初始相位的估计为

$$\tilde{\phi}_0 = \underset{\phi_0 \in [0,1)}{\arg\max} \Lambda(\phi_0) \tag{3-52}$$

当 $\tau_{\mathrm{obs}} \gg 0$，式（3-52）的估计是无偏的，且为渐近有效估计，估计方差由式（3-35）给出，即 $\mathrm{var}_{\mathrm{ML}}(\tilde{\phi}_0) = \mathrm{CRB}(\tilde{\phi}_0)$ [111,115]。

可以对 ϕ_0 从 0 至 1 搜索来求解式（3-52），但是搜索法需要多次求解 LF，而 LF 的计算非常耗时，特别是光子 TOA 数量大时。因而用搜索法来解 ML 问题效率很低。一种简化的方法是借鉴接收机数字技术中的平方定时估计（STE）算法[22,117]，具体方法如下。

由于 LF 满足 $\Lambda(\phi_0 + 1) = \Lambda(\phi_0)$ ，可以将其展开成傅里叶级数形式

$$\Lambda(\phi_0) = \sum_{l=-\infty}^{\infty} c_l \mathrm{e}^{\mathrm{j}2\pi l \phi_0} \tag{3-53}$$

其中

$$c_l = \int_0^1 \Lambda(\phi_0) \mathrm{e}^{-\mathrm{j}2\pi l \phi_0} \mathrm{d}\phi_0 \tag{3-54}$$

系数 c_l 可以用对 LF 采样的方法估计

$$c_l = \frac{1}{N_s + 1} \sum_{p=0}^{N_s} \left\{\Lambda\left(\frac{p}{N_s + 1}\right) \exp\left(\frac{-\mathrm{j}2\pi l p}{N_s + 1}\right)\right\} \tag{3-55}$$

其中，$N_s + 1$ 为采样数，参考文献［22］推荐取 $N_s + 1 \geqslant 8$ 便足够了。由于 LF 周期为 1，其可用傅里叶级数的一次谐波来近似（0 次对求最大值无影响所以忽略）；式（3-53）中取 $l = \pm 1$，可得

$$\Lambda(\phi_0) = 2\mathrm{Re}(c_1 \mathrm{e}^{\mathrm{j}2\pi\phi_0}) \tag{3-56}$$

对上式求最大值可以得到初始相位的估计为

$$\tilde{\phi}_0 = -1/(2\pi)\arg(c_1) \tag{3-57}$$

将上述算法称为“基于平方定时估计的最大似然估计”（ML－STE）算法；ML－STE 算法的优点是，对于一次相位估计，仅需要求解 LF N_s+1（比如 8 次），相对于搜索算法（若搜索 1 024 格的话，需要求解 LF 1 024 次）显著地降低了计算量。

同样以 Crab 脉冲星为例给出 ML－STE 算法的仿真算例。设探测器面积为 $A_d=0.5\ \mathrm{m}^2$，时间分辨率为 $\tau_d=100\ \mu\mathrm{s}$，观测周期长为 $\tau_{obs}=5\ \mathrm{s}$，起点为 $\tau_0=56\ 273.0$ MJD，起点相位为 $\phi_0=0.4$；本次仿真的光子 TOA 序列包括 21 887 个点；ML－STE 算法中 N_s 取为 8，求得 $c_1=-9\ 544.4-7\ 698.8\mathrm{i}$，给出的相位估值为 $\tilde{\phi}_0=0.392\ 0$。估计过程中的 LF 一次谐波曲线与 LF 曲线如图 3－8 所示；为了与 LF 曲线作更好的比较，LF 一次谐波曲线在 Y 轴上作了平移与尺度调整。从图 3－8 可以看出，如果不对 LF 做近似处理，ML 的方法将

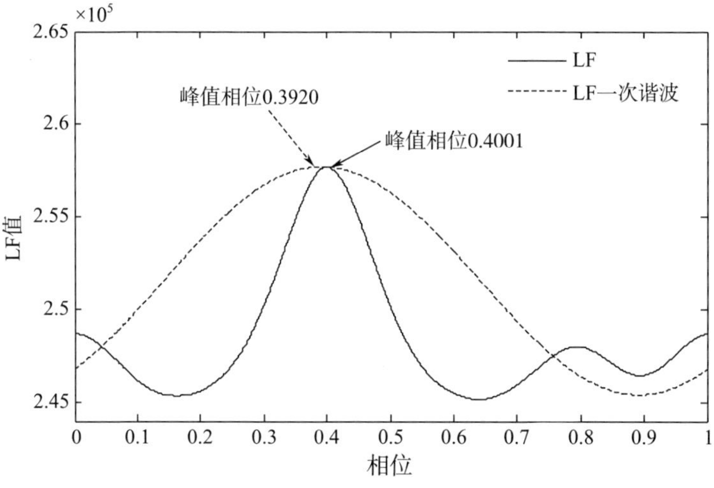

图 3－8　ML－STE 相位估计仿真算例（Crab 脉冲星）

给出 $\tilde{\phi}_0=0.4001$ 的高精度估值。遗憾的是，搜索 LF 最大值所付出的时间代价是巨大的，故只能退而求其次地使用 ML - STE 算法，以牺牲精度来换取效率。这也是最大似然方法不能两全其美的地方。

3.4.4 CC 算法与 ML - STE 算法的 Monte - Carlo 仿真分析

基于光子历元折叠的 CC 算法与基于最大似然法的 ML - STE 算法是静态情形下相位估计的两种可行算法，为了进一步分析与比较两者性能，本节针对不同观测周期对这两种算法进行了 Monte - Carlo 仿真。

为了更具代表性，观测对象选取为中等流量、低信噪比的 PSR B1744－24A，其流量参数取为 $R_s=1.09\times10^{-3}(\mathrm{ph/s})/\mathrm{cm}^2$，$R_b=5\times10^{-3}(\mathrm{ph/s})/\mathrm{cm}^2$，$p_f=0.6$，探测器面积为 $A_d=10\ \mathrm{m}^2$，时间分辨率 $\tau_d=100\ \mu\mathrm{s}$，观测周期起点为 $\tau_0=56\ 273.0$ MJD；分别在 0.1 s，0.2 s，0.3 s，0.5 s，0.7 s，1 s，2 s，5 s，10 s，20 s，50 s 与 100 s 的观测周期下对 CC 与 ML - STE 算法各进行 500 次的 Monte - Carlo 仿真，单次的仿真过程如 3.4.2 节与 3.4.3 节中的算例所示，包括从光子 TOA 序列生成到初始相位计算。

Monte - Carlo 仿真结果在图 3 - 9 中给出；图中每个点代表 CC 或 ML - STE 算法 500 次相位估计的均方根误差（RMSE）；作为比较，图中也画出了 $\sqrt{\mathrm{CRB}}$ 的值。从图 3 - 9 可以看出：1）ML - STE 的误差曲线基本与 $\sqrt{\mathrm{CRB}}$ 曲线平行，但偏离一个常值，对于不同 τ_{obs}，ML - STE 的误差约是 $\sqrt{\mathrm{CRB}}$ 的 7 倍，这个精度损失是由于使用一次谐波近似 LF 造成的；2）对于 CC 算法，当 τ_{obs} 较大时，其误差曲线可以很好地逼近 CRB 曲线，而当 τ_{obs} 小于一定阈值时（这里约为 $\tau_{obs}<1$ s，以下简称“非线性区”），log(RMSE) 相对于 $\log(\tau_{obs})$ 表现出非线性特性，CC 算法误差曲线在一定范围内偏离 CRB 误差曲线，但其相位误差仍小于等于 ML - STE 的相位误差。

对 CC 与 ML - STE 算法的时耗也进行了比较。仿真计算机

CPU频率为2.2 GHz，单次相位估计的CPU用时在图3-10给出；从图中可看出，CC算法用时较少，随τ_{obs}加大时耗的增加也较平缓，而ML-STE算法的时耗达到了CC算法的100～10 000倍，虽然ML-STE算法已经对ML方法做了近似，在光子数较多、观测周期较长时，其时耗仍然是很大的。

从以上分析可知，静态情形下，CC算法从相位估计精度与计算效率上均优于ML-STE算法，但并不能说ML-STE算法就毫无价值，在下一节可以看到，ML-STE算法延伸到常多普勒频移的情形下表现出对多普勒频移的不敏感性，在存在较大多普勒频移时仍能输出一定的相位精度。

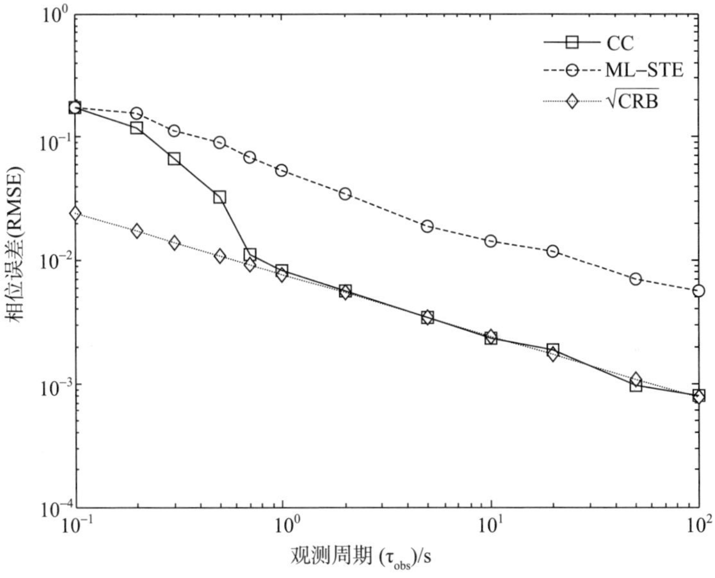

图3-9 PSR B1744－24A的CC与ML-STE相位估计Monte-Carlo仿真结果（对数曲线）

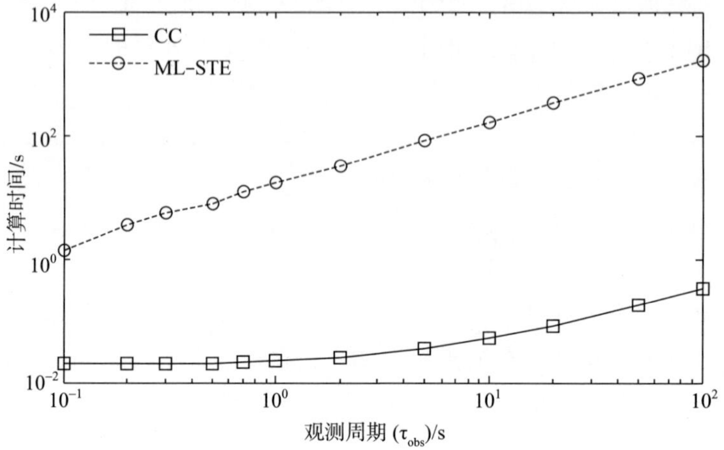

图 3-10 PSR B1744－24A 的 CC 与 ML-STE 计算时耗比较（对数曲线）

3.5 常多普勒频移情形下的脉冲相位估计

所谓“常多普勒频移情形”即假设多普勒频移为未知常数，对应于航天器径向速度是常值，如果脉冲星在双星系统中，脉冲星的径向速度也为常值。这种情形下，视脉冲频率保持恒定，但与源频率有一个偏差。虽然这种情形也不能完全代表实际情形，但对于较短观测时段，可以认为多普勒频移是不变的，这样将观测周期分段，便容易延伸到实际的动态情形了。常多普勒频移情形下的脉冲相位估计也可以采用基于光子历元折叠的方法或基于最大似然的方法，基于上一节的讨论，本节主要研究 CC 与 ML-STE 算法如何延伸到常多普勒频移情形下的脉冲相位估计中的问题。

3.5.1 脉冲相位与多普勒频移联合估计的方法

因为多普勒频移是未知的，一些文献的思想是对多普勒频移进行估计（即寻找视脉冲周期）。这类方法目的是通过对观测时间段内光子的处理得到初始相位与多普勒频移两个估计量（$\tilde{\phi}_0$ 与 $\tilde{f}_d$），可称为联合估计。联合估计的 CRB 是矩阵形式的，参考文献［118］给出了其表达式为

$$\mathrm{CRB}(\tilde{\phi}_0,\tilde{f}_d)=\frac{1}{L}\begin{bmatrix}4\tau_{\mathrm{obs}}^{-1} & -6\tau_{\mathrm{obs}}^{-2}\\ -6\tau_{\mathrm{obs}}^{-2} & 12\tau_{\mathrm{obs}}^{-3}\end{bmatrix}\tag{3-58}$$

因为部分信息分配到 f_d 的估计中去了，ϕ_0 的估计误差是静态情形下的 2 倍。

使用传统的频域方法试图寻找视脉冲周期难以有效地得到高精度的多普勒频移估计，其原因是[129,130]：1）脉冲信号一般是湮没在背景噪声中的，且由于存在栅栏效应，要想得到高分辨率的谱线需要大量的光子采样数据；2）脉冲轮廓的子峰引入的谐波也会造成信号谱线的弥散，带来多普勒频移的估计误差。李建勋[131]设计了基于最大相关方差搜索法的脉冲星周期估计算法，周庆勇等[132]设计了基于 FFT 的改进 Lomb 算法用于脉冲星周期估计，均得到了较好的仿真效果，但是这些频域方法仍需要借助时域搜索才能精化周期估计结果，计算时效难以得到保证。

张华[129]与谢强[130]等基于光子历元折叠的方法，从折叠轮廓的变形提取相关的特征参数以估计多普勒频移，通过仿真验证了算法的一致性，但并未进行有效性分析，即与 CRB 进行比较；其算法是基于优化与搜索来实现的，故算法效率也难以得到有效保证。Golshan[116]与 Emadzadeh[111]等给出了基于最大似然的搜索算法。类似式（3-51），LF 可以表达为初始相位与多普勒频移的函数

$$\Lambda(\phi_0,f_d)=\sum_k \ln\{\beta+\alpha h[\phi_0+(\tau_k-\tau_0)f_d+\Phi_s(\tau_k)]\}\tag{3-59}$$

于是，初始相位与多普勒频移的估计为

$$(\tilde{\phi}_0,\tilde{f}_d)=\underset{\phi_0\in[0,1),f_d\in F_D}{\operatorname{argmax}}\ \Lambda(\phi_0,f_d)\tag{3-60}$$

其中，F_D 为多普勒频移预估的可能范围。这种算法是渐进有效的[111]。但要求解式（3-60），需要对 ϕ_0 与 f_d 进行两维搜索。从上

一节分析可知，即使使用近似的 ML - STE 算法，最大似然法也是非常耗时的，要在 ϕ_0 与 f_d 上进行两维搜索，时耗将会更大。所以基于最大似然的搜索算法从计算效率方面来看实用价值也不高。

实际上，直接估计多普勒频移（或寻找周期）的方法更适用于数据的地面后处理，比如用于寻找新的脉冲星。对于脉冲星导航，应有效利用脉冲周期的先验信息设计更高效的在轨处理算法。

3.5.2 基于平方定时估计的平均最大似然估计（AML - STE）算法

一个新的思路是暂且绕开多普勒频移估计或寻找周期，将静态情形下的相位估计算法扩展到常多普勒情形下的相位估计中来，利用平均效应抵消多普勒频移的影响并得到观测周期中点的多普勒相位估计。本节讨论如何将 ML - STE 算法扩展到常多普勒频移情形下来。

由于 f_d 不为 0，故存在累积的多普勒相位，可将 LF 记为

$$\Lambda(\phi_{0d}) = \sum_k \ln\{\beta + \alpha h[\phi_{0d} + f_s(\tau_k - \tau_0)]\} \tag{3-61}$$

其中，$\phi_{0d} = \langle \phi_0 + \Phi_d \rangle$，$\Phi_d = f_d(\tau_k - \tau_0)$。视 ϕ_{0d} 为常值，以其为参数进行最大似然估计得到 $\tilde{\phi}_{0d}$，可以设想产生的平均效应是：$\tilde{\phi}_{0d}$ 为初始相位与中点多普勒相位之和 $\langle \phi_0 + 1/2\tau_{obs} f_d \rangle$ 的估计；下面给出一个算例来说明 $\tilde{\phi}_{0d}$ 与 $\langle \phi_0 + 1/2\tau_{obs} f_d \rangle$ 的关系。

观测 Crab 脉冲星，探测器面积为 $A_d = 0.5\ \mathrm{m}^2$，时间分辨率 $\tau_d = 100\ \mu\mathrm{s}$，观测周期长 $\tau_{obs} = 5\ \mathrm{s}$，起点为 $\tau_0 = 56\ 273.0$ MJD，起点相位为 $\phi_0 = 0.4$，f_d 从 -0.7 Hz 至 0.7 Hz 取 36 个点分别得到 36 组仿真的光子 TOA 序列，再通过 ML - STE 算法计算得到 36 个 $\tilde{\phi}_{0d}$ 值。在图 3 - 11 中给出了 $\tilde{\phi}_{0d}$ 相对于 $\langle \phi_0 + 1/2\tau_{obs} f_d \rangle$ 的误差；从图中可以看出，相位误差并不都是在 0 附近，而是对于某些 f_d，相位误差有 0.5 的跳变。这个跳变是由于 $h(\Phi)$ 的周期为 1，多普勒相位的整数部分被 LF 吸收造成的，例如多普勒相位如果为 3.2，其中点的相位应为 1.6，去除整数部分为 0.6，而 3.2 整数部分被 LF 吸收后，

对应中点相位为 0.1，与 0.6 相差了 0.5 相位。在人为剔除这个跳变后，可以发现相位误差是分布在 0 附近的（如图 3－12 所示）。

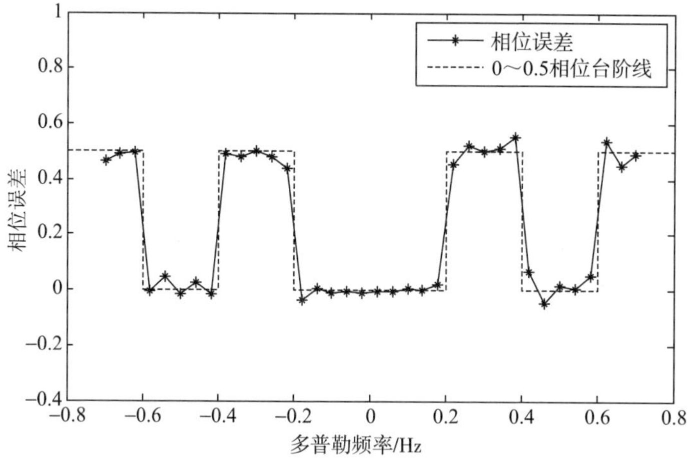

图 3－11　常多普勒频移情形 ML－STE 相位估计相对于初始相位与中点多普勒相位和的误差（PSR B0531＋21）

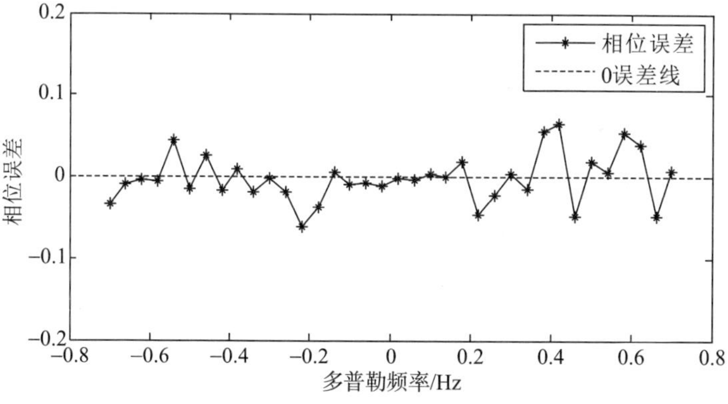

图 3－12　常多普勒频移情形剔除相位跳变的 ML－STE 相位估计相对于初始相位与中点多普勒相位和的误差（PSR B0531＋21）

通过进一步仿真分析，提出了常多普勒频移情形下的“基于平方定时估计的平均最大似然估计”（AML－STE）算法。AML－STE 算法可以描述为：1）如果观测周期累积的多普勒相位不到 1，那么观测周期中点相位估值为 ML－STE 的估值与中点源相位的和；2）如果观测周期累积的多普勒相位大于等于 1，且其整数部分为偶数，那么中点相位估值也为 ML－STE 的估值与中点源相位的和；3）如果观测周期累积的多普勒相位大于等于 1，但其整数部分为奇数，那么中点相位的估值为 ML－STE 的估值与中点源相位的和再偏移 0.5 的相位。记观测周期中点相位为 ϕ_{mid}，上述过程可用公式表达为

$$\tilde{\phi}_{\text{mid}}=\begin{cases}\left\langle \Phi_{\text{smid}}+\underset{\phi_{0d}\in[0,1)}{\operatorname{argmax}}\Lambda(\phi_{0d})\right\rangle, & \operatorname{floor}(|f_d\tau_{\text{obs}}|) \bmod 2=0\\ \left\langle \Phi_{\text{smid}}-0.5+\underset{\phi_{0d}\in[0,1)}{\operatorname{argmax}}\Lambda(\phi_{0d})\right\rangle, & \operatorname{floor}(|f_d\tau_{\text{obs}}|) \bmod 2=1\end{cases} \tag{3-62}$$

其中，$\Phi_{\text{smid}}=\Phi_s(\tau_{\text{mid}})$ 为观测周期中点的源相位，$\Lambda(\phi_{0d})$ 由式（3－61）确定。

实际情形中，多普勒频移是未知的，但对于太阳系内航天器，且考虑脉冲星为双星系统内的毫秒脉冲星，多普勒频移也很难超过 0.2 Hz，这样如果观测周期小于 5 s，便不用考虑 0.5 的相位修正；当然，若观测周期较长，可以根据当前速度估计对多普勒频移进行预估，进而考虑是否要进行 0.5 的相位修正。

3.5.3 平均互相关（ACC）算法

本节探讨 CC 算法如何扩展到常多普勒频移情形下来。由于 f_d 不为 0，使用脉冲固有周期来折叠会造成数据周期不对齐，进而引起折叠后轮廓的模糊与偏移。可以将折叠周期的起点选为观测周期的中点，以抵消多普勒频移造成的轮廓的偏移，这样虽然折叠后的轮廓仍会模糊，但相位偏移的求解仍能保证一定精度（见图 3－13）。

下面给出一个算例来验证这个设想。观测 Crab 脉冲星，探测器面积为 $A_d=0.5\ \text{m}^2$，时间分辨率 $\tau_d=100\ \mu\text{s}$，观测周期长 $\tau_{\text{obs}}=5\ \text{s}$，起点为 $\tau_0=56\ 273.0$ MJD，起点相位为 $\phi_0=0.4$，f_d 从 -0.2 Hz 至 0.2 Hz 取 21 个点分别得到 21 组仿真的光子 TOA 序列，折叠

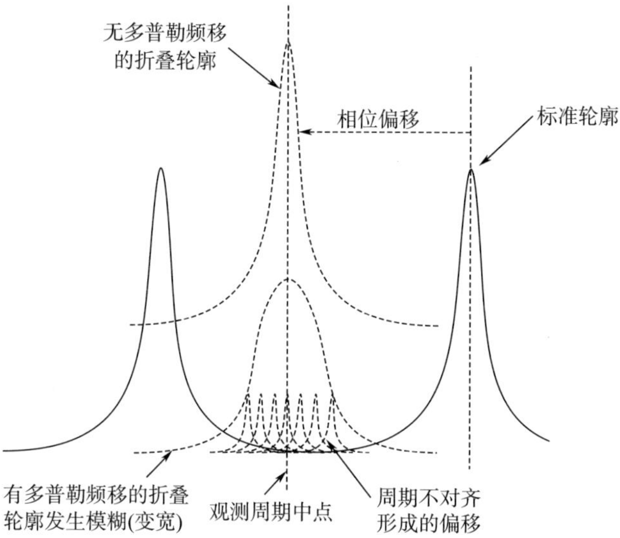

图 3-13　平均互相关算法示意图

周期选为 $\tau_f=1/f_s=0.0115631$ s，折叠周期起点选为 $\tau_{0f}=2.5$ s，通过 CC 算法计算得到 21 个 $\tilde{\phi}_{mid}$ 的估值。在图 3-14 中给出了 $\tilde{\phi}_{mid}$ 相对于中点相位的误差。从图中可以看出对于多普勒频率较小时，相位误差在 0 附近，当多普勒频率增大时，相位误差也随之发散。

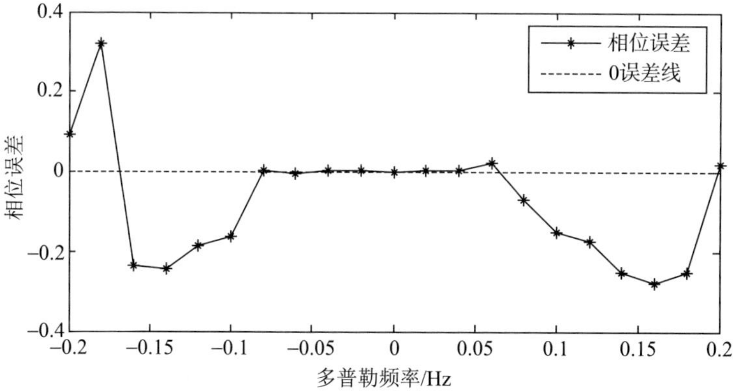

图 3-14　常多普勒频移情形折叠起点位于中点时 CC 相位估值与中点相位的差
（PSR B0531+21）

通过进一步仿真分析，提出了常多普勒频移情形下的“平均互相关”（ACC）算法。ACC算法步骤为：

步骤1 选取折叠周期为脉冲星固有周期（即 $\tau_f = 1/f_s$），折叠周期的起点为观测周期中点（即 $\tau_{0f} = \tau_{mid}$）进行光子折叠。

步骤2 使用3.4.2节中的CC算法估计 τ_{0f} 的相位 $\tilde{\phi}_{mid}$，$\tilde{\phi}_{mid}$ 即为观测周期中点的相位估计。

比较图3-12与图3-14可以发现，ACC算法对多普勒频移比AML-STE算法更为敏感。在ACC算法使用中，可以对多普勒频移进行预估来有效增强其算法适应性。考虑到地球径向速度与双星系统中的脉冲星径向速度可以根据历元计算得到，这两部分引起的多普勒频移是可以精确扣除的。根据式（3-25），可以得到多普勒频移的预估值为

$$\tilde{f}_d = c^{-1} f_s(v_{EP} + \tilde{v}_{1P}) - \dot{\Delta}_{RS2} + k_1 - \dot{\Delta}_{RBPu} - \dot{\Delta}_{RBPu} k_1 - \dot{\Delta}_{RBP\omega} \tag{3-63}$$

其中，$\tilde{v}_{1P}$ 为航天器径向速度的当前估值，若无先验信息则取为0。若对多普勒频移进行预估，ACC算法步骤1的折叠周期应选取为 $\tau_f = 1/(f_s + \tilde{f}_d)$，其他步骤不变；此时，多普勒频移对ACC算法的影响由剩余多普勒频移 $f_d - \tilde{f}_d$ 来描述。

当然，也可以用多普勒频移预估的方法对AML-STE算法进行修正，下一节Monte-Carlo分析将表明AML-STE对多普勒频移适应范围很广，因而修正是没有必要的。

3.5.4 ACC算法与AML-STE算法的Monte-Carlo仿真分析

进行了两种模式的Monte-Carlo仿真：模式一是固定观测周期，取不同的多普勒频移；模式二是固定多普勒频移，取不同的观测周期。观测对象仍选为PSR B1744－24A，流量参数为 $R_s = 1.09 \times 10^{-3}$ (ph/s)/cm^2，$R_b = 5 \times 10^{-3}$ (ph/s)/cm^2，$p_f = 0.6$，探测器面积为 $A_d = 10\text{m}^2$，分辨率 $\tau_d = 100\ \mu\text{s}$，观测周期起点为 $\tau_0 = 56\ 273.0$ MJD，计算每个相位RMSE数据点的仿真次数均为500次。

模式一在 $\tau_{obs}=0.2$ s 与 $\tau_{obs}=1$ s 情形下针对不同的多普勒频移进行仿真，仿真结果分别在图 3－15 与图 3－16 中给出；若算法使用多普勒频移预估进行了修正，图中多普勒频移即代表剩余多普勒频移。图中也给出了 $\sqrt{CRB}$ 值，由于 ACC 与 AML－STE 算法并非对相位与多普勒频移联合估计，而仅是相位估计算法，所以参考 CRB 值仍由式（3－35）计算而非使用式（3－58）（图 3－17 同样如此）。

对于 $\tau_{obs}=0.2$ s（图 3－15）：当观测周期内的累积多普勒相位 $|f_d\tau_{obs}|<0.18$ 时，ACC 算法相位精度高于 AML－STE，但它们的 RMSE 均偏离 $\sqrt{CRB}$ 值，这是因为 AML－STE 算法使用一次谐波近似 LF，而 ACC 算法处于非线性区；当 $|f_d\tau_{obs}|\geqslant 0.18$ 时，AML－STE 算法的相位精度高于 ACC，这是因为 ACC 算法对多普勒频移敏感度高，随着累积多普勒相位增加，ACC 算法适应性变差，而 AML－STE 对多普勒频移敏感低，当累积多普勒相位增大时仍保持一定的相位精度。

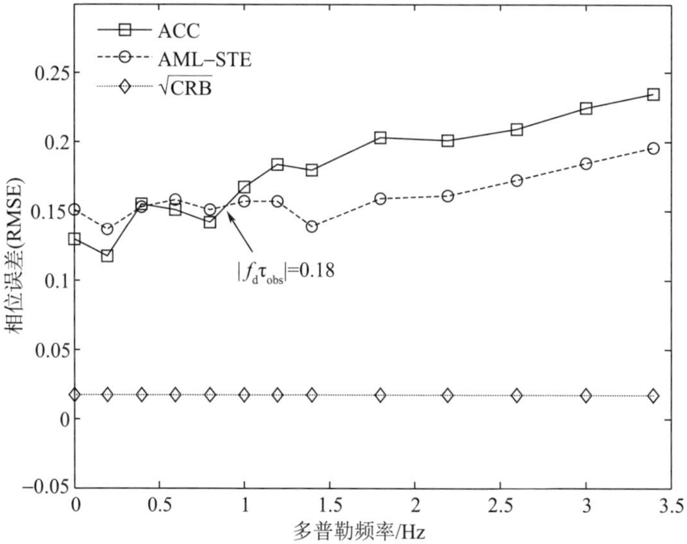

图 3－15　ACC 与 AML－STE 在不同多普勒频移下（$\tau_{obs}=0.2$ s）相位估计的 Monte－Carlo 仿真结果（PSR B1744－24A）

对于 $\tau_{obs}=1$ s（图 3-16）：ACC 算法恰好脱离非线性区，在累积多普勒相位较小时，ACC 的相位 RMSE 能很好地逼近 $\sqrt{CRB}$，但随着累积多普勒相位的增大，其 RMSE 逐渐偏离 $\sqrt{CRB}$；对于 AML-STE 算法，当累积多普勒相位 $|f_d\tau_{obs}|<0.25$ 时，其 RMSE 曲线相对于 $\sqrt{CRB}$ 曲线基本平行，当 $|f_d\tau_{obs}|\geqslant 0.25$，RMSE 曲线开始偏离 $\sqrt{CRB}$，但仍保持一定的相位精度，当 $|f_d\tau_{obs}|\geqslant 0.5$ 时，AML-STE 的相位误差才有显著增加——这也验证了 AML-STE 算法对于多普勒频移的低敏感度，对于大范围的累积多普勒相位均有较好的适应性；ACC 与 AML-STE 的 RMSE 曲线的交叉点为 $|f_d\tau_{obs}|=0.23$，当累积多普勒相位在这个点之下时，ACC 算法相位精度高于 AML-STE，而当累积多普勒相位大于这个点时，AML-STE 保持更好的相位精度。

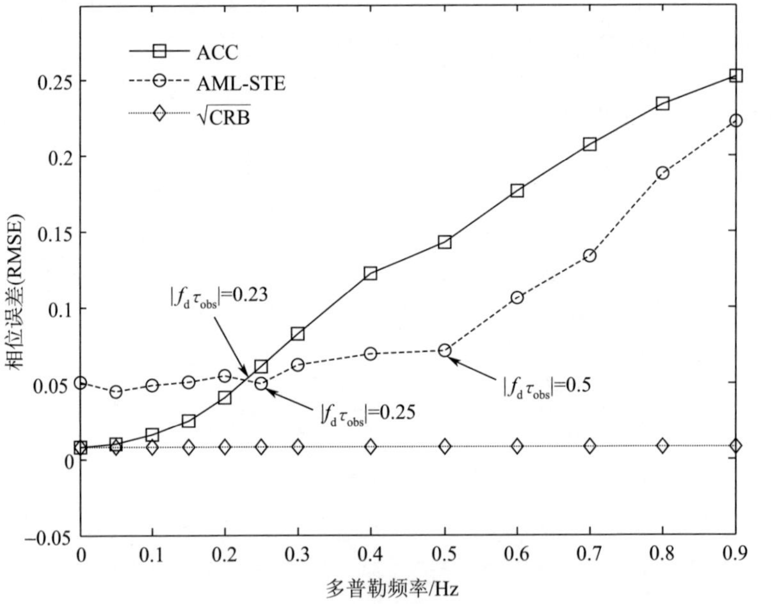

图 3-16　ACC 与 AML-STE 在不同多普勒频移下（$\tau_{obs}=1$ s）相位估计的 Monte-Carlo 仿真结果（PSR B1744-24A）

模式二为固定多普勒频移针对不同观测周期进行仿真，多普勒频移取为 $f_d = -0.012$ Hz（对应于图 3-1 中绝对值最大的点），观测周期分别取为 0.1 s，0.2 s，0.3 s，0.5 s，0.7 s，1 s，2 s，5 s，10 s，20 s，50 s 与 100 s，仿真结果在图 3-17 中给出；作为比较，图中也画出了 $\sqrt{CRB}$ 曲线与 $f_d = 0$ 的 RMSE 曲线（见图 3-9）；同样，若算法使用多普勒频移预估进行了修正，图中多普勒频移即代表剩余多普勒频移。从图 3-17 中可以看出：对于 AML-STE 算法，当累积多普勒相位 $|f_d \tau_{obs}| < 0.24$，其 RMSE 曲线能很好地逼近 $f_d = 0$ 时 ML-STE 算法的 RMSE 曲线，当 $|f_d \tau_{obs}| \geqslant 0.24$，其 RMSE 曲线开始偏离原有斜率，这一结果与图 3-16 中结果一致；对于 ACC 算法，当 $\tau_{obs} < 5$ s，其 RMSE 曲线能很好地逼近 $f_d = 0$ 时 CC 算法的 RMSE 曲线，这是因为累积多普勒相位在 $\tau_{obs} < 5$ s 时均处于较低的水平，而随着观测周期增加，ACC 算法的相位误差也显著增大；ACC 算法（$f_d = -0.012$ Hz）与 AML-STE 算法（$f_d = -0.012$ Hz）的 RMSE 曲线的交叉点位于 $|f_d \tau_{obs}| = 0.17$，当观测周期较短，累积多普勒相位在这个点之下时，ACC 算法相位精度高于 AML-STE，而当观测周期增大（这里 $\tau_{obs} > 14$ s）以致累积多普勒相位大于交叉点时，AML-STE 算法相对能输出更高的相位精度。

综合模式一与模式二的 Monte-Carlo 仿真结果，可以得出如下结论：1）ACC 算法与 AML-STE 算法可以适用于常多普勒频移情形下的相位估计，但其性能也受到观测周期内累积多普勒相位的影响，累积多普勒相位等于多普勒频移或剩余多普勒频移与观测周期积的绝对值；2）ACC 算法在累积多普勒相位较小时有较高的相位估计精度，其 RMSE 可以较好地逼近 $\sqrt{CRB}$ 值；3）ACC 算法对多普勒频移敏感度较高，随累积多普勒相位增大，相位误差增大较快；4）由于 STE 的近似效果，AML-STE 算法相位精度与 $\sqrt{CRB}$ 值存在一定的固有偏差；5）AML-STE 对多普勒频移敏感度低，在累积多普勒相位较大时也能提供与累积多普勒相位较小时同等级的相位估计精度；6）ACC 算法与 AML - STE 算法在精度上存在适用性的交叉点，对于 PSR B1744－24A，这个交叉点约为累积多普勒相位值达到 0.2，当累积多普勒相位低于这个交叉点，更适合使用 ACC 算法，当累积多普勒相位值高于这个交叉点，可以使用 AML - STE 算法维持相位估计精度。

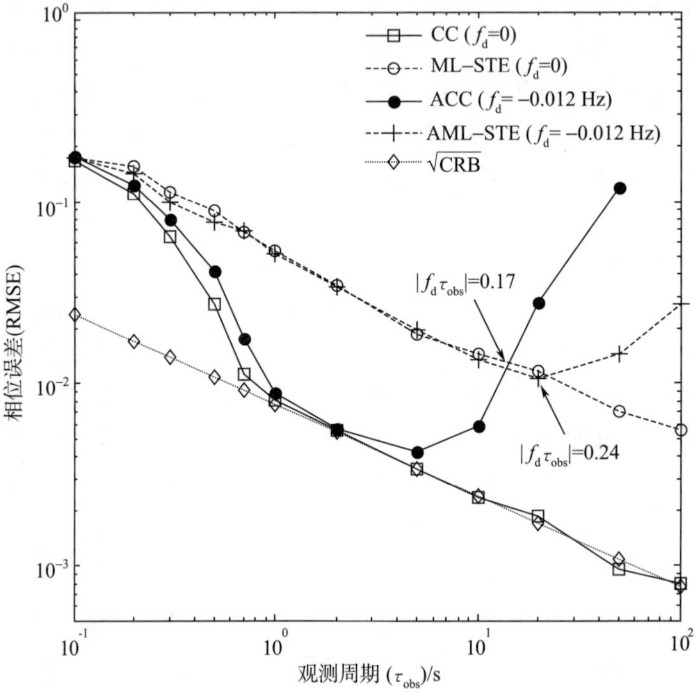

图 3 - 17　ACC 与 AML - STE 在不同观测周期下（f_d＝－0.012 Hz）相位估计的 Monte - Carlo 仿真结果（PSR B1744－24A）（对数曲线）

3.6　动态情形下的脉冲相位与多普勒频移估计

航天器实际在轨速度是时变的，双星系统中脉冲星的速度变化可能更迅速，因此，多普勒频移也是时变的。“动态情形”即考虑视脉冲相位与视脉冲频率均为时变量，以更好地符合实际在轨情形。传统观点认为可以通过延长观测周期来提高脉冲相位或 TOA 的估计精度，但在动态情形下，长观测周期的光子 TOA 序列是无法直接处理得到相位估计的，若使用常多普勒频移模型，根据上一节分析可知，随观测周期加长，相位估计精度是降低的。考虑到相位对时间的导数便为频率，可以将常多普勒频移模型的相位估计方法延伸到动态情形下来，其基本思想是将长观测时段分割为短时段，再使用常多普勒频移下的相位估计算法进行分段相位估计，然后借助跟踪的方法使用滤波器提高相位估计精度并得到多普勒频移的估计，这一过程称为脉冲相位跟踪[116]。

3.6.1　脉冲相位跟踪算法

对于短时段观测，单点相位估计存在较大误差；相位跟踪的目的是跟踪分段观测周期的相位，滤除单点相位估计的噪声并得到动态的多普勒频移估计。假设探测器对脉冲星持续观测，将长观测时段分割为连续的等长的观测周期；当观测周期较短时，认为多普勒频移为常值，利用 3.5 节的 ACC 或 AML - STE 算法可以得到各观测周期中点的相位估计 $\tilde{\phi}_{\mathrm{mid}}$ 。定义 $\Phi_{0\mathrm{d}} \equiv \phi_0 + \Phi_{\mathrm{d}}$ ，表示扣除源相位与初始整周模糊度后的脉冲相位，其估值为 $\tilde{\phi}_{0\mathrm{dmid}} = \langle \tilde{\phi}_{\mathrm{mid}} - \Phi_{\mathrm{s}} \rangle$ ，然后使用跟踪滤波算法基于 $\tilde{\phi}_{0\mathrm{dmid}}$ 数据对 $\Phi_{0\mathrm{d}}$ 实现跟踪，便可滤除相位噪声并获得多普勒频移估计（如图 3 - 18 所示）。

Golshan 等[116]基于参考文献［133］设计了二阶数字锁相环（DPLL）滤波器来处理脉冲相位跟踪。二阶 DPLL 脉冲相位跟踪滤波器的滤波公式如下（不妨设 $\tilde{\phi}_{0\mathrm{dmid}}$ 的整数部分已经获得，即获得 $\tilde{\Phi}_{0\mathrm{dmid}}$ ）

$$
\begin{cases}
\delta\tilde{\Phi}_k = \tilde{\Phi}_{0\mathrm{dmid}k} - \tilde{\Phi}_{0\mathrm{d}k}^{\mathrm{DPLL}} \\
\tilde{f}_{\mathrm{d}k+1}^{\mathrm{DPLL}} = \tau_{\mathrm{obs}}^{-1}\left(K_1 \delta\tilde{\Phi}_k + K_2 \sum\limits_{m \leqslant k} \delta\tilde{\Phi}_m\right) \\
\tilde{\Phi}_{0\mathrm{d}k+1}^{\mathrm{DPLL}} = \tilde{\Phi}_{0\mathrm{d}k}^{\mathrm{DPLL}} + \tilde{f}_{\mathrm{d}k+1}^{\mathrm{DPLL}} \tau_{\mathrm{obs}}
\end{cases}
\tag{3-64}
$$

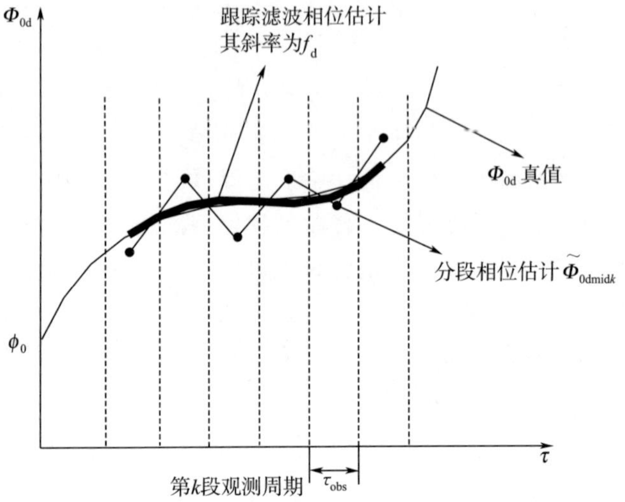

图 3-18　脉冲相位跟踪示意图

其中，k 为滤波步数；$\widetilde{\Phi}_{0dmidk}$ 这里作为滤波器的输入；$\widetilde{\Phi}_{0dk}^{DPLL}$ 与 $\widetilde{\Phi}_{0dk+1}^{DPLL}$ 分别为滤波器量测更新前与更新后的观测周期中点相位估值；$\widetilde{f}_{dk+1}^{DPLL}$ 为观测周期中点的多普勒频移的估值，$\widetilde{f}_{dk+1}^{DPLL}$ 与 $\widetilde{\Phi}_{0dk+1}^{DPLL}$ 为滤波器的输出；K_1 与 K_2 为滤波器增益参数。K_1 与 K_2 可以由 $B_L\tau_{obs}$（B_L 为滤波器噪声带宽）与阻尼状态（临界阻尼或标准欠阻尼）确定，例如对于 $B_L\tau_{obs}=0.01$，$K_1=0.026\ 09$，$K_2=0.000\ 344\ 8$[133]。

DPLL 滤波器需要先在频域中设计，再到时域中实现；若要求动态性能好，则需要带宽大，若要求抗噪声性能好，则要求带宽小，这是一对矛盾。此外，在动态情形下 DPLL 滤波器相位估计是有偏的，其稳态误差与抗噪声性能也是一对矛盾；DPLL 滤波器增益参数的选择上具有不确定性，难以兼顾动态性能、抗噪声性能与稳态性能，且难以定量评估相位跟踪精度，故其很难适用于对实时相位精度要求非常高的脉冲相位跟踪任务。

针对 DPLL 滤波器的缺点，考虑使用最优线性递推的卡尔曼滤波来实现脉冲相位跟踪。选取状态变量为 Φ_{0d} 与 f_d，其对时间 τ 的

导数分别为 $\dot{\Phi}_{0d}$ 与 $\dot{f}_{d}$，连续的状态方程可以表示为

$$\begin{bmatrix} \dot{\Phi}_{0d} \\ \dot{f}_{d} \end{bmatrix} = \begin{bmatrix} 0 \\ 0 \end{bmatrix} \begin{bmatrix} \Phi_{0d} \\ f_{d} \end{bmatrix} + \begin{bmatrix} 0 \\ 1 \end{bmatrix} \tilde{\dot{f}}_{d} + \begin{bmatrix} 0 \\ 1 \end{bmatrix} W \tag{3-65}$$

其中，$\tilde{\dot{f}}_{d}$ 为对 $\dot{f}_{d}$ 的预估值，W 为对 $\dot{f}_{d}$ 的预估误差。将式（3－25）对 τ 求导数，忽略高阶小量，同时考虑误差 W，可得

$$\tilde{\dot{f}}_{d} = [c^{-1}(a_{EP} + \tilde{a}_{1P}) - \ddot{\Delta}_{RBPu} - \ddot{\Delta}_{RBPu} k_{1} - \ddot{\Delta}_{RS2} - \ddot{\Delta}_{RBP\omega}] f_{s} + W \tag{3-66}$$

其中，a_{EP} 为地心的径向加速度，满足

$$a_{EP} = -Gm_{0} r_{E}^{-3} \boldsymbol{r}_{E} \cdot \hat{\boldsymbol{R}}_{0} \tag{3-67}$$

$\tilde{a}_{1P}$ 为航天器相对地心加速度的预估值，可由当前航天器位置最优估值 $\tilde{\boldsymbol{r}}_{1}$ 求得

$$\tilde{a}_{1P} = -Gm_{1} \tilde{r}_{1}^{-3} \tilde{\boldsymbol{r}}_{1} \cdot \hat{\boldsymbol{R}}_{0} \tag{3-68}$$

$\ddot{\Delta}_{RBPu} \equiv d\dot{\Delta}_{RBPu}/dT$ 为双星系统中脉冲星径向加速度，满足

$$\ddot{\Delta}_{RBPu} = \frac{n^{2} x [e\sin\omega - \cos u \sin\omega - \sin u \cos\omega (1 - e_{s}^{2})^{1/2}]}{(1 - e\cos u)^{3}} \tag{3-69}$$

此外，$\ddot{\Delta}_{RS2} \equiv d\dot{\Delta}_{RS2}/dt$，$\ddot{\Delta}_{RBP\omega} \equiv d\dot{\Delta}_{RBP\omega}/dT$，可分别由式（3－18）与式（3－22）对时间求导求得，其值量级较低，具体表达式不再列出。

将式（3－65）离散化，得到从第 k 步至 $k+1$ 步的离散状态方程为

$$\begin{bmatrix} \Phi_{0d} \\ f_{d} \end{bmatrix}_{k+1} = \begin{bmatrix} 1 & \tau_{obs} \\ 0 & 1 \end{bmatrix} \begin{bmatrix} \Phi_{0d} \\ f_{d} \end{bmatrix}_{k} + \begin{bmatrix} \frac{1}{2}\tau_{obs}^{2} \\ \tau_{obs} \end{bmatrix} \tilde{\dot{f}}_{dk} + \begin{bmatrix} \frac{1}{2}\tau_{obs}^{2} \\ \tau_{obs} \end{bmatrix} W_{k} \tag{3-70}$$

其中，观测周期 τ_{obs} 为滤波周期，$\tilde{\dot{f}}_{dk}$ 可以实时求得，故作为状态方程输入量，W_{k} 为系统噪声；式中相关量均对应于观测周期中点的值。

相位跟踪的量测方程为

$$\tilde{\Phi}_{0\mathrm{dmid}k+1}=[1\quad 0]\begin{bmatrix}\Phi_{0\mathrm{d}}\\ f_{\mathrm{d}}\end{bmatrix}_{k+1}+V_{k+1} \tag{3-71}$$

其中，V_{k+1} 为相位估计误差，作为量测噪声。

基于式（3-70）的状态方程与式（3-71）的量测方程，使用卡尔曼滤波（KF）便可实现脉冲相位的跟踪，得到跟踪后的相位估计 $\tilde{\Phi}^{\mathrm{KF}}_{0\mathrm{dmid}}$ 与多普勒频移估计 $\tilde{f}^{\mathrm{KF}}_{\mathrm{d}}$ 。上述算法称为 KF 相位跟踪算法。至于 KF 的滤波方程，可参见参考文献［134］。

现在，再来讨论量测 $\tilde{\Phi}_{0\mathrm{dmid}}$ 整数部分如何获得。式（3-64）中的 $\tilde{\Phi}_{0\mathrm{dmid}}$ 与式（3-70）中相位 $\Phi_{0\mathrm{d}}$ 是必须包括整数部分的，因为要符合动力学方程，相位必须是连续的；然而，使用相位估计算法得到的结果只包括小数部分 $\tilde{\phi}_{0\mathrm{dmid}}$ ，所以需要对 $\tilde{\phi}_{0\mathrm{dmid}}$ 作一个连续化的处理，例如相位序列（0.9，0，0.1，0.2，0.1）连续化后应为（0.9，1.0，1.1，1.2，1.1）；考虑观测周期较短情形下，一个观测周期内累积的多普勒相位不会超过 0.5，连续化的算法为

$$\tilde{\Phi}_{0\mathrm{dmid}k+1}=\tilde{\phi}_{0\mathrm{dmid}k+1}+\mathrm{round}(\tilde{\Phi}_{0\mathrm{dmid}k}-\tilde{\phi}_{0\mathrm{dmid}k+1}) \tag{3-72}$$

其中，round(·) 表示四舍五入。在单段相位误差较大的情形下，用式（3-72）进行相位量测连续化容易发生“周跳”；图 3-19 给出了 $f_{\mathrm{d}}=0.01$ Hz，$\sigma(\tilde{\phi}_{0\mathrm{d}})=0.13$ 条件下的周跳示意。在相位跟踪滤波收敛后，可以将式（3-72）的连续化的算法更正为

$$\tilde{\Phi}_{0\mathrm{dmid}k+1}=\tilde{\phi}_{0\mathrm{dmid}k+1}+\mathrm{round}(\tilde{\Phi}^{\mathrm{KF}}_{0\mathrm{dmid}k+1,k}-\tilde{\phi}_{0\mathrm{dmid}k+1}) \tag{3-73}$$

其中，$\tilde{\Phi}^{\mathrm{KF}}_{0\mathrm{dmid}k+1,k}$ 为 KF 相位跟踪滤波器（或 DPLL 滤波器）对 $\Phi_{0\mathrm{dmid}}$ 的 $k+1$ 步预测值。这样，在跟踪滤波收敛前使用式（3-72）进行连续化，在滤波收敛后，使用式连续化（3-73），可以有效抑制量测的周跳。

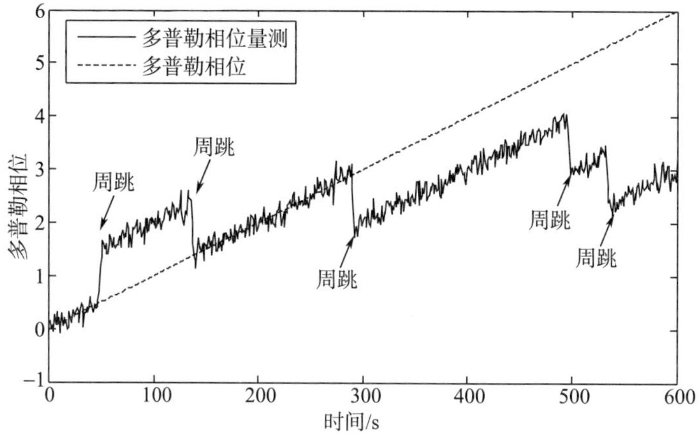

图3-19 多普勒相位量测周跳示意图

3.6.2 KF相位跟踪算法噪声方差参数设置

系统噪声方差 $\sigma^2(W)$ 与量测噪声方差 $\sigma^2(V)$ 是KF相位跟踪算法的两个重要参数。这一节主要讨论 $\sigma(W)$ 与 $\sigma(V)$ 的取值方法，作为工程应用中设计KF相位跟踪滤波器的参考。

系统噪声为对 $\dot{f}_{\mathrm{d}}$ 的预估误差，故 W_k 相关性较高，为有色噪声，需要通过调节系统噪声方差的设定抑制有色噪声的影响，提高相位跟踪精度。假设脉冲星参数精确已知，在滤波达到稳态时，对 $\dot{f}_{\mathrm{d}}$ 有较高的预估计精度；这样，预估误差主要为离散化误差，可近似为 $\ddot{f}_{\mathrm{d}}\tau_{\mathrm{obs}}/2$，其幅值记为 $|\ddot{f}_{\mathrm{d}}|_{\max}\tau_{\mathrm{obs}}/2$；由于航天器与脉冲星的周期运动，$\ddot{f}_{\mathrm{d}}$ 随时间变化类似于正弦波，故 W 的均方差可近似表达为 $\mathrm{RMSE}(W)=|\ddot{f}_{\mathrm{d}}|_{\max}\tau_{\mathrm{obs}}/(2\sqrt{2})$。$\sigma(W)$ 取值要大于 $\mathrm{RMSE}(W)$，才能较好地抑制 W_k 的相关性。记 $k_{\mathrm{m}}=\sigma(W)/\mathrm{RMSE}(W)$，假设航天器为近地航天器，针对600 km的低轨至GEO的高轨进行仿真，通过对仿真结果进行拟合，发现 k_{m} 如下取值可以达到最高的相位跟踪精度并能和下一节中的预测精度较好地符合

$$k_m = \frac{1}{1\,000 n_f}(39.5e^{-0.14\tau_{obs}} + 7.0e^{-0.008\,6\tau_{obs}} + 1) \quad (3-74)$$

其中，n_f 为 $\ddot{f}_d$ 的角频率，与轨道高度有关。这样 $\sigma(W)$ 的取值为

$$\sigma(W) = \frac{\tau_{obs} \mid \ddot{f}_d \mid_{max}}{2\,828.4 n_f}(39.5e^{-0.14\tau_{obs}} + 7.0e^{-0.008\,6\tau_{obs}} + 1) \quad (3-75)$$

上式对于低轨至高轨的近地航天器均是适用的。下面给出 $\mid \ddot{f}_d \mid_{max}$ 与 n_f 的具体计算方法。$\ddot{f}_d$ 可以表示为

$$\ddot{f}_d = -[-c^{-1}(\dot{a}_{EP} + \dot{a}_{1P}) + \ddot{\Delta}_{RBPu}]f_s \quad (3-76)$$

其中，$\dot{a}_{EP} \equiv da_{EP}/dt$，$\dot{a}_{1P} \equiv da_{1P}/dt$，且 $\ddot{\Delta}_{RBPu} \equiv d\ddot{\Delta}_{RBPu}/dT$。对于近地航天器，$\dot{a}_{1P}$ 远大于 $\dot{a}_{EP}$，且考虑 f_s 可以由 f_0 近似，于是有

$$\mid \ddot{f}_d \mid_{max} = (c^{-1} \mid \dot{a}_{1P} \mid_{max} + \mid \ddot{\Delta}_{RBPu} \mid_{max})f_0 \quad (3-77)$$

其中，$\mid \dot{a}_{1P} \mid_{max} = (Gm_1)^{3/2} a_1^{-7/2} \sin\beta_1$，$\mid \ddot{\Delta}_{RBPu} \mid_{max} = \mid n^3 x \mid$；$\beta_1$ 为航天器轨道面法线与脉冲星视线方向夹角，即 $\beta_1 = \arccos(\hat{\boldsymbol{h}} \cdot \hat{\boldsymbol{R}}_0)$，$\hat{\boldsymbol{h}}$ 为轨道面法线单位矢量，其在 BCRS 中的投影为

$$\hat{\boldsymbol{h}}_I = [\sin\Omega_1 \sin i_1, -\cos\Omega_1 \sin i_1, \cos i_1]^T \quad (3-78)$$

$\hat{\boldsymbol{R}}_0$ 在 BCRS 的投影表达式可参见式（2-21）。

角频率 n_f 由航天器轨道或脉冲量双星轨道的角频率确定：若脉冲星为单星，取 $n_f = \sqrt{Gm_1/a_1^3}$；若脉冲星位于双星系统中，当 $c^{-1} \mid \dot{a}_{1P} \mid_{max} \geqslant \mid \ddot{\Delta}_{RBPu} \mid_{max}$，可取 $n_f = \sqrt{Gm_1/a_1^3}$，当 $c^{-1} \mid \dot{a}_{1P} \mid_{max} < \mid \ddot{\Delta}_{RBPu} \mid_{max}$，可取 $n_f = n$。

量测噪声可视为白噪声序列，在滤波周期优化设计的前提下，可以用 Sheikh 的 TOA 误差公式来描述量测噪声方差，不过要进行适当修正（见 3.4.1 节）。在动态情形下，对于 ACC 算法，通过合理选取 τ_{obs}，单段相位误差能够逼近 $\sqrt{CRB}$ 值，于是 $\sigma(V)$ 取为

$$\sigma(V) = \sigma_{TOA\_Sheikh} f_0 / 0.83 \quad (3-79)$$

对于 AML-STE 算法，单段相位误差约大了 7 倍，$\sigma(V)$ 取为

$$\sigma(V) = 7\sigma_{\text{TOA\_Sheikh}} f_0 / 0.83 \tag{3-80}$$

更一般情形下，$\sigma(V)$ 由脉冲星参数、多普勒频移大小、观测周期长短与所采用算法确定，可以针对不同脉冲星，在不同多普勒频移下作出类似图 3-17 的 Monte-Carlo 均方误差曲线，其纵坐标即为 $\sigma(V)$ 值。

3.6.3　KF 相位跟踪算法精度分析

KF 相位跟踪算法稳态状态与最优 $\alpha-\beta$ 跟踪滤波器的稳态状态是一致的，因而可以使用最优 $\alpha-\beta$ 滤波器的稳态精度来评价 KF 相位跟踪的稳态精度。

参考文献［119］讨论了基于跟踪指数（Tracking Index）的 $\alpha-\beta$ 滤波器最优参数解。对于滤波周期 τ_{obs}，系统噪声 W，量测噪声 V，跟踪指数定义为

$$I_{\text{T}} \equiv \tau_{\text{obs}}^2 \sigma(W) / \sigma(V) \tag{3-81}$$

$\alpha-\beta$ 滤波器最优参数 $\bar{\alpha}$ 与 $\bar{\beta}$ 满足如下方程

$$\begin{cases} I_{\text{T}}^2 = \bar{\beta}^2 / (1-\bar{\alpha}) \\ \bar{\beta} = 2(2-\bar{\alpha}) - 4\sqrt{1-\bar{\alpha}} \end{cases} \tag{3-82}$$

因而可以解得

$$\bar{\alpha} = -\frac{I_{\text{T}}}{2}\left(\frac{I_{\text{T}} - \sqrt{I_{\text{T}}^2 + 8I_{\text{T}}}}{4} + 1\right) - \frac{I_{\text{T}} - \sqrt{I_{\text{T}}^2 + 8I_{\text{T}}}}{2} \tag{3-83}$$

再代入式（3-82）可以求得 $\bar{\beta}$。

参考文献［119］也给出了 $\alpha-\beta$ 滤波器稳态精度计算公式，可以代表 KF 相位跟踪算法的稳态精度，如以下两式所示

$$\sigma^2(\widetilde{\Phi}_{0\text{d}}^{\text{KF}}) = \bar{\alpha}\sigma^2(V) \tag{3-84}$$

$$\sigma^2(\widetilde{f}_{\text{d}}^{\text{KF}}) = \frac{(2\bar{\alpha} - \bar{\beta})\bar{\beta}}{2(1-\bar{\alpha})\tau_{\text{obs}}^2}\sigma^2(V) \tag{3-85}$$

由于系统噪声误差 $\sigma(W)$ 与单段相位估计误差 $\sigma(V)$ 均取决于观测周期 τ_{obs}，根据式（3-82）～式（3-85）可知 KF 相位跟踪算法

的稳态精度是观测周期 τ_{obs} 的函数。这样，可以作出跟踪的稳态精度在不同 τ_{obs} 下的曲线。观测对象仍选择 PSR B1744－24A，流量与探测器参数选取同 3.5.4 节；$\sigma(W)$ 依据式（3-75）计算，航天器轨道为约 600 km 高度的太阳同步轨道；$\sigma(V)$ 的计算分为五种情形：1）取 $\sqrt{CRB}$ 的值；2）对于 $f_d=0$ 使用 AML-STE 算法；3）对于 $f_d=-0.012$ Hz 使用 AML-STE 算法；4）对于 $f_d=0$ 使用 ACC 算法；5）对于 $f_d=-0.012$ Hz 使用 ACC 算法，其中情形 1）中 $\sigma(V)$ 根据式（3-35）计算，其他情形 $\sigma(V)$ 根据图 3-17 的 Monte-Carlo 结果曲线取值得到。这样，作出跟踪的稳态精度随 τ_{obs} 的曲线如图 3-20～图 3-23 所示；其中，图 3-20 为分段相位估计采用 AML-STE 算法的相位稳态误差，图 3-21 为分段相位估计采用 AML-STE 算法的多普勒频移稳态误差，图 3-22 为分段相位估计采用 ACC 算法的相位稳态误差，图 3-23 为分段相位估计采用 ACC 算法的多普勒频移稳态误差；每张图的三条线曲线分别代表了 $\sigma(V)$ 在 $f_d=-0.012$ Hz 下计算，在 $f_d=0$ 下计算，以及使用 $\sqrt{CRB}$ 值。

根据图 3-20～图 3-23 的结果，可以得出如下结论：1）KF 相位跟踪算法的相位精度较跟踪前单段相位精度有很大提高，且能输出较高精度的多普勒频移估计；2）若单段相位估计精度达到 $\sqrt{CRB}$，当观测周期在一定范围内，观测周期越长，跟踪精度越低，但随观测周期加长，跟踪精度会再次变高；3）在静态情形下，即不存在多普勒频移时，对于 AML-STE 算法，跟踪精度会偏离 CRB 的精度曲线，对于 ACC 算法，跟踪精度只是在非线性区偏离 $\sqrt{CRB}$ 的精度曲线，观测周期较大时能很好地逼近 CRB 的精度曲线，对于两种算法，在观测周期加长时，跟踪精度也会再次变高；4）在动态情形下，即存在较大多普勒频移时，对于 AML-STE 算法，观测周期越短，跟踪精度越高，且对于较短的观测周期，精度曲线能很好地逼近静态情形下的精度曲线，对于 ACC 算法，观测周期过短会进入非线性区使跟踪精度降低，观测周期加长精度会更差，观测周期在一定区域内，跟踪精度能很好地逼近 $\sqrt{\mathrm{CRB}}$ 的精度曲线，且存在最优的观测周期（如图 3－22 中的 $\tau_{\mathrm{obs}}=1.1\ \mathrm{s}$）使跟踪的相位精度达到最高。

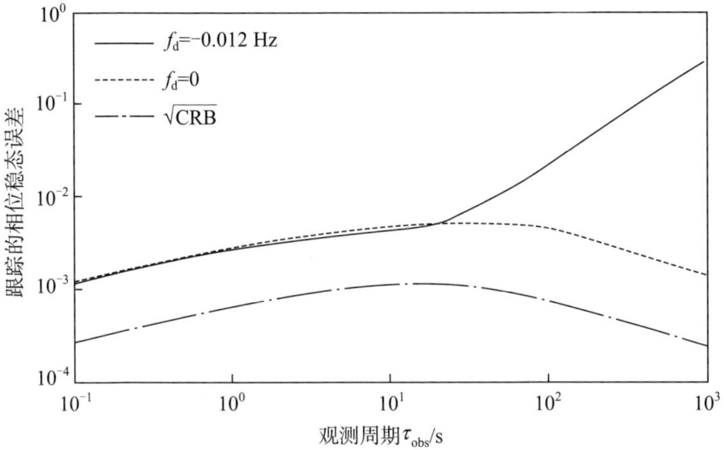

图 3－20　KF 相位跟踪算法的相位稳态误差

（PSR B1744－24A，分段相位采用 AML－STE 算法估计）（对数曲线）

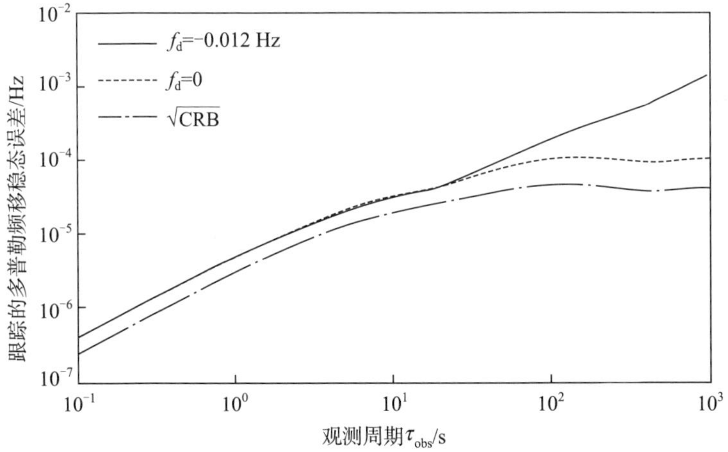

图 3－21　KF 相位跟踪算法的多普勒频移稳态误差

（PSR B1744－24A，分段相位采用 AML－STE 算法估计）（对数曲线）

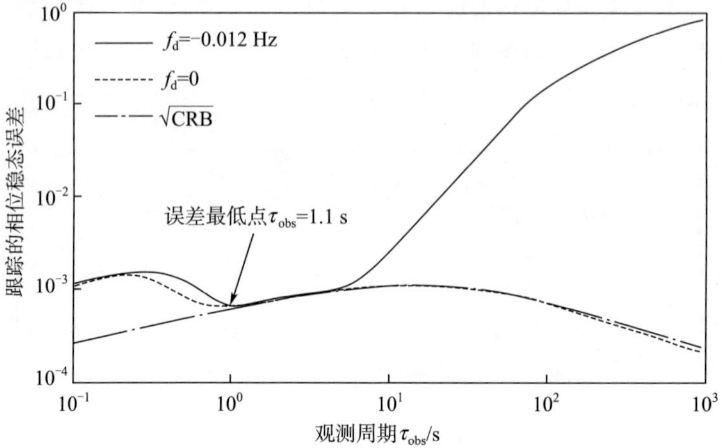

图 3-22 KF相位跟踪算法相位稳态误差

(PSR B1744－24A，分段相位采用ACC算法估计)(对数曲线)

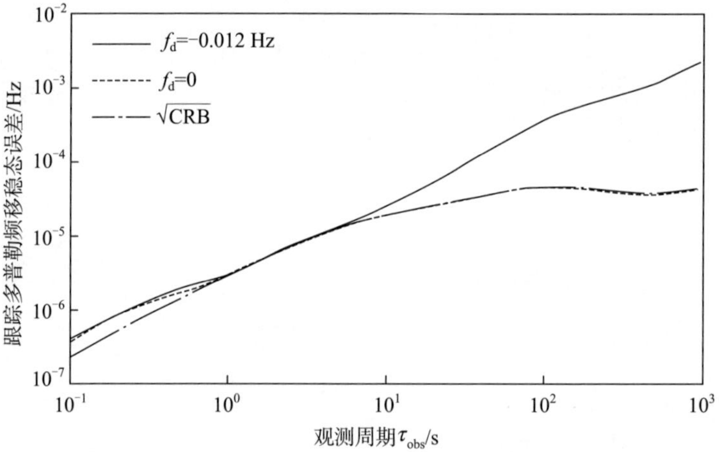

图 3-23 KF相位跟踪算法的多普勒频移稳态误差

(PSR B1744－24A，分段相位采用ACC算法估计)(对数曲线)

综上所述，在动态情形下，并不像通常认为的那样，观测周期越长，相位精度越高，在某种程度上可以说是观测周期越短，相位精度越高；但观测周期并不是可以无限地短，对于AML-STE算法，要确保观测周期内有一定数量的光子，对于 ACC 算法，观测周期取值使算法恰好进入非线性区为最佳；所以，对于在轨观测，精度是不能随观测时间加长无限提高的，应根据在轨多普勒频移的大小合理选择观测周期，以达到最佳的相位跟踪性能。

3.6.4　脉冲相位跟踪综合仿真分析

对脉冲相位跟踪的仿真是包括光子采样、相位估计与相位跟踪的综合仿真过程，其结构示意如图 3-24 所示。“航天器动力学”仿真生成航天器轨道与航天器固有时；“太阳系星历”提供地球的位置与速度信息；“脉冲星计时模型”包括“延时模型”（见 2.3 节与 2.4 节）与“自转相位模型”（见 2.5 节），仿真生成视脉冲相位；“光子采样”根据视脉冲相位产生模拟的光子 TOA 序列（见 3.3 节）；“光子数据处理”包括“相位估计器”与“相位跟踪滤波器”，“相位估计器”对光子 TOA 序列进行分段，并估计分段中点的脉冲相位（见 3.5 节），“相位跟踪滤波器”对相位进行跟踪并输出跟踪后相位估计与多普勒频移估计（见 3.6.1 节）；“脉冲星参数”提供“脉冲星计时模型”与“光子数据处理”部分所需要的脉冲星参数数据与脉冲轮廓信息。

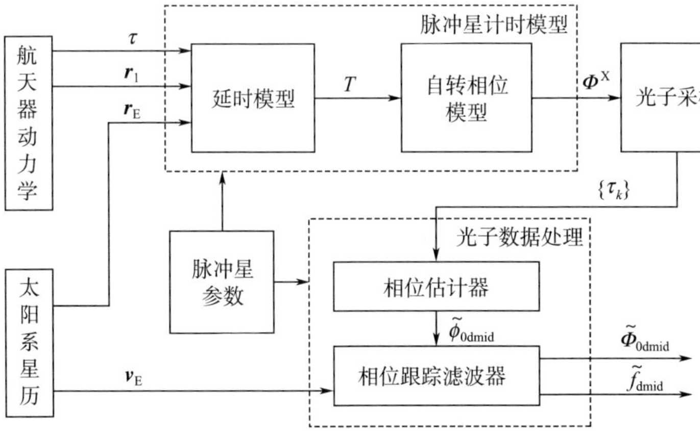

图 3-24　脉冲相位跟踪仿真结构示意图

分别以 PSR B1744－24A，PSR B0540－69，PSR B1823－13，PSR B0531＋21，PSR B1821－24，PSR B1937＋21 与 PSR B1957＋20 为观测对象进行了相位跟踪仿真，其中 PSR B1744－24A 与 PSR B1957＋20 是属于双星系统。流量参数参见表 2－2～表 2－4；探测器参数选取同 3.5.4 节；观测任务初始时刻为 $\tau_0 = 55\,742.044$ MJD；航天器轨道选为两种，一是 600 km 高度的太阳同步轨道，属于低地球轨道（LEO），二是 GEO 轨道；太阳系星历采用 JPL DE405 星历[135]。脉冲星参数来源于公布数据，例如 PSR B1744－24A 的参数设定如表 3－2 所示，其中大部分参数来源于 ATNF 目录，部分双星轨道参数来源于参考文献 [136]；Φ_0^{P} 数据无法获得，所以假定为 0，一些对延时影响很小的参数无法拟合得到，所以对其值进行人为设定；大部分后开普勒参数由 DDGR 模型求得，伴星质量取为 ATNF 目录的“中等”值，即 ATNF 目录在假设脉冲星质量为 1.35 m_0，且 $i = 60°$ 条件下提供的伴星质量。相位估计使用 ACC 算法，观测周期取为 $\tau_{\mathrm{obs}} = 1$ s，仿真时间为 86 400 s；对 DPLL 滤波的相位跟踪算法与 KF 相位跟踪滤波算法进行了仿真，DPLL 滤波器的 $B_{\mathrm{L}}\tau_{\mathrm{obs}}$ 选为 0.005，因而滤波增益值为 $K_1 = 0.013\,19$，$K_2 = -8.752 \times 10^{-5}$；KF 算法中假设脉冲星参数精确已知，因而能够对 $\dot{f}_{\mathrm{d}}$ 精确预估，$\sigma(W)$ 与 $\sigma(V)$ 的取值依照 3.6.2 节所示方法。

表 3－2　PSR B1744－24A 参数设定

序号	参数	取值	来源
1	Φ_0^{P}	0	假定
2	f_0	86.481 636 859 1 Hz	ATNF
3	f_1	$2.54 \times 10^{-16}\,\mathrm{s}^{-2}$	ATNF
4	f_2	0	设定
5	E_{FRQ}	48 270 MJD	ATNF
6	R_0	8.7 kpc	ATNF

续表

序号	参数	取值	来源
7	E_{POS}	48 270 MJD	ATNF
8	α	267.009 4 rad	ATNF
9	δ	−24.776 92 rad	ATNF
10	μ_α	0	设定
11	μ_δ	0	设定
12	μ_P	0	设定
13	a_{BP}	0	设定
14	$a_{B\mu}$	0	设定
15	T_{P0}	48 633.963 435 9 MJD	参考文献[136]
16	e_0	0	设定
17	P_{b0}	6 535.824 407 s	参考文献[136]
18	ω_0	0	设定
19	x_0	0.11 964 s	参考文献[136]
20	i	1.047 2 rad	设定
21	Ω	1.047 2 rad	设定
22	δ_r	$1.033\ 3\times10^{-5}$	DDGR
23	δ_θ	$1.205\ 5\times10^{-5}$	DDGR
24	$\dot{e}$	0	DDGR
25	$\dot{P}_b$	-2.1×10^{-12}	参考文献[136]
26	$\dot{\omega}$	0	DDGR
27	γ	0	DDGR
28	r_S	$2.512\ 3\times10^{-37}$	DDGR
29	s_S	0.866 0	DDGR
30	A	$1.290\ 4\times10^{-37}$ s	DDGR
31	B	$-3.725\ 2\times10^{-38}$ s	DDGR

图 3－25～图 3－28 给出了部分仿真结果曲线，包括 LEO 卫星观测 PSR B1744－24A 的相位跟踪结果曲线与 GEO 卫星观测 PSR B1957＋20 的相位跟踪结果曲线。其中，图 3－25 与图 3－27 给出了 ACC 算法的单段相位估计误差及 DPLL 与 KF 的相位跟踪误差，图 3－26 与图 3－28 给出了 DPLL 与 KF 的多普勒频移估计误差。

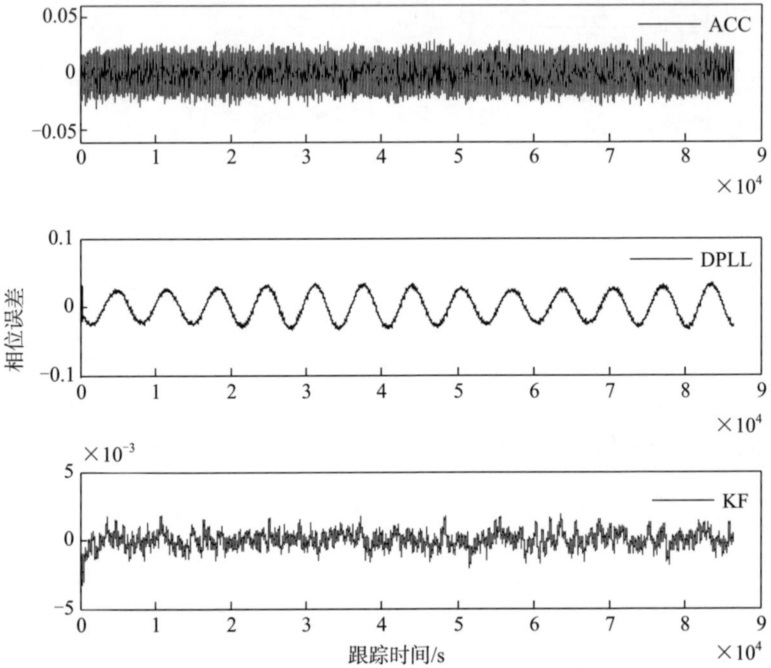

图 3－25 脉冲相位跟踪仿真相位估计误差（LEO 卫星观测 PSR B1744－24A）

表 3－3 与表 3－4 分别给出了 LEO 卫星与 GEO 卫星对于所选脉冲星的脉冲相位跟踪结果；作为比较，列出了 ACC 算法单段相位估计的 RMSE，DPLL 跟踪算法的相位估计 RMSE，KF 跟踪算法的相位估计 RMSE，KF 跟踪算法的理论相位误差，DPLL 跟踪算法的多普勒频移估计 RMSE，KF 跟踪算法的多普勒频移估计 RMSE，以及 KF 跟踪算法的理论多普勒频移估计误差；其中，相位误差都除以脉冲星自转频率以转换为时间误差，多普勒频移估计误差也除以

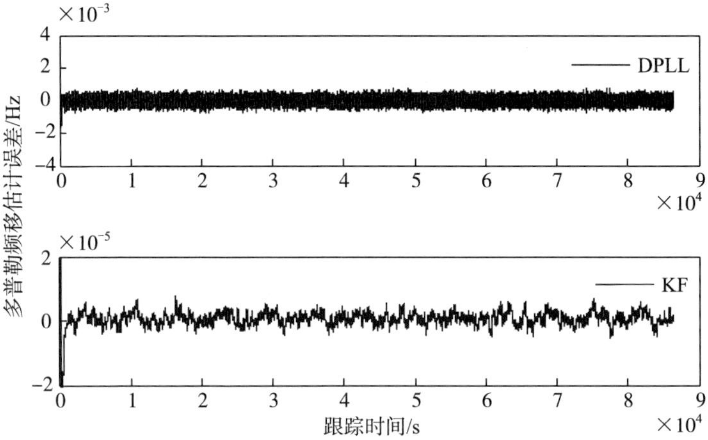

图 3-26　脉冲相位跟踪仿真多普勒频移估计误差
（LEO 卫星观测 PSR B1744－24A）

脉冲星自转频率，对应于速度误差除以光速。ACC 相位 RMSE 值由所有单段相位估计误差求得；DPLL 或 KF 的相位 RMSE 值与多普勒频移 RMSE 值计算时去除了 0～4 000 s 可能未完全收敛的数据；KF 理论相位误差与理论多普勒频移误差根据 3.6.3 节中所述方法求得，其中 $\sigma(W)$ 与 $\sigma(V)$ 的取值依照 3.6.2 节所示方法。

仿真结果表明：1）动态情形下使用脉冲相位跟踪可有效地滤除单段相位的估计误差并能得到多普勒频移估计；2）KF 相位跟踪算法的精度性能要远优于 DPLL 滤波的相位跟踪算法，尤其是多普勒频移估计精度提高了几个量级；3）动态程度的提高会带来跟踪精度的下降，如 LEO 轨道上的跟踪精度普遍低于 GEO 轨道上的跟踪精度，又如 PSR B1744－24A 与 PSR B0540－69 单段相位估计精度相当，但由于前者处于双星系统中，故稳态的相位与多普勒频移精度要差些；4）仿真得到的 KF 跟踪算法的相位与多普勒频移的 RMSE 值与理论误差值基本吻合，较好地实现了预期的精度，也说明了可以用 3.6.3 节的方法有效地对动态情形下的相位估计效果进行预测。

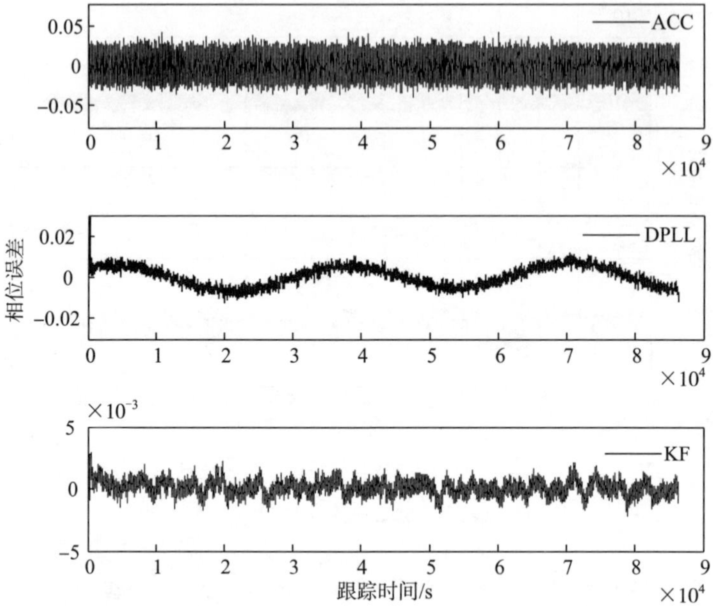

图 3－27　脉冲相位跟踪仿真相位估计误差（GEO 卫星观测 PSR B1957＋20）

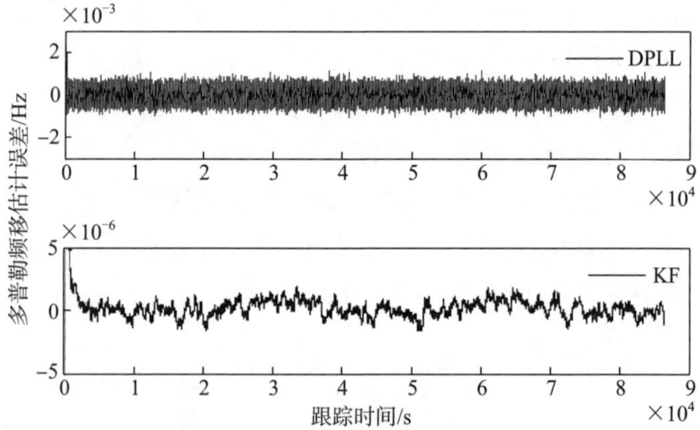

图 3－28　脉冲相位跟踪仿真多普勒频移估计误差

（GEO 卫星观测 PSR B1957＋20）

表 3-3　LEO 卫星观测不同脉冲星的脉冲相位跟踪结果

PSR	ACC 单段相位 RMSE/f_0/μs	DPLL 相位 RMSE/f_0/μs	KF 相位 RMSE/f_0/μs	KF 理论相位误差/f_0(1 σ)/μs	DPLL 多普勒频移 RMSE/f_0	KF 多普勒频移 RMSE/f_0	KF 理论多普勒频移误差/f_0(1 σ)
B1744−24A	89.120	228.063	6.328	7.206	2.35×10^{-6}	2.11×10^{-8}	3.36×10^{-8}
B0540−69	85.080	51.345	5.824	4.582	2.23×10^{-6}	1.66×10^{-8}	9.46×10^{-9}
B1823−13	307.827	48.842	13.334	9.799	8.07×10^{-6}	1.53×10^{-8}	7.06×10^{-9}
B0531+21	3.105	32.926	0.615	0.345	9.02×10^{-8}	4.14×10^{-9}	3.06×10^{-9}
B1821−24	9.278	31.356	1.189	0.773	2.46×10^{-7}	7.18×10^{-9}	3.83×10^{-9}
B1937+21	9.818	15.726	1.009	0.682	2.58×10^{-7}	4.11×10^{-9}	2.35×10^{-9}
B1957+20	16.925	19.517	1.451	1.080	4.44×10^{-7}	5.23×10^{-9}	3.13×10^{-9}

表 3-4　GEO 卫星观测不同脉冲星的脉冲相位跟踪结果

PSR	ACC 单段相位 RMSE/f_0/μs	DPLL 相位 RMSE/f_0/μs	KF 相位 RMSE/f_0/μs	KF 理论相位误差/f_0(1 σ)/μs	DPLL 多普勒频移 RMSE/f_0	KF 多普勒频移 RMSE/f_0	KF 理论多普勒频移误差/f_0(1 σ)
B1744−24A	89.143	227.638	6.752	6.936	2.35×10^{-6}	1.92×10^{-8}	3.00×10^{-8}
B0540−69	85.102	12.201	1.450	1.483	2.23×10^{-6}	3.23×10^{-10}	3.20×10^{-10}
B1823−13	307.908	44.104	4.651	5.011	8.07×10^{-6}	1.29×10^{-9}	9.43×10^{-10}
B0531+21	3.105	1.529	0.490	0.157	8.22×10^{-8}	1.64×10^{-10}	2.88×10^{-10}
B1821−24	9.281	1.975	0.537	0.356	2.43×10^{-7}	1.98×10^{-10}	3.73×10^{-10}
B1937+21	9.803	2.008	0.541	0.374	2.57×10^{-7}	2.05×10^{-10}	3.86×10^{-10}
B1957+20	16.897	7.418	0.868	0.842	4.43×10^{-7}	9.69×10^{-10}	1.48×10^{-9}

综上所述，3.6.1 节中 KF 相位跟踪算法可以有效地应用于动态情形下的相位估计，并输出高精度的多普勒频移估计；3.6.3 节中的跟踪精度分析方法可以较好地针对不同航天器轨道与不同脉冲星对相位跟踪精度进行预估，对于未来可能要开展的 X 射线脉冲星导航空间试验，可以依据之进行航天器轨道设计与导航源的选星设计，也可依据之对在轨所能达到的精度指标进行预测。

3.7　导航源的理论稳态相位跟踪精度

根据 3.6.2 节与 3.6.3 节的方法，对 55 个可能导航源的理论稳定相位跟踪精度进行了计算，作为未来工程应用的参考。航天器轨道分别选为 600 km 高度的太阳同步轨道与 GEO 轨道；观测周期设为 1 s；探测器面积分别取为 0.1 m^2，0.25 m^2，0.5 m^2，1 m^2 与 10 m^2。理论相位精度通过除以 f_0 以脉冲 TOA 精度的形式给出，理论多普勒频移精度以 f_d/f_0 形式给出（对应于速度精度除以光速）。有关计算结果列于表 3-5～表 3-8，脉冲星以精度降序排序。表中结果代表了假设脉冲星参数精确已知，在在轨动态条件制约下算法本身能达到的相位与频移估计精度极限。表中结果显示出稳态精度排名前 20 的脉冲星中只有 PSR B0531＋21，PSR B1937＋21，PSR B1821－24 与 PSR B0540－69 这 4 颗为单星，这也表明，未来若要发展高精度脉冲星导航系统，以单星建立数据库是远远不够的，使用双星导航将是一种有效途径。

表 3-5 LEO 卫星观测可能导航源的 TOA 理论稳态精度（μs）（$\tau_{obs}=1$ s）

序号	PSR 或别名	类型	0.1 m^2	0.25 m^2	0.5 m^2	1 m^2	10 m^2
1	J1619－1538(B1617－155)	XB	0.884	0.626	0.483	0.372	0.157
2	B0531＋21	IRPSR	1.946	1.380	1.064	0.820	0.345
3	J1801－2504(B1758－250)	XB	1.981	1.405	1.083	0.835	0.352
4	J1816－1402(B1813－140)	XB	2.360	1.673	1.290	0.995	0.419
5	B1937＋21	IRPSR	3.841	2.724	2.100	1.619	0.682
6	J1823－3021(B1820－303)	XB	4.229	2.999	2.312	1.782	0.751
7	J1731－3350(B1728－337)	XB	4.286	3.039	2.343	1.806	0.761
8	B1821－24	IRPSR	4.351	3.085	2.379	1.834	0.773
9	J1744－2844(GROJ1744－28)	XB	4.423	3.136	2.418	1.864	0.785
10	J1640－5345(B1636－536)	XB	4.677	3.316	2.557	1.971	0.830
11	J0617＋0908(B0614＋091)	XB	5.838	4.140	3.192	2.461	1.037
12	B1957＋20	BRPSR	6.076	4.309	3.322	2.562	1.080
13	J1751－3037(XTE1751－305)	XB	7.718	5.473	4.220	3.254	1.371
14	J1808－3658(SAXJ1808.4－3658)	XB	8.189	5.807	4.477	3.452	1.455
15	J1813－3346(XTEJ1814－338)	XB	10.872	7.710	5.945	4.583	1.932
16	J1734－2605(B1731－260)	XB	15.221	10.794	8.323	6.417	2.705
17	J1806－2924(XTEJ1807－294)	XB	19.573	13.880	10.703	8.252	3.479

续表

序号	PSR 或别名	类型	0.1 m^2	0.25 m^2	0.5 m^2	1 m^2	10 m^2
18	B0540－69	IRPSR	25.779	18.281	14.096	10.869	4.582
19	B1744－24A	XB	40.569	28.768	22.180	17.101	7.206
20	J0538－6652(AO0538－66)	XB	51.976	36.860	28.422	21.916	9.240
21	J0929－3123(XTEJ0929－314)	XB	52.051	36.913	28.463	21.948	9.254
22	B1823－13	IRPSR	55.113	39.086	30.139	23.240	9.799
23	J1846－0258	IRPSR	69.397	49.216	37.950	29.263	12.340
24	B1509－58	IRPSR	70.331	49.877	38.460	29.655	12.503
25	J0218＋4232	BRPSR	82.999	58.861	45.387	34.997	14.756
26	J1124－5916	IRPSR	95.636	67.824	52.298	40.326	17.003
27	J1811－1925	IRPSR	112.343	79.673	61.436	47.373	19.975
28	J1657＋3520(B1656＋354)	XB	116.915	82.915	63.935	49.300	20.788
29	J1930＋1852	IRPSR	117.306	83.194	64.151	49.466	20.859
30	J0205＋6449	IRPSR	123.190	87.365	67.367	51.945	21.903
31	J1911＋0035(B1908＋005)	XB	140.583	99.702	76.880	59.282	24.998
32	J0437－4715	BRPSR	160.870	114.088	87.973	67.835	28.603
33	J1617－5055	IRPSR	170.024	120.580	92.979	71.695	30.231
34	B0833－45	IRPSR	173.841	123.288	95.067	73.305	30.910

续表

序号	PSR 或别名	类型	0.1 m^2	0.25 m^2	0.5 m^2	1 m^2	10 m^2
35	J1749－2638(GROJ1750－27)	XB	239.083	169.557	130.745	100.817	42.512
36	B1259－63	BRPSR	241.603	171.344	132.123	101.879	42.959
37	B1951＋32	IRPSR	242.552	172.018	132.643	102.281	43.129
38	J1420－6048	IRPSR	249.000	176.590	136.167	104.998	44.274
39	J0635＋0533	XB	274.478	194.660	150.103	115.744	48.808
40	J1948＋3200(GROJ1948＋32)	XB	281.320	199.512	153.844	118.629	50.023
41	B1706－44	IRPSR	312.511	221.632	170.900	131.780	55.568
42	J0117－7326(B0115－737)	XB	353.452	250.667	193.289	149.044	62.848
43	J0537－6910	IRPSR	388.082	275.228	212.228	163.648	69.006
44	J1121－6037(B1119－603)	XB	412.325	292.420	225.485	173.871	73.317
45	J1632－6727(B1627－673)	XB	415.749	294.849	227.357	175.315	73.926
46	J0030＋0451	IRPSR	447.573	317.418	244.761	188.734	79.585
47	J1025－5748(1E1024.0－5732)	XB	570.014	404.255	311.721	240.368	101.358
48	J0751＋1807	BRPSR	738.741	523.918	403.994	311.521	131.364
49	J2229＋6114	IRPSR	768.422	544.966	420.224	324.035	136.640
50	J2124－3358	IRPSR	1357.732	962.908	742.501	572.544	241.435
51	B1920＋10	IRPSR	1735.603	1230.899	949.152	731.895	308.636

续表

序号	PSR 或别名	类型	0.1 m^2	0.25 m^2	0.5 m^2	1 m^2	10 m^2
52	J1012+5307	BRPSR	1769.712	1255.086	967.800	746.273	314.694
53	B0355+54	IRPSR	2984.000	2116.265	1631.860	1258.332	530.627
54	B0656+14	IRPSR	6293.551	4463.421	3441.766	2653.962	1119.161
55	J1024−0719	IRPSR	8291.866	5880.636	4534.585	3496.639	1474.511

表 3-6　LEO 卫星观测可能导航源的 f_d/f_0 理论稳态精度（$\tau_{obs}=1$ s）

序号	PSR 或别名	类型	0.1 m^2	0.25m^2	0.5 m^2	1 m^2	10 m^2
1	B1937+21	IRPSR	4.18×10^{-9}	3.73×10^{-9}	3.42×10^{-9}	3.13×10^{-9}	2.35×10^{-9}
2	J1816−1402(B1813−140)	XB	4.56×10^{-9}	4.07×10^{-9}	3.73×10^{-9}	3.42×10^{-9}	2.56×10^{-9}
3	J1619−1538(B1617−155)	XB	4.77×10^{-9}	4.25×10^{-9}	3.90×10^{-9}	3.57×10^{-9}	2.67×10^{-9}
4	J1801−2504(B1758−250)	XB	5.42×10^{-9}	4.84×10^{-9}	4.43×10^{-9}	4.07×10^{-9}	3.05×10^{-9}
5	B0531+21	IRPSR	5.44×10^{-9}	4.85×10^{-9}	4.45×10^{-9}	4.08×10^{-9}	3.06×10^{-9}
6	J0617+0908(B0614+091)	XB	5.46×10^{-9}	4.87×10^{-9}	4.46×10^{-9}	4.09×10^{-9}	3.07×10^{-9}
7	B1957+20	BRPSR	5.57×10^{-9}	4.97×10^{-9}	4.56×10^{-9}	4.18×10^{-9}	3.13×10^{-9}
8	B1821−24	IRPSR	6.81×10^{-9}	6.07×10^{-9}	5.57×10^{-9}	5.10×10^{-9}	3.83×10^{-9}
9	J1823−3021(B1820−303)	XB	7.34×10^{-9}	6.54×10^{-9}	6.00×10^{-9}	5.50×10^{-9}	4.12×10^{-9}
10	J1744−2844(GROJ1744−28)	XB	7.63×10^{-9}	6.80×10^{-9}	6.24×10^{-9}	5.72×10^{-9}	4.29×10^{-9}

续表

序号	PSR 或别名	类型	0.1 m^2	0.25m^2	0.5 m^2	1 m^2	10 m^2
11	J1731－3350(B1728－337)	XB	8.10×10^{-9}	7.22×10^{-9}	6.62×10^{-9}	6.07×10^{-9}	4.55×10^{-9}
12	J1911＋0035(B1908＋005)	XB	8.36×10^{-9}	7.45×10^{-9}	6.84×10^{-9}	6.27×10^{-9}	4.70×10^{-9}
13	J1846－0258	IRPSR	8.59×10^{-9}	7.66×10^{-9}	7.03×10^{-9}	6.44×10^{-9}	4.83×10^{-9}
14	J1751－3037(XTE1751－305)	XB	9.30×10^{-9}	8.29×10^{-9}	7.60×10^{-9}	6.97×10^{-9}	5.23×10^{-9}
15	J1640－5345(B1636－536)	XB	9.80×10^{-9}	8.74×10^{-9}	8.01×10^{-9}	7.35×10^{-9}	5.51×10^{-9}
16	J1808－3658(SAXJ1808.4－3658)	XB	1.00×10^{-8}	8.93×10^{-9}	8.19×10^{-9}	7.51×10^{-9}	5.63×10^{-9}
17	J1813－3346(XTEJ1814－338)	XB	1.06×10^{-8}	9.44×10^{-9}	8.65×10^{-9}	7.93×10^{-9}	5.95×10^{-9}
18	J1930＋1852	IRPSR	1.12×10^{-8}	1.00×10^{-8}	9.18×10^{-9}	8.42×10^{-9}	6.31×10^{-9}
19	J1734－2605(B1731－260)	XB	1.14×10^{-8}	1.01×10^{-8}	9.29×10^{-9}	8.51×10^{-9}	6.38×10^{-9}
20	J1806－2924(XTEJ1807－294)	XB	1.23×10^{-8}	1.09×10^{-8}	1.00×10^{-8}	9.20×10^{-9}	6.90×10^{-9}
21	B1823－13	IRPSR	1.26×10^{-8}	1.12×10^{-8}	1.03×10^{-8}	9.41×10^{-9}	7.06×10^{-9}
22	J0635＋0533	XB	1.61×10^{-8}	1.44×10^{-8}	1.32×10^{-8}	1.21×10^{-8}	9.08×10^{-9}
23	B0540－69	IRPSR	1.68×10^{-8}	1.50×10^{-8}	1.38×10^{-8}	1.26×10^{-8}	9.46×10^{-9}
24	J0929－3123(XTEJ0929－314)	XB	1.75×10^{-8}	1.56×10^{-8}	1.43×10^{-8}	1.31×10^{-8}	9.85×10^{-9}
25	J1811－1925	IRPSR	1.87×10^{-8}	1.66×10^{-8}	1.53×10^{-8}	1.40×10^{-8}	1.05×10^{-8}
26	B1920＋10	IRPSR	2.04×10^{-8}	1.82×10^{-8}	1.67×10^{-8}	1.53×10^{-8}	1.15×10^{-8}
27	J0538－6652(AO0538－66)	XB	2.10×10^{-8}	1.87×10^{-8}	1.71×10^{-8}	1.57×10^{-8}	1.18×10^{-8}

续表

序号	PSR 或别名	类型	0.1 m^2	0.25m^2	0.5 m^2	1 m^2	10 m^2
28	J1657+3520(B1656+354)	XB	2.23×10^{-8}	1.99×10^{-8}	1.82×10^{-8}	1.67×10^{-8}	1.25×10^{-8}
29	B1951+32	IRPSR	2.31×10^{-8}	2.06×10^{-8}	1.89×10^{-8}	1.73×10^{-8}	1.30×10^{-8}
30	J1948+3200(GROJ1948+32)	XB	2.36×10^{-8}	2.10×10^{-8}	1.93×10^{-8}	1.77×10^{-8}	1.32×10^{-8}
31	B1509−58	IRPSR	2.52×10^{-8}	2.25×10^{-8}	2.06×10^{-8}	1.89×10^{-8}	1.42×10^{-8}
32	B0833−45	IRPSR	2.65×10^{-8}	2.36×10^{-8}	2.16×10^{-8}	1.98×10^{-8}	1.49×10^{-8}
33	J0218+4232	BRPSR	2.66×10^{-8}	2.38×10^{-8}	2.18×10^{-8}	2.00×10^{-8}	1.50×10^{-8}
34	J1124−5916	IRPSR	2.71×10^{-8}	2.42×10^{-8}	2.22×10^{-8}	2.03×10^{-8}	1.53×10^{-8}
35	J1749−2638(GROJ1750−27)	XB	2.79×10^{-8}	2.49×10^{-8}	2.28×10^{-8}	2.09×10^{-8}	1.57×10^{-8}
36	J0437−4715	BRPSR	2.80×10^{-8}	2.50×10^{-8}	2.29×10^{-8}	2.10×10^{-8}	1.57×10^{-8}
37	J0205+6449	IRPSR	3.06×10^{-8}	2.73×10^{-8}	2.50×10^{-8}	2.30×10^{-8}	1.72×10^{-8}
38	J1617−5055	IRPSR	3.25×10^{-8}	2.90×10^{-8}	2.66×10^{-8}	2.44×10^{-8}	1.83×10^{-8}
39	J0751+1807	BRPSR	3.42×10^{-8}	3.05×10^{-8}	2.79×10^{-8}	2.56×10^{-8}	1.92×10^{-8}
40	B1706−44	IRPSR	3.74×10^{-8}	3.34×10^{-8}	3.06×10^{-8}	2.81×10^{-8}	2.10×10^{-8}
41	B1259−63	BRPSR	3.81×10^{-8}	3.40×10^{-8}	3.12×10^{-8}	2.86×10^{-8}	2.15×10^{-8}
42	J1420−6048	IRPSR	3.87×10^{-8}	3.45×10^{-8}	3.16×10^{-8}	2.90×10^{-8}	2.18×10^{-8}
43	J0537−6910	IRPSR	4.15×10^{-8}	3.70×10^{-8}	3.40×10^{-8}	3.11×10^{-8}	2.33×10^{-8}
44	J0117−7326(B0115−737)	XB	4.32×10^{-8}	3.85×10^{-8}	3.53×10^{-8}	3.24×10^{-8}	2.43×10^{-8}

续表

序号	PSR 或别名	类型	0.1 m^2	0.25m^2	0.5 m^2	1 m^2	10 m^2
45	J1121－6037(B1119－603)	XB	4.41×10^{-8}	3.94×10^{-8}	3.61×10^{-8}	3.31×10^{-8}	2.48×10^{-8}
46	J1632－6727(B1627－673)	XB	4.55×10^{-8}	4.05×10^{-8}	3.72×10^{-8}	3.41×10^{-8}	2.56×10^{-8}
47	J0030＋0451	IRPSR	4.68×10^{-8}	4.17×10^{-8}	3.82×10^{-8}	3.51×10^{-8}	2.63×10^{-8}
48	J1025－5748(1E1024.0－5732)	XB	4.74×10^{-8}	4.22×10^{-8}	3.87×10^{-8}	3.55×10^{-8}	2.66×10^{-8}
49	J2229＋6114	IRPSR	5.30×10^{-8}	4.72×10^{-8}	4.33×10^{-8}	3.97×10^{-8}	2.98×10^{-8}
50	J2124－3358	IRPSR	5.91×10^{-8}	5.27×10^{-8}	4.84×10^{-8}	4.43×10^{-8}	3.32×10^{-8}
51	B0656＋14	IRPSR	5.92×10^{-8}	5.28×10^{-8}	4.84×10^{-8}	4.44×10^{-8}	3.33×10^{-8}
52	B1744－24A	XB	5.98×10^{-8}	5.33×10^{-8}	4.89×10^{-8}	4.48×10^{-8}	3.36×10^{-8}
53	J1012＋5307	BRPSR	7.23×10^{-8}	6.45×10^{-8}	5.91×10^{-8}	5.42×10^{-8}	4.07×10^{-8}
54	B0355＋54	IRPSR	8.60×10^{-8}	7.67×10^{-8}	7.03×10^{-8}	6.45×10^{-8}	4.83×10^{-8}
55	J1024－0719	IRPSR	1.05×10^{-7}	9.34×10^{-8}	8.56×10^{-8}	7.85×10^{-8}	5.89×10^{-8}

表 3－7　GEO 卫星观测可能导航源的 TOA 理论稳态精度（μs）（$\tau_{obs}=1$ s）

序号	PSR 或别名	类型	0.1 m^2	0.25m^2	0.5 m^2	1 m^2	10 m^2
1	J1619－1538(B1617－155)	XB	0.387	0.275	0.212	0.163	0.069
2	B0531＋21	IRPSR	0.886	0.628	0.485	0.374	0.157
3	J1801－2504(B1758－250)	XB	0.900	0.638	0.492	0.380	0.160

续表

序号	PSR 或别名	类型	0.1 m^2	0.25m^2	0.5 m^2	1 m^2	10 m^2
4	J1816－1402(B1813－140)	XB	1.189	0.843	0.650	0.501	0.211
5	J1640－5345(B1636－536)	XB	1.703	1.208	0.931	0.718	0.303
6	J1731－3350(B1728－337)	XB	1.805	1.280	0.987	0.761	0.321
7	J1823－3021(B1820－303)	XB	1.863	1.321	1.019	0.786	0.331
8	J1744－2844(GROJ1744－28)	XB	1.939	1.375	1.060	0.817	0.345
9	B1821－24	IRPSR	2.003	1.421	1.096	0.845	0.356
10	B1937＋21	IRPSR	2.103	1.491	1.150	0.887	0.374
11	J0617＋0908(B0614＋091)	XB	3.094	2.194	1.692	1.305	0.550
12	J1751－3037(XTE1751－305)	XB	3.351	2.377	1.833	1.413	0.596
13	J1808－3658(SAXJ1808.4－3658)	XB	3.420	2.425	1.870	1.442	0.608
14	J1813－3346(XTEJ1814－338)	XB	4.653	3.300	2.545	1.962	0.827
15	B1957＋20	BRPSR	4.737	3.359	2.590	1.997	0.842
16	J1734－2605(B1731－260)	XB	6.746	4.784	3.689	2.845	1.200
17	B0540－69	IRPSR	8.338	5.913	4.560	3.516	1.483
18	J1806－2924(XTEJ1807－294)	XB	8.629	6.119	4.719	3.639	1.534
19	J0538－6652(AO0538－66)	XB	17.355	12.308	9.491	7.318	3.086
20	J0929－3123(XTEJ0929－314)	XB	22.578	16.012	12.347	9.521	4.015

续表

序号	PSR 或别名	类型	0.1 m^2	0.25m^2	0.5 m^2	1 m^2	10 m^2
21	B1509－58	IRPSR	24.338	17.261	13.310	10.263	4.328
22	B1823－13	IRPSR	28.178	19.984	15.410	11.882	5.011
23	J0218＋4232	BRPSR	31.427	22.288	17.186	13.253	5.588
24	J1124－5916	IRPSR	33.413	23.697	18.273	14.090	5.942
25	B1744－24A	XB	39.047	27.689	21.349	16.460	6.936
26	J0205＋6449	IRPSR	40.545	28.755	22.173	17.097	7.210
27	J1846－0258	IRPSR	42.383	30.058	23.178	17.872	7.537
28	J1657＋3520(B1656＋354)	XB	50.703	35.959	27.728	21.381	9.016
29	J1811－1925	IRPSR	53.704	38.087	29.369	22.646	9.550
30	J1617－5055	IRPSR	62.863	44.583	34.378	26.509	11.179
31	J0437－4715	BRPSR	63.637	45.132	34.801	26.835	11.316
32	J1930＋1852	IRPSR	68.280	48.424	37.340	28.793	12.142
33	B0833－45	IRPSR	71.589	50.771	39.150	30.189	12.730
34	B1259－63	BRPSR	80.378	57.004	43.956	33.895	14.293
35	J1420－6048	IRPSR	84.825	60.158	46.388	35.770	15.084
36	J1911＋0035(B1908＋005)	XB	94.776	67.215	51.830	39.966	16.853
37	J0117－7326(B0115－737)	XB	105.558	74.862	57.727	44.513	18.771

续表

序号	PSR 或别名	类型	0.1 m^2	0.25m^2	0.5 m^2	1 m^2	10 m^2
38	J1749－2638(GROJ1750－27)	XB	106.566	75.577	58.278	44.938	18.950
39	B1951＋32	IRPSR	114.528	81.223	62.632	48.296	20.366
40	B1706－44	IRPSR	121.956	86.492	66.694	51.428	21.687
41	J0537－6910	IRPSR	125.748	89.181	68.768	53.027	22.361
42	J1632－6727(B1627－673)	XB	133.857	94.932	73.203	56.447	23.803
43	J1948＋3200(GROJ1948＋32)	XB	134.597	95.457	73.607	56.759	23.935
44	J1121－6037(B1119－603)	XB	142.601	101.133	77.984	60.134	25.358
45	J0635＋0533	XB	157.001	111.346	85.860	66.207	27.919
46	J0030＋0451	IRPSR	182.702	129.573	99.914	77.044	32.489
47	J1025－5748(1E1024.0－5732)	XB	204.098	144.747	111.615	86.067	36.294
48	J2229＋6114	IRPSR	266.983	189.346	146.005	112.585	47.477
49	J0751＋1807	BRPSR	356.882	253.103	195.169	150.496	63.463
50	J2124－3358	IRPSR	556.873	394.938	304.538	234.831	99.027
51	J1012＋5307	BRPSR	641.760	455.140	350.961	270.627	114.122
52	B0355＋54	IRPSR	1075.499	762.750	588.161	453.534	191.253
53	B1920＋10	IRPSR	1141.876	809.825	624.460	481.524	203.057
54	B0656＋14	IRPSR	3249.754	2304.745	1777.201	1370.409	577.896

续表

序号	PSR 或别名	类型	0.1 m^2	0.25m^2	0.5 m^2	1 m^2	10 m^2
55	J1024－0719	IRPSR	3598.891	2552.355	1968.134	1517.639	639.982

表 3－8 GEO 卫星观测可能导航源的 f_d/f_0 理论稳态精度（$\tau_{obs}=1$ s）

序号	PSR 或别名	类型	0.1 m^2	0.25m^2	0.5 m^2	1 m^2	10 m^2
1	J1619－1538(B1617－155)	XB	3.99×10^{-10}	3.56×10^{-10}	3.26×10^{-10}	2.99×10^{-10}	2.24×10^{-10}
2	J1640－5345(B1636－536)	XB	4.73×10^{-10}	4.21×10^{-10}	3.86×10^{-10}	3.54×10^{-10}	2.66×10^{-10}
3	J1801－2504(B1758－250)	XB	5.08×10^{-10}	4.53×10^{-10}	4.15×10^{-10}	3.81×10^{-10}	2.85×10^{-10}
4	B0531＋21	IRPSR	5.13×10^{-10}	4.57×10^{-10}	4.19×10^{-10}	3.85×10^{-10}	2.88×10^{-10}
5	B0540－69	IRPSR	5.69×10^{-10}	5.07×10^{-10}	4.65×10^{-10}	4.27×10^{-10}	3.20×10^{-10}
6	J1816－1402(B1813－140)	XB	5.83×10^{-10}	5.20×10^{-10}	4.77×10^{-10}	4.37×10^{-10}	3.28×10^{-10}
7	J1731－3350(B1728－337)	XB	6.04×10^{-10}	5.39×10^{-10}	4.94×10^{-10}	4.53×10^{-10}	3.40×10^{-10}
8	J1823－3021(B1820－303)	XB	6.27×10^{-10}	5.59×10^{-10}	5.12×10^{-10}	4.70×10^{-10}	3.52×10^{-10}
9	J1744－2844(GROJ1744－28)	XB	6.42×10^{-10}	5.72×10^{-10}	5.25×10^{-10}	4.81×10^{-10}	3.61×10^{-10}
10	B1821－24	IRPSR	6.64×10^{-10}	5.92×10^{-10}	5.43×10^{-10}	4.98×10^{-10}	3.73×10^{-10}
11	B1937＋21	IRPSR	6.86×10^{-10}	6.11×10^{-10}	5.61×10^{-10}	5.14×10^{-10}	3.86×10^{-10}
12	J1808－3658(SAXJ1808.4－3658)	XB	7.29×10^{-10}	6.50×10^{-10}	5.96×10^{-10}	5.46×10^{-10}	4.10×10^{-10}
13	J1751－3037(XTE1751－305)	XB	7.61×10^{-10}	6.78×10^{-10}	6.22×10^{-10}	5.70×10^{-10}	4.28×10^{-10}

续表

序号	PSR 或别名	类型	0.1 m^2	0.25 m^2	0.5 m^2	1 m^2	10 m^2
14	J0538－6652(AO0538－66)	XB	7.80×10^{-10}	6.96×10^{-10}	6.38×10^{-10}	5.85×10^{-10}	4.39×10^{-10}
15	J0617＋0908(B0614＋091)	XB	8.12×10^{-10}	7.24×10^{-10}	6.64×10^{-10}	6.09×10^{-10}	4.56×10^{-10}
16	J1813－3346(XTEJ1814－338)	XB	8.29×10^{-10}	7.39×10^{-10}	6.78×10^{-10}	6.22×10^{-10}	4.66×10^{-10}
17	J1734－2605(B1731－260)	XB	9.88×10^{-10}	8.81×10^{-10}	8.08×10^{-10}	7.41×10^{-10}	5.56×10^{-10}
18	B1509－58	IRPSR	1.04×10^{-9}	9.30×10^{-10}	8.53×10^{-10}	7.82×10^{-10}	5.87×10^{-10}
19	J1806－2924(XTEJ1807－294)	XB	1.05×10^{-9}	9.37×10^{-10}	8.59×10^{-10}	7.88×10^{-10}	5.91×10^{-10}
20	J0205＋6449	IRPSR	1.09×10^{-9}	9.73×10^{-10}	8.93×10^{-10}	8.18×10^{-10}	6.14×10^{-10}
21	J0117－7326(B0115－737)	XB	1.15×10^{-9}	1.03×10^{-9}	9.41×10^{-10}	8.62×10^{-10}	6.47×10^{-10}
22	J1124－5916	IRPSR	1.16×10^{-9}	1.03×10^{-9}	9.46×10^{-10}	8.67×10^{-10}	6.50×10^{-10}
23	B1259－63	BRPSR	1.40×10^{-9}	1.25×10^{-9}	1.15×10^{-9}	1.05×10^{-9}	7.90×10^{-10}
24	J0537－6910	IRPSR	1.41×10^{-9}	1.26×10^{-9}	1.16×10^{-9}	1.06×10^{-9}	7.94×10^{-10}
25	J0929－3123(XTEJ0929－314)	XB	1.43×10^{-9}	1.27×10^{-9}	1.17×10^{-9}	1.07×10^{-9}	8.03×10^{-10}
26	J0218＋4232	BRPSR	1.45×10^{-9}	1.29×10^{-9}	1.18×10^{-9}	1.08×10^{-9}	8.13×10^{-10}
27	J1632－6727(B1627－673)	XB	1.52×10^{-9}	1.35×10^{-9}	1.24×10^{-9}	1.14×10^{-9}	8.53×10^{-10}
28	J1420－6048	IRPSR	1.53×10^{-9}	1.36×10^{-9}	1.25×10^{-9}	1.15×10^{-9}	8.60×10^{-10}
29	J1617－5055	IRPSR	1.64×10^{-9}	1.46×10^{-9}	1.34×10^{-9}	1.23×10^{-9}	9.23×10^{-10}
30	B1823－13	IRPSR	1.68×10^{-9}	1.50×10^{-9}	1.37×10^{-9}	1.26×10^{-9}	9.43×10^{-10}

续表

序号	PSR 或别名	类型	0.1 m^2	0.25m^2	0.5 m^2	1 m^2	10 m^2
31	J0437−4715	BRPSR	1.73×10^{-9}	1.54×10^{-9}	1.42×10^{-9}	1.30×10^{-9}	9.74×10^{-10}
32	J1657+3520(B1656+354)	XB	1.82×10^{-9}	1.62×10^{-9}	1.48×10^{-9}	1.36×10^{-9}	1.02×10^{-9}
33	J1121−6037(B1119−603)	XB	1.83×10^{-9}	1.63×10^{-9}	1.49×10^{-9}	1.37×10^{-9}	1.03×10^{-9}
34	B0833−45	IRPSR	1.85×10^{-9}	1.65×10^{-9}	1.51×10^{-9}	1.39×10^{-9}	1.04×10^{-9}
35	J1846−0258	IRPSR	1.96×10^{-9}	1.75×10^{-9}	1.60×10^{-9}	1.47×10^{-9}	1.10×10^{-9}
36	J1811−1925	IRPSR	2.04×10^{-9}	1.82×10^{-9}	1.67×10^{-9}	1.53×10^{-9}	1.15×10^{-9}
37	J1025−5748(1E1024.0−5732)	XB	2.17×10^{-9}	1.94×10^{-9}	1.78×10^{-9}	1.63×10^{-9}	1.22×10^{-9}
38	J1930+1852	IRPSR	2.21×10^{-9}	1.97×10^{-9}	1.81×10^{-9}	1.66×10^{-9}	1.24×10^{-9}
39	J2229+6114	IRPSR	2.22×10^{-9}	1.98×10^{-9}	1.82×10^{-9}	1.67×10^{-9}	1.25×10^{-9}
40	B1706−44	IRPSR	2.22×10^{-9}	1.98×10^{-9}	1.82×10^{-9}	1.67×10^{-9}	1.25×10^{-9}
41	B1951+32	IRPSR	2.43×10^{-9}	2.17×10^{-9}	1.99×10^{-9}	1.82×10^{-9}	1.37×10^{-9}
42	J1749−2638(GROJ1750−27)	XB	2.47×10^{-9}	2.20×10^{-9}	2.02×10^{-9}	1.85×10^{-9}	1.39×10^{-9}
43	J1911+0035(B1908+005)	XB	2.56×10^{-9}	2.28×10^{-9}	2.09×10^{-9}	1.92×10^{-9}	1.44×10^{-9}
44	J1948+3200(GROJ1948+32)	XB	2.58×10^{-9}	2.30×10^{-9}	2.11×10^{-9}	1.93×10^{-9}	1.45×10^{-9}
45	B1957+20	BRPSR	2.64×10^{-9}	2.35×10^{-9}	2.16×10^{-9}	1.98×10^{-9}	1.48×10^{-9}
46	J0635+0533	XB	3.02×10^{-9}	2.69×10^{-9}	2.47×10^{-9}	2.27×10^{-9}	1.70×10^{-9}
47	J0030+0451	IRPSR	3.18×10^{-9}	2.84×10^{-9}	2.60×10^{-9}	2.38×10^{-9}	1.79×10^{-9}

续表

序号	PSR 或别名	类型	0.1 m^2	0.25m^2	0.5 m^2	1 m^2	10 m^2
48	J1012+5307	BRPSR	3.45×10^{-9}	3.07×10^{-9}	2.82×10^{-9}	2.59×10^{-9}	1.94×10^{-9}
49	J0751+1807	BRPSR	3.85×10^{-9}	3.43×10^{-9}	3.15×10^{-9}	2.89×10^{-9}	2.17×10^{-9}
50	B0355+54	IRPSR	4.02×10^{-9}	3.59×10^{-9}	3.29×10^{-9}	3.02×10^{-9}	2.26×10^{-9}
51	J2124−3358	IRPSR	4.08×10^{-9}	3.64×10^{-9}	3.34×10^{-9}	3.06×10^{-9}	2.29×10^{-9}
52	B1920+10	IRPSR	5.80×10^{-9}	5.17×10^{-9}	4.74×10^{-9}	4.35×10^{-9}	3.26×10^{-9}
53	B0656+14	IRPSR	8.15×10^{-9}	7.27×10^{-9}	6.66×10^{-9}	6.11×10^{-9}	4.58×10^{-9}
54	J1024−0719	IRPSR	8.56×10^{-9}	7.64×10^{-9}	7.00×10^{-9}	6.42×10^{-9}	4.81×10^{-9}
55	B1744−24A	XB	5.33×10^{-8}	4.75×10^{-8}	4.36×10^{-8}	4.00×10^{-8}	3.00×10^{-8}

3.8　本章小结

本章针对在轨情形设计了适应双星运动与航天器运动的相位估计与相位跟踪算法，以解决在轨动态情形下的脉冲相位与多普勒频移估计问题，研究内容对应于脉冲星导航算法中光子数据处理部分，其输入为光子 TOA 数据，输出为脉冲相位与多普勒频移估计。根据计时模型建立了视脉冲相位与多普勒频移的模型，对多普勒频移的高阶项进行了详细推导，得到了对应速度误差小于 0.01 m/s 的多普勒频移方程。针对常多普勒频移情形，对静态情形下的脉冲相位估计算法进行了适应性改进，提出了 ACC 算法与 AML－STE 算法，并对两种算法进行了估计精度与效率的仿真分析与比较，仿真结果表明两种算法均能适应高动态情形下的脉冲相位估计，前者精度高，计算效率高，后者对多普勒频移的敏感度低，可以根据实际在轨动态程度进行算法选择。将常多普勒情形进一步扩展到动态情形，基于相位跟踪技术设计了使用卡尔曼滤波的相位跟踪算法，借助跟踪指数理论对相位跟踪精度进行了分析，得到了动态情形下在某种程度上观测周期越短相位精度越高的结论，同时，对相位估计与跟踪算法进行了综合仿真，验证了所设计算法的有效性。此外，针对低轨与高轨两种动态性不同的轨道，计算并列出了可能导航源的理论相位跟踪精度，作为未来选星与工程算法设计的参考。

第 4 章　脉冲星导航轨道确定与授时算法

4.1　概述

本章的目的是研究如何根据脉冲相位与多普勒频移估计结果进行航天器的轨道确定与授时。

“几何定轨”原理简单，即通过同时观测多星进行位置与钟差的解算。Sheikh[23] 直接采用最小二乘法求解联立的观测方程组，并引入了几何精度因子（GDOP）分析误差的传递。Sara[22] 使用了最大似然估计法对位置与时间进行估计。Deng 等[137] 将“几何定轨”法扩展到多历元观测，基于深空探测航天器的轨道动力学方程将不同历元观测数据转换至初始历元，再通过最小二乘法进行估计，在很大程度上提高了初轨确定精度。然而，“几何定轨”显然是不能满足自主导航任务对轨道确定的实时性要求的，其作用应体现在初轨确定及初始整周模糊度的求解中（参见第 5 章）。

对于航天器实时轨道确定，可以采用“动力学定轨”，即借助轨道动力学，用滤波的方法进行轨道的递推估计。Sheikh[138] 与熊凯[139] 等采用了适用于弱非线性系统的扩展卡尔曼滤波（EKF）进行实时轨道确定。孙景荣[140] 与 Liu[141,142] 等引入了先进的非线性滤波方法，以进一步降低系统非线性的影响。熊凯等[48] 针对模型不确定性，研究了鲁棒滤波技术在实时轨道确定中的应用。总之，滤波估计技术经过逾 50 年的发展，相对成熟，可以根据实际工程需要，选择合适的滤波算法进行相应的导航滤波器设计。

导航滤波器的可观性分析是滤波器设计首先要回答的问题。郑广楼等[143] 用分段式定常系统（PWCS）的可观测性分析方法，分析了仅观测单颗脉冲星的系统观测性，并指出观测单颗星可观测性较差，只能短期内将导航误差控制在一定范围内。陈拯民等[144]通过分析，得到了仅观测 2 颗脉冲星便能对全部轨道根数及卫星钟差进行测量的结论。王奕迪等[145]提出了采用单探测器序贯观测多颗脉冲星的方式，并分析了这种方式的可观性，指出了序贯观测可以达到与同时观测多星相近的导航精度。

利用脉冲星授时是通过对星载时钟偏差的估计实现的。孙守明[144]与陈拯民[146]等考虑了将钟差作为状态变量改善定轨效果并进行授时，取得了良好的效果。在量测方程建立方面，费保俊等[147]提出了可以通过多普勒频移估计引入速度量测量，将量测量扩展到 6 维，从而增加量测量的完备性。

基于第 3 章相位跟踪的方法，本章可以很自然地根据相位估计与多普勒频移估计分别建立位置量测方程与速度量测方程。本章将在量测方程建立与线性化研究的基础上，进行导航滤波器的设计，同时，为了解决滤波周期历元与量测历元不同步的问题，提出并设计量测同步算法。此外，根据上文所述可观性分析结论，通过设置不同在轨观测方式与配置不同量测量，设计多种量测模式，进行仿真比较与分析。

4.2　量测方程的建立与线性化

4.2.1　基于光子 TOA 改正建立量测方程面临的困难

在静态情形下，要想形成精确的相位量测需要大量的光子 TOA 数据的积累，然而在动态情形下，观测周期过长，多普勒相位的累积会大大降低视相位的估计精度。第 3 章中给出了通过相位跟踪提高相位精度的方法，基于视相位与多普勒频移估计可以建立航天器位置与速度量测方程。当然，也存在另一种思路，便是将动态问题转化为静态问题，即基于光子 TOA 改正的方法建立航天器位置增量的量测方程[2]。具体做法是：将每个光子 TOA 根据航天器的最佳估计位置改正到光子 TOE（对于单星，也可以说改正到 SSB 历元），然后以脉冲星源周期（即 $1/f_s$）对光子数据进行折叠（不妨设折叠周期位于观测周期起点），再与标准轮廓互相关后可以得到观测周期起点的存在误差的脉冲发射相位，而精确的脉冲发射相位是可以预测的，根据两者的相位差，便可建立相对于最佳估计位置的位置增量的线性量测方程。

基于光子 TOA 改正方法，要通过长时段观测的光子 TOA 数据建立量测方程，这在工程可实现性上面临着困难。航天器在轨有较大的运动速度（如近地航天器为 3～7 km/s），如果观测周期达到 1000 s 或更长，在观测周期内，航天器将运行相当长的弧段，航天器的最佳估计位置便不能采用固定点，而是通过轨道预报算法进行预报。对于近地航天器，预报轨道在脉冲星视线方向（径向）的位置误差呈周期性发散趋势，主分量的周期应为航天器的轨道周期（见图 4-1），一个好的轨道预报算法能抑制发散的速度，但并不会提高绝对位置精度。

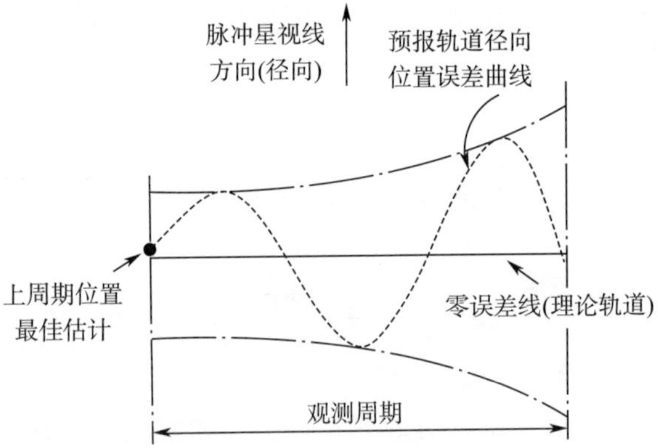

图 4-1　近地航天器预报轨道在脉冲星视线方向（径向）位置误差示意图

先考虑一种理想情形，即预报轨道径向误差为常量 δr_P（参见图 4-2）。设想如果使用理论轨道进行光子 TOA 改正，得到的理论折叠轮廓应是没有形变与模糊的，其相位也可以通过脉冲星参数精确预报。用预报轨道进行光子 TOA 改正，所有改正后的光子 TOA 都叠加了 $\delta r_P/c$ 偏差，再进行光子折叠，得到的轮廓也是没有形变与模糊的，只有一个整体的相位偏移 $\delta\phi$ ；根据这个相位偏移便可以建立位置增量的量测方程：$\delta\phi = c^{-1} f_s \delta r_P$ 。

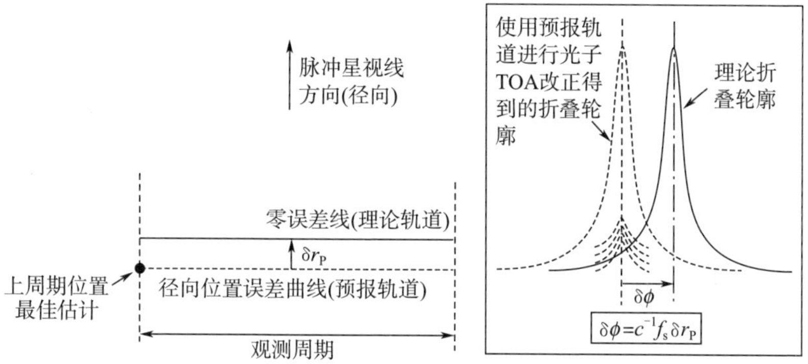

图 4-2　预报轨道径向误差为常值的位置增量量测建立示意图

接下来，考虑预报轨道径向位置误差随时间线性变化（见图 4-3）。这种情形下，若用预报轨道进行光子 TOA 改正，改正后的光子 TOA 都叠加了不同的偏差，这个偏差随时间也是线性变化的，进行光子折叠后，得到的轮廓会发生模糊，但不会发生变形；折叠轮廓相对于理论折叠轮廓的相位偏移 $\delta\phi$ 与位置增量关系变为 $\delta\phi = c^{-1} f_s \delta r_P(0.5\tau_{obs})$ ，也就是说，若预报轨道径向误差随时间线性变化，形成的是观测周期中点位置增量的量测。对于近地任务，这种情形对应于很短的观测周期；对于深空任务，这种情形可对应于轨道转移段，此时，观测周期容许有较大长度。

现在来考虑更一般的情形，即预报轨道径向位置误差随时间非线性变化，对于近地航天器误差曲线可能对应于图 4-1 中的一段（见图 4-3）。这种情形下，若用预报轨道进行光子 TOA 改正，改正后的光子 TOA 都叠加了随时间非线性变化的偏差，进行光子折叠后，得到的轮廓不但会发生模糊而且会发生变形；此时，折叠轮廓相对于理论折叠轮廓的相位偏移对应于径向位置误差对时间的平均

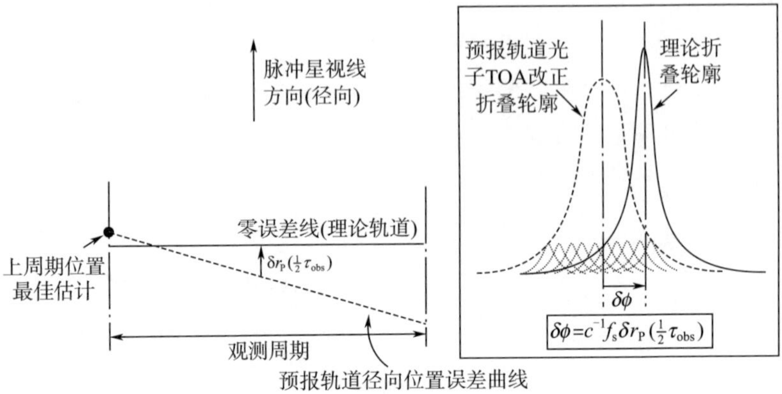

图 4-3　预报轨道径向误差随时间线性变化的位置增量量测建立示意图

值，例如在图 4-3 中为 $\delta r_P(0.4\tau_{obs})$ 。对于图 4-3 中示例，位置增量的量测方程为 $\delta\phi = c^{-1} f_s \delta r_P(0.4\tau_{obs})$ ，然而，实际在轨预报轨道的径向位置误差曲线是未知的，也就是说，无法确定相位偏移对应的是哪一时刻的位置增量，若套用上一情形的量测方程 $\delta\phi = c^{-1} f_s \delta r_P(0.5\tau_{obs})$ ，则会带来较大误差。此问题的解决方法可以用类似于第 3 章相位跟踪的方法，将观测周期分段（见图 4-5），单段的预报轨道径向位置误差可认为是随时间线性变化的，于是可建立分段的位置增量量测方程 $\delta\phi_i = c^{-1} f_s \delta r_{Pi}$ ，再通过跟踪的方法精化径向位置增量估计并得到径向速度估计。

根据上述分析，基于光子 TOA 改正建立量测方程在工程可实现性方面面临如下困难：1）利用延时模型对每个光子 TOA 进行改正计算量很大；2）对于长观测周期，由于航天器运动的非线性，量测的精度会损失在量测方程的建立过程中去，无法达到以延长观测周期提高量测精度的目的，对于近地航天器尤为如此；3）由于没有进行相位跟踪，不能知道整周模糊度的实时变化，如果预估位置误差大，相位量测可能会有整周的跳动；4）对上一周期预估位置依赖会使整个导航算法可靠性降低，一个观测周期的故障可以导致整个导航滤波的发散；5）不利于软件的模块化实现。

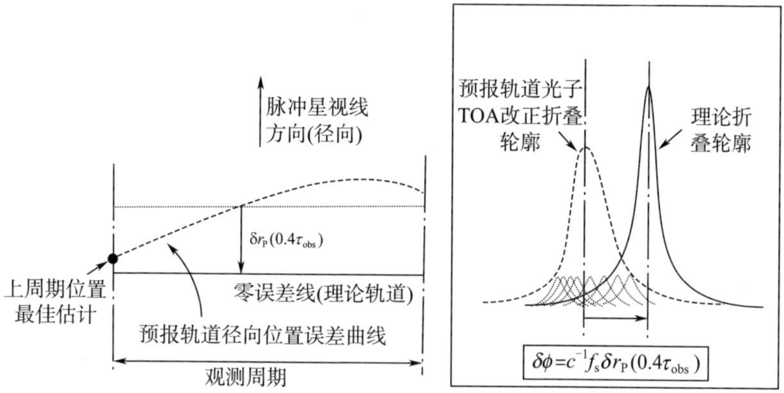

图 4－4　预报轨道径向误差随时间非线性变化的位置增量量测建立示意图

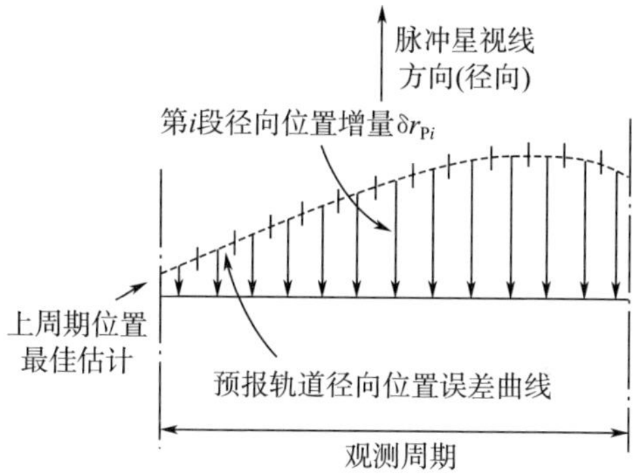

图 4－5　预报轨道径向误差随时间非线性变化时对观测周期的分段处理

虽然可以对观测周期分段处理，但这个思想与相位跟踪的思想本质上是一致的，没有必要在把每个光子 TOA 改正后再建立量测，这样会导致计算量的增加与可靠性的降低。基于脉冲相位跟踪结果建立航天器的位置与速度量测方程可以很好地解决上述难题，这将在下一节进行详细介绍。

4.2.2　基于脉冲相位跟踪的量测方程建立与线性化

根据第 3 章的研究可知，通过对视脉冲相位的跟踪，可以得到航天器处的视脉冲相位估计与多普勒频移估计。当跟踪滤波器稳定跟踪脉冲相位后，估计量的更新周期等同于单段的观测周期，如果观测周期为 1 s，那么便可以以 1 Hz 的更新频率获得高精度的相位与多普勒频移估计，而不像传统观点认为的那样，需要几百秒或更长的积分时间才能得到一个量测量。

视脉冲相位包含着航天器位置信息，多普勒频移包含着航天器速度信息，可以分别用脉冲相位估计与多普勒频移估计建立航天器的位置与速度量测方程。

首先来看位置量测方程的建立。根据 3.6 节的分析，相位跟踪算法输出的相位估计是单段中点初始相位小数部分与多普勒相位和的估计 $\widetilde{\Phi}_{0\mathrm{dmid}}$（本章中省略了上标 KF，注意与第 3 章中单段相位估计进行区分），而单段中点的相位估计为 $\widetilde{\Phi}_{\mathrm{mid}}=\widetilde{\Phi}_{0\mathrm{dmid}}+\Phi_{\mathrm{smid}}$；定义 $\widetilde{\Phi}_{\mathrm{mid}}$ 的整数部分为相位计数，即 $m_{\mathrm{c}}^{\mathrm{X}}=\mathrm{floor}(\widetilde{\Phi}_{\mathrm{mid}})$；$\widetilde{\Phi}_{\mathrm{mid}}$ 小数部分即为航天器处的视脉冲相位量测 $\widetilde{\phi}^{\mathrm{X}}$（略去了下标“mid”，下同）。根据式（3－1），可以得到关于 $\widetilde{\phi}^{\mathrm{X}}$ 的相位量测方程

$$\widetilde{\phi}^{\mathrm{X}}=\Phi^{\mathrm{P}}(\tau-\Delta)-m^{\mathrm{X}}+\varepsilon_{\mathrm{W}} \tag{4-1}$$

其中，ε_{W} 表示相位量测误差，m^{X} 称为相位的整周模糊度，等于 τ_0 时刻的初始整周模糊度 m_0^{X} 与相位计数 $m_{\mathrm{c}}^{\mathrm{X}}$ 的和：$m^{\mathrm{X}}=m_0^{\mathrm{X}}+m_{\mathrm{c}}^{\mathrm{X}}$。图 4－6 给出了相位量测与整周模糊度的示意图。对于初始整周模糊度 m_0^X 的求解，将在第 5 章中详细讨论。

显然，式（4－1）相对于航天器位置的关系是非线性的，为了便于应用，需要对其进行线性化。基于相关研究，提出了两类线性化方法：一是对于深空任务，航天器位置没有任何先验信息时，对相位量测方程直接线性化；二是已知航天器在某天体附近，或是有先验位置信息时，可以用相位差分的方法获得更精确的线性化量测方程。

对于第一类线性化方法，航天器位置无任何先验信息。将 $\Phi^{\mathrm{P}}(\tau-\Delta)$ 根据式（2－82）展开，可得

$$\Phi^{\mathrm{P}}(\tau-\Delta)=\Phi^{\mathrm{P}}(\tau)-f_{\mathrm{s}}\Delta+O(f_1\Delta^2) \tag{4-2}$$

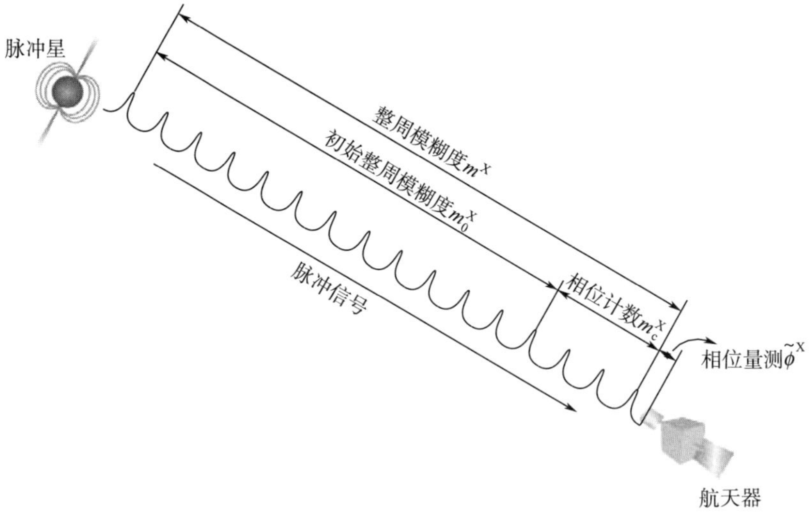

图 4-6　脉冲相位量测与整周模糊度示意图

根据式（2-97），将延时 Δ 记为

$$\Delta = \Delta_{RS0} + \Delta_{RBP} + \Delta_{EX} \tag{4-3}$$

其中，Δ_{RS0} 与 Δ_{RBP} 是延时的主要部分，Δ_{EX} 称为扩展延时，由各小量延时组成

$$\Delta_{EX} = \Delta_{RS2} + \Delta_{PS} + \Delta_{SS} + \Delta_{ES} + \Delta_{SB} + \Delta_{EB} \tag{4-4}$$

由式（4-2）与式（4-3），即可将式（4-1）线性化为

$$\tilde{\phi}^X = \Phi^P(\tau) + c^{-1} f_s r_P - f_s \Delta_{RBP} - m^X - \varepsilon_L + \varepsilon_W \tag{4-5}$$

其中，ε_L 为线性化误差，满足 $\varepsilon_L = f_s \Delta_{EX} + O(f_1 \Delta^2)$ 。

式（4-5）的线性化误差包括了所有高阶几何延时与相对论延时项；且如果航天器离 SSB 太远，$O(f_1 \Delta^2)$ 的值也会较大；此外，如果脉冲星处于双星系统中，Δ_{RBP} 应根据脉冲星固有时计算，若无航天器位置先验信息，需要根据深空任务的目标位置或是地心位置将航天器固有时转换为脉冲星固有时，对于较短的双星轨道周期，脉冲星在轨道中的位置精度便无法确定，造成对 Δ_{RBP} 计算带来较大误差；所以第一类线性化方法精度较低，可以用于深空任务中由于导航系统重启造成位置信息丢失后的粗略初始位置估计与整周模糊度重新确定。

如果航天器近地或近其他天体，或是在某个已知位置附近，则可用第二类线性化方法。以近地情形为例，对式（4-1）进行线性化的方法如下。定义地心视脉冲相位 ϕ^{E} ，这个量可以理解为假设航天器位于地心，在同一个时刻 τ 的视脉冲相位

$$\phi^{E} \equiv \Phi^{P}[\tau - \Delta(\boldsymbol{r}_{E})] - m^{E} \tag{4-6}$$

其中，m^{E} 为 $\Phi^{P}[\tau - \Delta(\boldsymbol{r}_{E})]$ 的整数部分。当然，如果要深究真实的脉冲是否能到达地心是没有意义的，ϕ^{E} 只是辅助量测方程线性化的一个中间量而已，此外，式（4-6）中地球产生的Shapiro延迟必须扣除，因为 $\boldsymbol{r}$ 取 $\boldsymbol{r}_{E}$ 是计算地球引起的Shapiro延迟的奇点。将式（4-6）与式（4-1）作差，并借助于式（4-2），得

$$\delta\tilde{\phi} \equiv \phi^{E} - \tilde{\phi}^{X} = f_{s}[\Delta(\boldsymbol{r}) - \Delta(\boldsymbol{r}_{E})] + \delta m^{E} - \varepsilon_{W} \tag{4-7}$$

其中，$\delta m^{E} \equiv m^{X} - m^{E}$ ，Δ 记为 $\boldsymbol{r}$ 的函数，即 $\Delta(\boldsymbol{r})$ 。$\Delta(\boldsymbol{r}) - \Delta(\boldsymbol{r}_{E})$ 可以分解为三部分

$$\begin{aligned}\Delta(\boldsymbol{r}) - \Delta(\boldsymbol{r}_{E}) = & [\Delta_{RS0}(\boldsymbol{r}) - \Delta_{RS0}(\boldsymbol{r}_{E})] + [\Delta_{RBP}(\boldsymbol{r}) - \Delta_{RBP}(\boldsymbol{r}_{E})] + \\ & [\Delta_{EX}(\boldsymbol{r}) - \Delta_{EX}(\boldsymbol{r}_{E})]\end{aligned} \tag{4-8}$$

其中

$$\Delta_{RS0}(\boldsymbol{r}) - \Delta_{RS0}(\boldsymbol{r}_{E}) = -c^{-1} r_{P} + c^{-1} r_{EP} = -c^{-1} r_{1P} \tag{4-9}$$

$\Delta_{RBP}(\boldsymbol{r})$ 与 $\Delta_{RBP}(\boldsymbol{r}_{E})$ 的差由根据 $\boldsymbol{r}$ 和 $\boldsymbol{r}_{E}$ 计算得到的脉冲星固有时的差造成，这个时间差为 $c^{-1} r_{1P}$ ，故通过展开并保留一阶项，有

$$\Delta_{RBP}(\boldsymbol{r}) - \Delta_{RBP}(\boldsymbol{r}_{E}) = (\mathrm{d}\Delta_{RBP}/\mathrm{d}T) c^{-1} r_{1P} = \dot{\Delta}_{RBPu}(\boldsymbol{r}_{E}) c^{-1} r_{1P} \tag{4-10}$$

定义 $\delta\Delta_{EX}^{E} \equiv \Delta_{EX}(\boldsymbol{r}) - \Delta_{EX}(\boldsymbol{r}_{E})$ ，将式（4-8）、式（4-9）与式（4-10）代入式（4-7）可得

$$\phi^{E} - \tilde{\phi}^{X} = -c^{-1} f_{s}[1 - \dot{\Delta}_{RBPu}(\boldsymbol{r}_{E})] r_{1P} + \delta m^{E} + \varepsilon_{L}^{E} - \varepsilon_{W} \tag{4-11}$$

其中，ε_{L}^{E} 为线性化误差，满足 $\varepsilon_{L}^{E} = f_{s}\delta\Delta_{EX}^{E}$ 。

进一步考虑星历误差，$\boldsymbol{r}_{\mathrm{E}}$ 是无法精确求得的，将地心位置的星历读数记为 $\tilde{\boldsymbol{r}}_{\mathrm{E}}$ ，星历误差定义为 $\delta\boldsymbol{r}_{\mathrm{E}} \equiv \tilde{\boldsymbol{r}}_{\mathrm{E}} - \boldsymbol{r}_{\mathrm{E}}$ ，ϕ^{E} 需要通过 $\tilde{\boldsymbol{r}}_{\mathrm{E}}$ 计算，记为 $\tilde{\phi}^{\mathrm{E}} = \Phi^{\mathrm{P}}[\tau - \Delta(\tilde{\boldsymbol{r}}_{\mathrm{E}})] - m^{\mathrm{E}}$ ，那么，式（4－11）可改写为

$$\delta\tilde{\phi}^{\mathrm{E}} \equiv \tilde{\phi}^{\mathrm{E}} - \tilde{\phi}^{\mathrm{X}} = -c^{-1} f_{\mathrm{s}}[1 - \dot{\Delta}_{\mathrm{RBP}u}(\tilde{\boldsymbol{r}}_{\mathrm{E}})] r_{1\mathrm{P}} + \delta m^{\mathrm{E}} + \varepsilon_{\mathrm{L}}^{\mathrm{E}} + \varepsilon_{\mathrm{E}} - \varepsilon_{\mathrm{W}} \tag{4-12}$$

其中，ε_{E} 表示星历误差引起的相位误差，满足 $\varepsilon_{\mathrm{E}} = -c^{-1} f_{\mathrm{s}}[1 - \dot{\Delta}_{\mathrm{RBP}u}(\tilde{\boldsymbol{r}}_{\mathrm{E}})]\delta\boldsymbol{r}_{\mathrm{E}} \cdot \hat{\boldsymbol{R}}_0$。式（4－12）对于近其他天体的航天器也适用，只要把地心替换为其他天体质心即可。

如果航天器在某个参考位置附近，可以相对于这个参考位置进行差分。不妨设参考位置是相对于 SSB 定义的，记为 $\tilde{\boldsymbol{r}}_{\mathrm{R}}$ ，类似地定义量

$$\tilde{\phi}^{\mathrm{R}} \equiv \Phi^{\mathrm{P}}[\tau - \Delta(\tilde{\boldsymbol{r}}_{\mathrm{R}})] - m^{\mathrm{R}} \tag{4-13}$$

其中，m^{R} 也是指相位的整数部分，那么线性化的量测方程可以写为

$$\delta\tilde{\phi}^{\mathrm{R}} \equiv \tilde{\phi}^{\mathrm{R}} - \tilde{\phi}^{\mathrm{X}} = -c^{-1} f_{\mathrm{s}}[1 - \dot{\Delta}_{\mathrm{RBP}u}(\tilde{\boldsymbol{r}}_{\mathrm{R}})](r_{\mathrm{P}} - \tilde{r}_{\mathrm{RP}}) + \delta m^{\mathrm{R}} + \varepsilon_{\mathrm{L}}^{\mathrm{R}} + \varepsilon_{\mathrm{R}} - \varepsilon_{\mathrm{W}} \tag{4-14}$$

其中，$\delta m^{\mathrm{R}} \equiv m^{\mathrm{X}} - m^{\mathrm{R}}$ ，$\varepsilon_{\mathrm{L}}^{\mathrm{R}}$ 为线性化误差，满足 $\varepsilon_{\mathrm{L}}^{\mathrm{R}} = f_{\mathrm{s}}\delta\Delta_{\mathrm{EX}}^{\mathrm{R}}$ ，$\delta\Delta_{\mathrm{EX}}^{\mathrm{R}} \equiv \Delta_{\mathrm{EX}}(\boldsymbol{r}) - \Delta_{\mathrm{EX}}(\boldsymbol{r}_{\mathrm{R}})$ ，ε_{R} 为参考位置误差引起的相位误差，满足 $\varepsilon_{\mathrm{R}} = -c^{-1} f_{\mathrm{s}}[1 - \dot{\Delta}_{\mathrm{RBP}u}(\tilde{\boldsymbol{r}}_R)]\delta\boldsymbol{r}_{\mathrm{R}} \cdot \hat{\boldsymbol{R}}_0$，$\delta\boldsymbol{r}_{\mathrm{R}} \equiv \tilde{\boldsymbol{r}}_{\mathrm{R}} - \boldsymbol{r}_{\mathrm{R}}$ 。

式（4－12）或式（4－14）即为第二类线性化方法得到的线性化相位量测方程。

基于线性化的相位量测方程可以建立线性化的位置量测方程。在此之前引入钟差 $\delta\tau$ ，记星钟读数为 $\tilde{\tau}$ ，钟差定义为星钟读数减去真实时间：$\delta\tau = \tilde{\tau} - \tau$ 。钟差可视为随机游走，如果观测周期较短，钟差引起的相位随机噪声可以忽略[148]，只会造成相位的系统误差，也就是说，观测周期内的钟差可视为常值。根据 3.4 节与 3.5 节的分析，无论是基于光子折叠的算法还是基于最大似然估计的算法，单段相位估计的结果取决于光子的相对时标 $\tau_k - \tau_0$ 而非绝对时标 τ_k ，那么，在单段钟差为常值的条件下，$\tau_k - \tau_0$ 没有变化。这意味

着钟差对相位估值 $\tilde{\phi}^{X}$ 没有影响。从式（4－5）、式（4－6）与式（4－13）可以看出，$\Phi^{P}(\tau)$ 与航天器固有时有关，会受到钟差的影响（当然 f_s 也与 τ 有关，只不过钟差级别的时间变化对 f_s 的影响微乎其微）。将 $\Phi^{P}(\tau)$ 理解为线性化中的参考相位，那么可以说，钟差作用于参考相位而非量测相位。类似式（4－2），忽略 $O(f_1\delta\tau^2)$ 项，基于钟差的 $\Phi^{P}(\tau)$ 表达式为

$$\Phi^{P}(\tau)=\Phi^{P}(\tilde{\tau})-f_s\delta\tau \tag{4-15}$$

定义位置量测量 $\tilde{z}_d$ 与位置量测误差 ε_d，并根据式（4－15），得到对应式（4－5）的位置量测方程为

$$\tilde{z}_d=r_P-c\delta\tau+\varepsilon_d \tag{4-16}$$

其中

$$\begin{cases}\tilde{z}_d=cf_s^{-1}[\tilde{\phi}^{X}-\Phi^{P}(\tilde{\tau})+f_s\Delta_{RBP}+m^{X}]\\ \varepsilon_d=cf_s^{-1}(-\varepsilon_L+\varepsilon_W)\\ \varepsilon_L=f_s\Delta_{EX}+O(f_1\Delta^2)\end{cases} \tag{4-17}$$

定义位置量测量 $\tilde{z}_d^{E}$ 与位置量测误差 ε_d^{E}，并根据式（4－15），得到对应式（4－12）的位置量测方程为

$$\tilde{z}_d^{E}=r_{1P}-c[1-\dot{\Delta}_{RBPu}(\tilde{r}_E)]^{-1}\delta\tau+\varepsilon_d^{E} \tag{4-18}$$

其中

$$\begin{cases}\tilde{z}_d^{E}=-cf_s^{-1}[1-\dot{\Delta}_{RBPu}(\tilde{\boldsymbol{r}}_E)]^{-1}(\delta\tilde{\phi}^{E}-\delta m^{E})\\ \varepsilon_d^{E}=-cf_s^{-1}[1-\dot{\Delta}_{RBPu}(\tilde{\boldsymbol{r}}_E)]^{-1}(\varepsilon_L^{E}+\varepsilon_E-\varepsilon_W)\\ \delta\tilde{\phi}^{E}=\tilde{\phi}^{E}-\tilde{\phi}^{X}=\Phi^{P}[(\tilde{\tau}-\Delta(\tilde{\boldsymbol{r}}_E)]-m^{E}-\tilde{\phi}^{X}\\ \delta m^{E}=m^{X}-m^{E}\\ m^{E}=\mathrm{floor}\{\Phi^{P}[(\tilde{\tau}-\Delta(\tilde{\boldsymbol{r}}_E)]\}\\ \varepsilon_L^{E}=f_s\delta\Delta_{EX}^{E}=f_s[\Delta_{EX}(r)-\Delta_{EX}(\boldsymbol{r}_E)]\\ \varepsilon_E=-c^{-1}f_s[1-\dot{\Delta}_{RBPu}(\boldsymbol{r}_E)]\delta\boldsymbol{r}_E\cdot\hat{\boldsymbol{R}}_0\end{cases} \tag{4-19}$$

同样，定义位置量测量 $\tilde{z}_d^{R}$ 与位置量测误差 ε_d^{R}，并根据式（4－15），得到对应式（4－14）的位置量测方程为

$$\tilde{z}_d^{R}=r_P-c[1-\dot{\Delta}_{RBPu}(\tilde{\boldsymbol{r}}_R)]^{-1}\delta\tau+\varepsilon_d^{R} \tag{4-20}$$

其中

$$\begin{cases}\tilde{z}_{\mathrm{d}}^{\mathrm{R}}=-cf_{\mathrm{s}}^{-1}[1-\dot{\Delta}_{\mathrm{RBP}u}(\tilde{\boldsymbol{r}}_{\mathrm{R}})]^{-1}(\delta\tilde{\phi}^{\mathrm{R}}-\delta m^{\mathrm{R}})+\tilde{r}_{\mathrm{RP}}\\ \varepsilon_{\mathrm{d}}^{\mathrm{R}}=-cf_{\mathrm{s}}^{-1}[1-\dot{\Delta}_{\mathrm{RBP}u}(\tilde{\boldsymbol{r}}_{\mathrm{R}})]^{-1}(\varepsilon_{\mathrm{L}}^{\mathrm{R}}+\varepsilon_{\mathrm{R}}-\varepsilon_{\mathrm{W}})\\ \delta\tilde{\phi}^{\mathrm{R}}=\tilde{\phi}^{\mathrm{R}}-\tilde{\phi}^{\mathrm{X}}=\Phi^{\mathrm{P}}[(\tilde{\tau}-\Delta(\tilde{\boldsymbol{r}}_{\mathrm{R}})]-m^{\mathrm{R}}-\tilde{\phi}^{\mathrm{X}}\\ \delta m^{\mathrm{R}}=m^{\mathrm{X}}-m^{\mathrm{R}}\\ m^{\mathrm{R}}=\mathrm{floor}\{\Phi^{\mathrm{P}}[(\tilde{\tau}-\Delta(\tilde{\boldsymbol{r}}_{\mathrm{R}})]\}\\ \varepsilon_{\mathrm{L}}^{\mathrm{R}}=f_{\mathrm{s}}\delta\Delta_{\mathrm{EX}}^{\mathrm{R}}=f_{\mathrm{s}}[\Delta_{\mathrm{EX}}(\boldsymbol{r})-\Delta_{\mathrm{EX}}(\boldsymbol{r}_{\mathrm{R}})]\\ \varepsilon_{\mathrm{R}}=-c^{-1}f_{\mathrm{s}}[1-\dot{\Delta}_{\mathrm{RBP}u}(\boldsymbol{r}_{\mathrm{R}})]\delta\boldsymbol{r}_{\mathrm{R}}\cdot\hat{\boldsymbol{R}}_{0}\end{cases}\tag{4-21}$$

如果参考位置是相对于地心定义的，式（4-20）的位置量测方程需要改写为

$$\tilde{z}_{\mathrm{d}}^{\mathrm{R}}=r_{1\mathrm{P}}-c[1-\dot{\Delta}_{\mathrm{RBP}u}(\tilde{\boldsymbol{r}}_{1\mathrm{R}}+\tilde{\boldsymbol{r}}_{\mathrm{E}})]^{-1}\delta\tau+\varepsilon_{\mathrm{d}}^{\mathrm{R}}\tag{4-22}$$

其中，

$$\begin{cases}\tilde{z}_{\mathrm{d}}^{\mathrm{R}}=-cf_{\mathrm{s}}^{-1}[1-\dot{\Delta}_{\mathrm{RBP}u}(\tilde{\boldsymbol{r}}_{1\mathrm{R}}+\tilde{\boldsymbol{r}}_{\mathrm{E}})]^{-1}(\delta\tilde{\phi}^{\mathrm{R}}-\delta m^{\mathrm{R}})+\tilde{r}_{1\mathrm{RP}}\\ \varepsilon_{\mathrm{d}}^{\mathrm{R}}=-cf_{\mathrm{s}}^{-1}[1-\dot{\Delta}_{\mathrm{RBP}u}(\tilde{\boldsymbol{r}}_{1\mathrm{R}}+\tilde{\boldsymbol{r}}_{\mathrm{E}})]^{-1}(\varepsilon_{\mathrm{L}}^{\mathrm{R}}+\varepsilon_{\mathrm{R}}-\varepsilon_{\mathrm{W}})\\ \delta\tilde{\phi}^{\mathrm{R}}=\tilde{\phi}^{\mathrm{R}}-\tilde{\phi}^{\mathrm{X}}=\Phi^{\mathrm{P}}[\tilde{\tau}-\Delta(\tilde{\boldsymbol{r}}_{1\mathrm{R}}+\tilde{\boldsymbol{r}}_{\mathrm{E}})]-m^{\mathrm{R}}-\tilde{\phi}^{\mathrm{X}}\\ \delta m^{\mathrm{R}}=m^{\mathrm{X}}-m^{\mathrm{R}}\\ m^{\mathrm{R}}=\mathrm{floor}\{\Phi^{\mathrm{P}}[\tilde{\tau}-\Delta(\tilde{\boldsymbol{r}}_{1\mathrm{R}}+\tilde{\boldsymbol{r}}_{\mathrm{E}})]\}\\ \varepsilon_{\mathrm{L}}^{\mathrm{R}}=f_{\mathrm{s}}\delta\Delta_{\mathrm{EX}}^{\mathrm{R}}=f_{\mathrm{s}}[\Delta_{\mathrm{EX}}(\boldsymbol{r})-\Delta_{\mathrm{EX}}(\boldsymbol{r}_{1\mathrm{R}}+\boldsymbol{r}_{\mathrm{E}})]\\ \varepsilon_{\mathrm{R}}=-c^{-1}f_{\mathrm{s}}[1-\dot{\Delta}_{\mathrm{RBP}u}(\boldsymbol{r}_{1\mathrm{R}}+\boldsymbol{r}_{\mathrm{E}})](\delta\boldsymbol{r}_{1\mathrm{R}}+\delta\boldsymbol{r}_{\mathrm{E}})\cdot\hat{\boldsymbol{R}}_{0}\end{cases}\tag{4-23}$$

至此，便得到了基于直接线性化方法与相位差分线性化方法的位置量测方程的所有表达式，汇总于表4-1。位置量测误差由三部分组成：1）相位量测误差对应的位置误差，这一部分的大小可以根据3.6.3节的方法进行估计；2）对于第二类线性化方法，存在行星历表的地心位置误差或参考位置的误差，这部分误差大小正比于历表或参考位置的误差；3）线性化误差，直观上讲，第二类线性化方法的线性化误差小于第一类线性化方法，且航天器真实位置与差分

的参考位置距离越近，线性化误差越小，量化的线性化误差分析可以参见 4.2.3 节。

表 4-1　线性化位置量测方程及有关量汇总

	第一类线性化（直接线性化）	第二类线性化（相位差分）		
		近地或近其他天体	相对 SSB 参考位置	相对地心参考位置
位置量测方程	式(4-16)	式(4-18)	式(4-20)	式(4-22)
参考相位	$\Phi^{P}(\tilde{\tau})$	$\Phi^{P}[\tilde{\tau}-\Delta(\boldsymbol{r}_{E})]$	$\Phi^{P}[\tilde{\tau}-\Delta(\tilde{\boldsymbol{r}}_{R})]$	$\Phi^{P}[\tilde{\tau}-\Delta(\tilde{\boldsymbol{r}}_{1R}+\tilde{\boldsymbol{r}}_{E})]$
线性化相位误差	$f_{s}\Delta_{EX}+O(f_{1}\Delta^{2})$	$f_{s}[\Delta_{EX}(\boldsymbol{r})-\Delta_{EX}(\boldsymbol{r}_{E})]$	$f_{s}[\Delta_{EX}(\boldsymbol{r})-\Delta_{EX}(\boldsymbol{r}_{R})]$	$f_{s}[\Delta_{EX}(\boldsymbol{r})-\Delta_{EX}(\boldsymbol{r}_{1R}+\boldsymbol{r}_{E})]$

接下来讨论速度量测方程的建立。脉冲相位跟踪滤波器可以输出观测周期中点的多普勒频移估计 $\tilde{f}_{d}$（这里同样省略了上标 KF，下同）。记多普勒频移估计误差为 ε_{F}，即 $\tilde{f}_{d}=f_{d}+\varepsilon_{F}$，并记太阳系星历的地心速度误差为 $\delta\boldsymbol{v}_{E}$，即 $\tilde{\boldsymbol{v}}_{E}=\boldsymbol{v}_{E}+\delta\boldsymbol{v}_{E}$，定义速度量测量 $\tilde{z}_{v}$ 与速度量测误差 ε_{v}，那么根据式（3-25），航天器相对于地心的速度量测方程为

$$\tilde{z}_{v}=v_{1P}+\varepsilon_{v} \tag{4-24}$$

其中，

$$\begin{cases}\tilde{z}_{v}=c\tilde{f}_{d}/f_{s}+c(\dot{\Delta}_{RS2}-k_{1}+\dot{\Delta}_{RBPu}+\dot{\Delta}_{RBPu}k_{1}+\dot{\Delta}_{RBP\omega}+\dot{\Delta}_{SB}+\dot{\Delta}_{EB})-\tilde{v}_{EP}\\ \varepsilon_{v}=c\varepsilon_{F}/f_{s}+c\varepsilon_{H}/f_{s}-\delta\boldsymbol{v}_{E}\cdot\hat{\boldsymbol{R}}_{0}\end{cases} \tag{4-25}$$

速度量测误差 ε_{v} 由三部分组成：1）$c\varepsilon_{F}/f_{s}$ 项，表示多普勒频移估计误差对应的速度误差，根据表 3-3 与表 3-4 的仿真结果，这一项对于不同脉冲星与不同航天器轨道有不同的值，约为 0.05～6 m/s；2）$c\varepsilon_{H}/f_{s}$ 项，表示忽略的高阶多普勒频移项（以 ε_{H} 表示）对应的速度误差，根据 3.2 节的分析可知，这一项小于

0.01 m/s；3）$-\delta \boldsymbol{v}_E \cdot \hat{\boldsymbol{R}}_0$ 项，表示星历的地心速度误差带来的量测误差，由不同星历的精度决定。由式（4-24）与式（4-25）可见，速度量测与钟差无关，且速度量测方程本身就是线性形式的，无须再进行线性化。

4.2.3 位置量测方程线性化误差分析

根据上一节的分析可知，位置量测方程的量测误差由相位误差、线性化误差与星历误差组成。相位误差在第 3 章中已有较多讨论，星历误差取决于所选的太阳系行星星历。

第一类线性化相位误差为 $\varepsilon_L = f_s \Delta_{EX} + O(f_1 \Delta^2)$，对应的时间误差由两部分组成，第一部分为 Δ_{EX}，第二部分量级为 $f_0^{-1} f_1 \Delta^2$。

若不计太阳系内 Einstein 延时，Δ_{EX} 幅值可由下式描述

$$|\Delta_{EX}| \leqslant c^{-1} R_0^{-1} r l_V + 1/2 c^{-1} R_0^{-1} r^2 + 2Gm_0 c^{-3} \ln(2r) + \gamma - 2r_S \ln(1 - Y + es_S \sin\omega) \tag{4-26}$$

其中

$$l_V = (\mu_\alpha^2 + \mu_\delta^2)^{1/2} R_0 (t - E_{POS}) \tag{4-27}$$

$$Y = [(1 - e^2 \cos^2\omega) s_S^2 + 2es_S \sin\omega + e^2]^{1/2} \tag{4-28}$$

而 $f_0^{-1} f_1 \Delta^2$ 的幅值可以描述为 $|f_0^{-1} f_1 \Delta^2| \leqslant f_0^{-1} |f_1| c^{-2} r^2$。

在表 2-5 排名前 25 的可能导航源中选取了 14 颗进行线性化误差分析计算，相关参数取自于 ATNF 目录，双星参数的处理与 3.2 节中方法一致，大部分 X 射线双星没有选取，因为其未收入 ATNF 目录，故无法获得详细参数；当前时间取为 $t = 56\ 273.0$ MJD；航天器距 SSB 的距离 r 分别取为 1 Au 与 10 Au，第一类线性化的时间误差分析计算结果列于表 4-2。根据该表结果可知，第一类线性化方法存在较大误差，达到几百微秒或更高。误差主要取决于以下几方面：1）航天器距 SSB 的距离，距离越大，线性化误差越大；2）脉冲频率导数 f_1 的值，f_1 值越大，线性化误差越大；3）自行的大小与位置历元的新旧程度，自行越大、历元越旧，线性化误差越大，

例如 ATNF 目录给出的 PSR B0531+21 的位置历元为 40675.0，由此带来很大的线性化误差。

表 4-2 第一类线性化误差分析计算结果

序号	PSR	类型	Δ_{EX} 幅值 (r=1 Au)(μs)	$f_0^{-1}f_1\Delta^2$ 幅值 (r=1 Au)(μs)	Δ_{EX} 幅值 (r=10 Au)(μs)	$f_0^{-1}f_1\Delta^2$ 幅值 (r=10 Au)(μs)
1	B0531+21	IRPSR	1793.6	3.1819	15671	318.19
2	B1821−24	IRPSR	324.32	1.32×10^{-4}	945.36	1.32×10^{-2}
3	B1937+21	IRPSR	307.2	1.68×10^{-5}	764.98	1.68×10^{-3}
4	B1957+20	BRPSR	1885.7	2.61×10^{-6}	16604	2.61×10^{-4}
5	B0540−69	IRPSR	260.33	2.3615	285.50	236.15
6	B1744−24A	XB	262.45	7.31×10^{-7}	298.90	7.31×10^{-5}
7	B1823−13	IRPSR	859.04	0.18464	6296.70	18.464
8	B1509−58	IRPSR	260.51	2.5396	303.88	253.96
9	J0218+4232	BRPSR	264.43	8.30×10^{-6}	307.58	8.30×10^{-4}
10	J1124−5916	IRPSR	260.42	1.3832	294.06	138.32
11	J1846−0258	IRPSR	260.54	5.4156	306.71	541.56
12	J0205+6449	IRPSR	260.68	0.73416	320.79	73.416
13	J1811−1925	IRPSR	261.52	0.1694	403.95	16.94
14	J1930+1852	IRPSR	260.55	1.3656	307.18	136.56

对于第二类线性化方法，选取相对于地心的线性化方程来分析其误差，其相位误差为 $\varepsilon_L^E = f_s[\Delta_{EX}(\boldsymbol{r}) - \Delta_{EX}(\boldsymbol{r}_E)]$，对应的时间误差记为 $\delta\Delta_{EX} = \Delta_{EX}(\boldsymbol{r}) - \Delta_{EX}(\boldsymbol{r}_E)$。由于航天器是近地的，可以用对位置的偏导数将 $\delta\Delta_{EX}$ 展开并保留一阶分量

$$\delta\Delta_{EX} = (\partial\Delta_{EX}/\partial\boldsymbol{r}) \cdot \boldsymbol{r}_1 \tag{4-29}$$

若不计太阳系内 Einstein 延时，根据式 (4-4)，$\delta\Delta_{EX}$ 可以分

解为

$$\delta\Delta_{EX}=\frac{\partial\Delta_{RS2}}{\partial\boldsymbol{r}}\cdot\boldsymbol{r}_1+\frac{\partial\Delta_{PS}}{\partial\boldsymbol{r}}\cdot\boldsymbol{r}_1+\frac{\partial\Delta_{SS}}{\partial\boldsymbol{r}}\cdot\boldsymbol{r}_1+\frac{\partial\Delta_{SB}}{\partial\boldsymbol{r}}\cdot\boldsymbol{r}_1+\frac{\partial\Delta_{EB}}{\partial\boldsymbol{r}}\cdot\boldsymbol{r}_1 \tag{4-30}$$

下面研究每一个误差项的幅值大小。忽略 R_0^{-2} 阶及更高阶小量有

$$\left|\frac{\partial\Delta_{RS2}}{\partial\boldsymbol{r}}\cdot\boldsymbol{r}_1\right|=\left|-c^{-1}R_0^{-1}\boldsymbol{l}_V\cdot\boldsymbol{r}_1\right|\leqslant c^{-1}R_0^{-1}l_V r_1 \tag{4-31}$$

忽略 R_0^{-3} 阶及更高阶小量有

$$\left|\frac{\partial\Delta_{PS}}{\partial\boldsymbol{r}}\cdot\boldsymbol{r}_1\right|=\left|c^{-1}R_0^{-1}\boldsymbol{r}\cdot\boldsymbol{r}_1\right|\leqslant c^{-1}R_0^{-1}rr_1 \tag{4-32}$$

忽略二阶太阳系 Shapiro 延时，并只考虑太阳的作用，有

$$\frac{\partial\Delta_{SS}}{\partial\boldsymbol{r}}\cdot\boldsymbol{r}_1=-\frac{2Gm_0c^{-3}(\hat{\boldsymbol{r}}+\hat{\boldsymbol{R}}_0)\cdot\boldsymbol{r}_1}{(r_P+r)} \tag{4-33}$$

上式在航天器在脉冲星视线方向的投影处于太阳后方且距太阳最远时取得极值，令脉冲星视线方向与黄道面的夹角为 α_E，可以推算得到

$$\left|\frac{\partial\Delta_{SS}}{\partial\boldsymbol{r}}\cdot\boldsymbol{r}_1\right|\leqslant\frac{2\sqrt{2}Gm_0c^{-3}}{\sqrt{1-\cos\alpha_E}}\frac{r_1}{r} \tag{4-34}$$

当 $\alpha_E=0$ 时，上式右端将为无穷大，实际上 α_E 是不能无限接近 0 的，否则脉冲信号将被太阳遮挡，α_E 取值下限应使航天器随地球公转到太阳最后方时恰能从太阳边缘处看到脉冲星，此时 $\alpha_E=R_S/r$（R_S 为太阳半径），代入式（4-34）可得

$$\left|\frac{\partial\Delta_{SS}}{\partial\boldsymbol{r}}\cdot\boldsymbol{r}_1\right|\leqslant 4Gm_0c^{-3}\frac{r_1}{R_S} \tag{4-35}$$

对于 GEO 卫星，上式不等号右边项约为 1.2 μs，这个值为太阳系 Shapiro 延时带来的线性化误差的最大值，当脉冲星方向矢量接近于与黄道面平行时才能达到。

双星 Shapiro 延时带来的线性化误差幅值分析较为复杂，限于篇幅，这里直接给出分析结果

$$\left|\frac{\partial \Delta_{\mathrm{SB}}}{\partial \boldsymbol{r}} \cdot \boldsymbol{r}_1\right| \leqslant \frac{2 r_{\mathrm{S}} n Y r_1}{c(1-e)(1+s_{\mathrm{S}} e \sin\omega - Y)} \tag{4-36}$$

其中，Y 的表达式由式（4-28）给出。

最后，双星 Einstein 延时带来的线性化误差幅值为

$$\left|\frac{\partial \Delta_{\mathrm{EB}}}{\partial \boldsymbol{r}} \cdot \boldsymbol{r}_1\right| \leqslant \frac{\gamma n r_1}{c(1-e)} \tag{4-37}$$

同样，选取表 4-2 中 14 颗脉冲星进行第二类线性化误差分析计算。当前时间取为 $t=56\ 273.0$ MJD；航天器假设为 GEO 卫星，$r=1$ Au，$r_1=4.2\times 10^7$ m；不同延时项造成的线性化误差的幅值计算结果列于表 4-3。根据该表结果可知，第二类线性化误差明显比第一类要低，一般在 1 μs 以内，主要由太阳系二阶 Roemer 延时与太阳系 Shapiro 延时造成。太阳系二阶 Roemer 延时引起的线性化误差主要取决于自行的大小与位置历元的新旧，如果位置历元较新，此线性化误差项可以降至 10 ns 级，例如 PSR B1821－24 与 PSR B1937＋21。太阳系 Shapiro 延时引起的线性化误差主要取决于脉冲星方向矢量与黄道面的夹角，这个夹角越小，带来的线性化误差越大，例如 PSR B0531＋21、PSR B1821－24 与 PSR B1744－24A 相对于黄道面的高低角分别为－1.3°，－1.6°与－1.4°，由此带来了约 0.2 μs 的线性化误差。第二类线性化误差的幅值是和航天器与地心或参考位置的距离成正比的，也就是说对于中低轨卫星，或是参考位置误差较小时，线性化误差会更低。对于近地卫星，若要线性化误差控制在 1 μs 以内，采用相对地心的线性化方法便足够了，这样避免了相对于参考位置线性化带来的导航滤波可靠性的降低。

表 4-3 第二类线性化误差分析计算结果

序号	PSR	类型	$\frac{\partial\Delta_{RS2}}{\partial \boldsymbol{r}}\cdot\boldsymbol{r}_1$ 幅值/μs	$\frac{\partial\Delta_{PS}}{\partial \boldsymbol{r}}\cdot\boldsymbol{r}_1$ 幅值/μs	$\frac{\partial\Delta_{SS}}{\partial \boldsymbol{r}}\cdot\boldsymbol{r}_1$ 幅值/μs	$\frac{\partial\Delta_{SB}}{\partial \boldsymbol{r}}\cdot\boldsymbol{r}_1$ 幅值/μs	$\frac{\partial\Delta_{EB}}{\partial \boldsymbol{r}}\cdot\boldsymbol{r}_1$ 幅值/μs
1	B0531+21	IRPSR	0.4342	3.43×10^{-4}	0.2474	0	0
2	B1821−24	IRPSR	0.0181	1.40×10^{-4}	0.2063	0	0
3	B1937+21	IRPSR	0.0132	8.23×10^{-5}	0.0077	0	0
4	B1957+20	BRPSR	0.4601	4.48×10^{-4}	0.0081	4.25×10^{-5}	0
5	B0540−69	IRPSR	0*	1.42×10^{-5}	0.0041	0	0
6	B1744−24A	XB	0	7.88×10^{-5}	0.2338	8.78×10^{-4}	0
7	B1823−13	IRPSR	0.1695	1.66×10^{-4}	0.0330	0	0
8	B1509−58	IRPSR	0	1.18×10^{-4}	0.0083	0	0
9	J0218+4232	BRPSR	0	1.17×10^{-4}	0.0119	6.32×10^{-5}	1.88×10^{-7}
10	J1124−5916	IRPSR	0	6.27×10^{-5}	0.0060	0	0
11	J1846−0258	IRPSR	0	1.34×10^{-4}	0.0161	0	0
12	J0205+6449	IRPSR	0	2.14×10^{-4}	0.0069	0	0
13	J1811−1925	IRPSR	0	6.85×10^{-4}	0.0802	0	0
14	J1930+1852	IRPSR	0	1.37×10^{-4}	0.0081	0	0

* 注：此列的 0 值是由于 ATNF 目录未给出自行数据。

4.3　量测同步算法

在轨的实时导航中，一般采用递推的滤波算法，导航的滤波周期是预先设定的。当量测的历元与滤波周期历元不匹配时，需要对量测量进行同步。量测同步在以下情形下均是必要的：1）如果量测采用脉冲 TOA 形式，量测历元本身是离散的，需要转变为相位量测再同步到同一历元；2）对于多探测器进行多星测量，不同星的量测量需要同步到同一历元才能形成统一的导航量测；3）对于单探测器的多星序贯观测，仍要进行量测同步，根据相位跟踪，可以得到观测周期中点的相位与多普勒频移量测，需要将量测量从观测周期中点同步至导航滤波周期历元。

对于量测同步问题，并未见相关文献进行专门研究，但对于脉冲星导航算法的工程实现，量测同步问题是无法回避的；本节基于第 3 章对视脉冲频率的研究，提出使用视脉冲频率 f_o 与视脉冲频率导数 $\dot{f}_o$ 的“视脉冲相位更新”量测同步算法。

由于本章是基于相位量测来讨论量测方程建立的，对相位量测的同步可以描述为 τ_a 时刻至 τ 时刻（τ 为同步后的历元）的视脉冲相位更新：$\Phi_a^X \rightarrow \Phi_\tau^X$（下标“a”表示在 τ_a 时刻，下标“τ”表示在 τ 时刻）。假设航天器与脉冲星的运行轨迹是光滑的，Φ_τ^X 可以展开为时间的泰勒级数，如果同步时间跨度较小，展开到 $\ddot{\Phi}^X$（即 $\dot{f}_o$）项便足够了，因此有

$$\Phi_\tau^X = \Phi_a^X + f_{oa}(\tau - \tau_a) + 1/2\dot{f}_{oa}(\tau - \tau_a)^2 \qquad (4-38)$$

类似有

$$\Phi_a^X = \Phi_\tau^X + f_{o\tau}(\tau_a - \tau) + 1/2\dot{f}_{o\tau}(\tau_a - \tau)^2 \qquad (4-39)$$

将上两式相加有

$$(f_{o\tau} - f_{oa})/(\tau - \tau_a) = 1/2(\dot{f}_{o\tau} + \dot{f}_{oa}) \qquad (4-40)$$

根据式（4-40）与式（4-38）可得

$$\Phi_\tau^X = \Phi_a^X + f_{o\tau}(\tau - \tau_a) - 1/2\dot{f}_{o\tau}(\tau - \tau_a)^2 \qquad (4-41)$$

上式即为相位量测的同步方程。比较式（4－41）与式（4－38），发现可以使用同步后时刻 τ 的 f_o 与 $\dot{f}_o$ 替代同步前时刻 τ_a 的 f_o 与 $\dot{f}_o$ 来进行相位更新，只要将 $\dot{f}_o$ 项反号即可。使用这个技巧，当有多个相位要同步到同一点时，只需要计算一次 f_o 与 $\dot{f}_o$ 即可。

尽管脉冲相位跟踪可以直接输出多普勒频移的估计，但其噪声并未完全滤除，可以利用航天器当前位置与速度的最佳估值进行视脉冲频率估计，根据式（3－2）与式（3－25），视脉冲频率可以通过下式计算

$$\begin{aligned}\tilde{f}_o = f_s + f_s[c^{-1}(v_{EP} + \tilde{v}_{1P}) - \dot{\Delta}_{RS2} + k_1 - \dot{\Delta}_{RBPu} - \dot{\Delta}_{RBPu}k_1 - \\ \dot{\Delta}_{RBP\omega} - \dot{\Delta}_{SB} - \dot{\Delta}_{EB}]\end{aligned} \tag{4-42}$$

同样，视脉冲频率对时间 τ 的导数也可以通过航天器最佳位置估值进行求解

$$\begin{aligned}\tilde{\dot{f}}_o = f_1 + f_2\Delta\tau + f_s[-c^{-1}(Gm_0 r_E^{-3}\boldsymbol{r}_E \cdot \hat{\boldsymbol{R}}_0 + \\ Gm_1\tilde{r}_1^{-3}\tilde{\boldsymbol{r}}_1 \cdot \hat{\boldsymbol{R}}_0) - \ddot{\Delta}_{RBPu}]\end{aligned} \tag{4-43}$$

其中，$\ddot{\Delta}_{RBPu}$ 根据式（3－69）计算。

如果不使用 f_o 与 $\dot{f}_o$，而是使用 f_s 与 $\dot{f}_s$ 来进行量测同步，即便时间跨度很小也会带来很大的误差，这种不恰当的相位量测同步方程可表达为

$$\Phi_\tau^X = \Phi_a^X + f_{s\tau}(\tau - \tau_a) - 1/2(f_1 + f_2\Delta\tau)(\tau - \tau_a)^2 \tag{4-44}$$

对相位量测同步造成的时间误差进行了仿真，相位量测同步方程分别使用式（4－44）与式（4－41），航天器假设为 GEO 卫星，量测同步时间跨度最大为 200 s，脉冲星分别选取单星 PSR B0540－69 与双星 PSR B1744－24A，仿真结果见图 4－7 与图 4－8。图中结果表明：1）式（4－44）带来的同步误差随时间跨度线性增长，式（4－41）比式（4－44）要精确得多，不恰当地使用式（4－44）进行量测同步会带来很大的误差；2）高轨卫星观测单星时，对于几百秒

的时间跨度，量测同步的时间误差基本在 0.5 μs 内，而观测高动态双星（或航天器为低轨卫星时），量测同步的时间误差随时间跨度的增长较快，如图 4－8（右）中要控制时间同步误差在 1 μs 内，时间

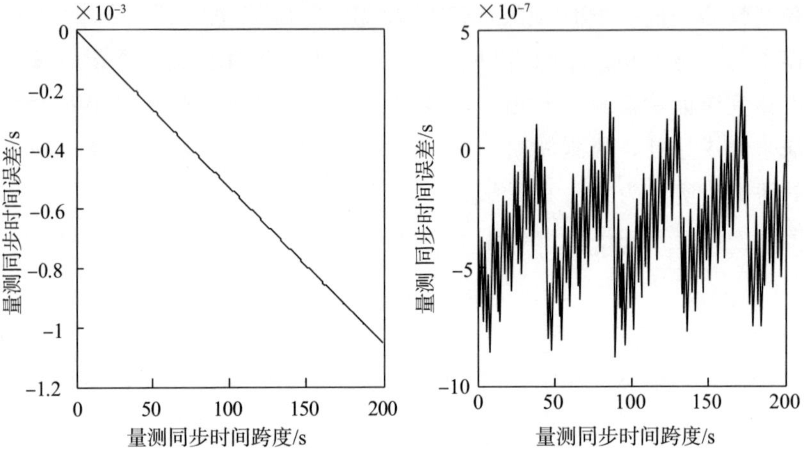

图 4－7　PSR B0540－69 量测同步时间误差，
左图使用式（4－44），右图使用式（4－41）

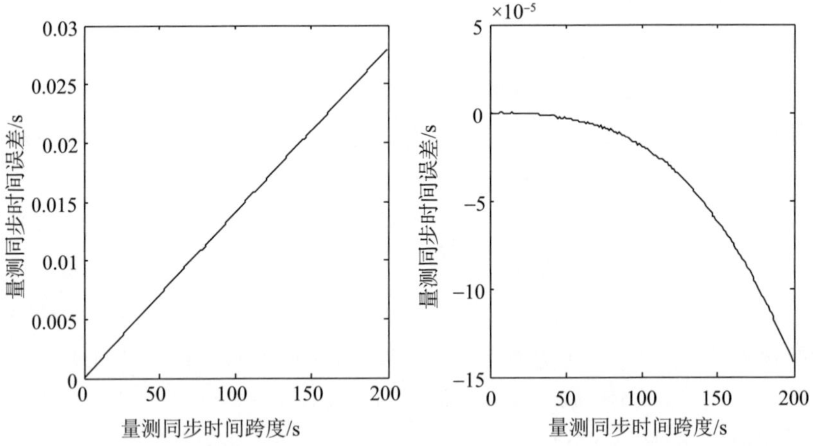

图 4－8　PSR B1744－24A 量测同步时间误差，
左图使用式（4－44），右图使用式（4－41）

跨度需小于 80 s。图 4－7（右）与图 4－8（右）中的量测同步时间误差呈现锯齿状，这可能是由于仿真用的计算机系统只支持 64 位的浮点数，而历元数据是用 MJD 表示的，有效位数的限制会使仿真计算遭受达 1 μs 的精度损失，如能使用支持 96 位或 128 位浮点数的操作系统，图 4－7 与图 4－8 中的误差曲线应更光滑。对于百米级的导航精度需求，量测同步的误差应小于 1 μs，如果基于相位跟踪的方法来生成量测，观测周期一般为数秒至几十秒，于是相位量测同步的时间跨度也为几十秒量级以内，这样，即使对于高动态情形，本节量测同步算法误差也小于 0.5 μs，可以满足导航精度需求。

4.4　导航滤波器设计

在轨可以借助航天器轨道动力学与星钟动力学，通过导航滤波器，实现航天器位置、速度与钟差状态的递推的实时估计。航天器在轨主要受到天体引力与变轨推力的作用，而变轨推力是可以用加速度计标定的，因此航天器的轨道动力学可以用太阳系引力场中质点加速度模型来描述。本节以 GEO 卫星为对象，阐述导航滤波器的设计方法。假设航天器无变轨机动，因此只考虑地球引力的作用。星载时钟在地面应进行过测试与标定，其噪声的特征参数可以认为是已知的。由于 GEO 卫星相对于地球运动速度较小，如果在地球固联坐标系中建立其轨道动力学方程，可以在很大程度上降低动力学方程的非线性程度，这样，导航滤波算法可以选用计算量相比无迹卡尔曼滤波（UKF）或粒子滤波（PF）要小的 EKF 算法。

地球固联坐标系设定为 ITRS[96]，在其中建立航天器轨道动力学状态方程，轨道动力学状态量选为 ITRS 中的位置与速度，即 $\boldsymbol{X}_{\mathrm{o}}=[\boldsymbol{r}_{1\mathrm{E}}^{\mathrm{T}}, \boldsymbol{v}_{1\mathrm{E}}^{\mathrm{eT}}]^{\mathrm{T}}$，其中 $\boldsymbol{r}_{1\mathrm{E}}=[x, y, z]^{\mathrm{T}}$，$\boldsymbol{v}_{1\mathrm{E}}^{\mathrm{e}}=[\dot{x}, \dot{y}, \dot{z}]^{\mathrm{T}}$（上标“e”表示相对于 ITRS 定义，下标“E”表示在 ITRS 下的投影，下同）。地球引力势 U_{E} 可以表达为航天器在 ITRS 下球坐标 $\boldsymbol{\theta}_{\mathrm{E}}=[\varphi, \lambda, r_1]^{\mathrm{T}}$ 的函数[100]，其中，φ 为地心纬度，λ 为地心经度，且有

$$\begin{cases} x = r_1 \cos\varphi \cos\lambda \\ y = r_1 \cos\varphi \sin\lambda \\ z = r_1 \sin\varphi \end{cases} \tag{4-45}$$

航天器相对于惯性空间的加速度在ITRS中的投影 $\boldsymbol{a}_{\mathrm{E}}^{\mathrm{i}}$（上标“i”表示相对于ICRS定义，下同）可以表示为 U_{E} 的梯度：$\boldsymbol{a}_{\mathrm{E}}^{\mathrm{i}} = \mathrm{grad}(U_{\mathrm{E}})$，于是有

$$\boldsymbol{a}_{\mathrm{E}}^{\mathrm{i}} = \frac{\mathrm{d}\boldsymbol{\theta}_{\mathrm{E}}^{\mathrm{T}}}{\mathrm{d}\boldsymbol{r}_{\mathrm{E}}} \frac{\mathrm{d}U_{\mathrm{E}}}{\mathrm{d}\boldsymbol{\theta}_{\mathrm{E}}} \tag{4-46}$$

其中

$$\begin{cases} \dfrac{\mathrm{d}U_{\mathrm{E}}}{\mathrm{d}\boldsymbol{\theta}_{\mathrm{E}}} = \left[\dfrac{\partial U_{\mathrm{E}}}{\partial \varphi}, \dfrac{\partial U_{\mathrm{E}}}{\partial \lambda}, \dfrac{\partial U_{\mathrm{E}}}{\partial r_1}\right]^{\mathrm{T}} \\ \dfrac{\mathrm{d}\boldsymbol{\theta}_{\mathrm{E}}^{\mathrm{T}}}{\mathrm{d}\boldsymbol{r}_{\mathrm{E}}} = \begin{bmatrix} \dfrac{\partial \varphi}{\partial x} & \dfrac{\partial \lambda}{\partial x} & \dfrac{\partial r}{\partial x} \\ \dfrac{\partial \varphi}{\partial y} & \dfrac{\partial \lambda}{\partial y} & \dfrac{\partial r}{\partial y} \\ \dfrac{\partial \varphi}{\partial z} & \dfrac{\partial \lambda}{\partial z} & \dfrac{\partial r}{\partial z} \end{bmatrix} \end{cases} \tag{4-47}$$

这里先给出 U_{E} 的海森阵 $\boldsymbol{H}(U_{\mathrm{E}})$（即 U_{E} 对位置的二阶偏导数方阵）的表达式，其将用于对状态方程的线性化中

$$\boldsymbol{H}(U_{\mathrm{E}}) = \frac{\mathrm{d}^2 U_{\mathrm{E}}}{\mathrm{d}\boldsymbol{r}_{\mathrm{E}}^2} = \frac{\mathrm{d}}{\mathrm{d}\boldsymbol{r}_{\mathrm{E}}^{\mathrm{T}}}\left(\frac{\mathrm{d}U_{\mathrm{E}}}{\mathrm{d}\boldsymbol{r}_{\mathrm{E}}}\right) = \begin{bmatrix} \dfrac{\partial^2 U_{\mathrm{E}}}{\partial x^2} & \dfrac{\partial^2 U_{\mathrm{E}}}{\partial x \partial y} & \dfrac{\partial^2 U_{\mathrm{E}}}{\partial x \partial z} \\ \dfrac{\partial^2 U_{\mathrm{E}}}{\partial y \partial x} & \dfrac{\partial^2 U_{\mathrm{E}}}{\partial y^2} & \dfrac{\partial^2 U_{\mathrm{E}}}{\partial y \partial z} \\ \dfrac{\partial^2 U_{\mathrm{E}}}{\partial z \partial x} & \dfrac{\partial^2 U_{\mathrm{E}}}{\partial z \partial y} & \dfrac{\partial^2 U_{\mathrm{E}}}{\partial z^2} \end{bmatrix} \tag{4-48}$$

通过推导，得到了 $\boldsymbol{H}(U_{\mathrm{E}})$ 矩阵形式的求解方程

$$\boldsymbol{H}(U_{\mathrm{E}}) = \boldsymbol{\Lambda}\left(\frac{\mathrm{d}U_{\mathrm{E}}}{\mathrm{d}\boldsymbol{\theta}_{\mathrm{e}}^{\mathrm{T}}}\right)\frac{\mathrm{d}}{\mathrm{d}\boldsymbol{r}_{1\mathrm{E}}}\left(\frac{\mathrm{d}\boldsymbol{\theta}_{\mathrm{E}}}{\mathrm{d}\boldsymbol{r}_{1\mathrm{E}}}\right) + \left(\frac{\mathrm{d}\boldsymbol{\theta}_{\mathrm{E}}^{\mathrm{T}}}{\mathrm{d}\boldsymbol{r}_{1\mathrm{E}}}\right)\left(\frac{\mathrm{d}^2 U_{\mathrm{E}}}{\mathrm{d}\boldsymbol{\theta}_{\mathrm{E}}^2}\right)\left(\frac{\mathrm{d}\boldsymbol{\theta}_{\mathrm{E}}}{\mathrm{d}\boldsymbol{r}_{1\mathrm{E}}}\right) \tag{4-49}$$

其中

$$\boldsymbol{\Lambda}\left(\frac{\mathrm{d}U_{\mathrm{E}}}{\mathrm{d}\boldsymbol{\theta}_{\mathrm{E}}^{\mathrm{T}}}\right)=\begin{bmatrix}\dfrac{\mathrm{d}U_{\mathrm{E}}}{\mathrm{d}\boldsymbol{\theta}_{\mathrm{e}}^{\mathrm{T}}} & \boldsymbol{0}_{3\times1} & \boldsymbol{0}_{3\times1}\\ \boldsymbol{0}_{3\times1} & \dfrac{\mathrm{d}U_{\mathrm{E}}}{\mathrm{d}\boldsymbol{\theta}_{\mathrm{E}}^{\mathrm{T}}} & \boldsymbol{0}_{3\times1}\\ \boldsymbol{0}_{3\times1} & \boldsymbol{0}_{3\times1} & \dfrac{\mathrm{d}U_{\mathrm{E}}}{\mathrm{d}\boldsymbol{\theta}_{\mathrm{E}}^{\mathrm{T}}}\end{bmatrix} \tag{4-50}$$

其他项的表达式不再具体列出，注意 $\mathrm{d}(\mathrm{d}\boldsymbol{\theta}_{\mathrm{E}}/\mathrm{d}\boldsymbol{r}_{\mathrm{E}})/\mathrm{d}\boldsymbol{r}_{\mathrm{E}}$ 形成 9×3 的矩阵。

由于 ITRS 是非惯性参考系，航天器相对于 ITRS 的加速度将引入惯性加速度项[149]

$$\boldsymbol{a}_{\mathrm{E}}^{\mathrm{e}}=\boldsymbol{a}_{\mathrm{E}}^{\mathrm{i}}-\boldsymbol{\omega}_{\mathrm{E}}^{\mathrm{ei}}\times(\boldsymbol{\omega}_{\mathrm{E}}^{\mathrm{ei}}\times\boldsymbol{r}_{1\mathrm{E}})-2\boldsymbol{\omega}_{\mathrm{E}}^{\mathrm{ei}}\times\boldsymbol{v}_{1\mathrm{E}}^{\mathrm{e}} \tag{4-51}$$

其中，等号右边第二项称为牵连加速度，第三项称为科里奥里加速度，$\boldsymbol{a}_{\mathrm{E}}^{\mathrm{e}}=[\ddot{x},\ \ddot{y},\ \ddot{z}]^{\mathrm{T}}$ 为航天器相对于 ITRS 的加速度，$\boldsymbol{\omega}_{\mathrm{E}}^{\mathrm{ei}}=[0,\ 0,\ \omega_{\mathrm{E}}]^{\mathrm{T}}$ 为地球自转角速度（ω_{E} 为地球自转角速度的大小）。式（4－51）的标量形式为

$$\begin{bmatrix}\ddot{x}\\ \ddot{y}\\ \ddot{z}\end{bmatrix}=\begin{bmatrix}\dfrac{\partial U}{\partial x}\\ \dfrac{\partial U}{\partial y}\\ \dfrac{\partial U}{\partial z}\end{bmatrix}+\begin{bmatrix}\omega_{\mathrm{E}}^{2}x+2\omega_{\mathrm{E}}\dot{y}\\ \omega_{\mathrm{E}}^{2}y-2\omega_{\mathrm{E}}\dot{x}\\ 0\end{bmatrix} \tag{4-52}$$

将光压、第三体引力等引起的摄动加速度记为 $\boldsymbol{w}_{\mathrm{E}}^{\mathrm{a}}$，根据上式可以得到 ITRS 下的轨道状态方程

$$\dot{\boldsymbol{X}}_{\mathrm{o}}=\boldsymbol{A}_{\mathrm{o}}\boldsymbol{X}_{\mathrm{o}}+\boldsymbol{g}(\boldsymbol{X}_{\mathrm{o}})+\boldsymbol{G}_{\mathrm{o}}\boldsymbol{w}_{\mathrm{E}}^{\mathrm{a}} \tag{4-53}$$

其中

$$\begin{cases} \boldsymbol{g}(\boldsymbol{X}_{\mathrm{o}})=\left[0,0,0,\dfrac{\partial U}{\partial x},\dfrac{\partial U}{\partial y},\dfrac{\partial U}{\partial z}\right]^{\mathrm{T}} \\ \boldsymbol{A}_{\mathrm{o}}=\left[\begin{array}{ccc|ccc} & \boldsymbol{0}_{3\times 3} & & & \boldsymbol{I}_{3} & \\ \hline \omega_{\mathrm{E}}^{2} & 0 & 0 & 0 & 2\omega_{\mathrm{E}} & 0 \\ 0 & \omega_{\mathrm{E}}^{2} & 0 & -2\omega_{\mathrm{E}} & 0 & 0 \\ 0 & 0 & 0 & 0 & 0 & 0 \end{array}\right] \\ \boldsymbol{G}_{\mathrm{o}}=[\boldsymbol{0}_{3\times 3},\boldsymbol{I}_{3}]^{\mathrm{T}} \end{cases} \tag{4-54}$$

式（4－53）的线性化形式为

$$\delta\dot{\boldsymbol{X}}_{\mathrm{o}}=\boldsymbol{F}_{\mathrm{o}}\delta\boldsymbol{X}_{\mathrm{o}}+\boldsymbol{G}_{\mathrm{o}}\boldsymbol{w}_{\mathrm{E}}^{\mathrm{a}} \tag{4-55}$$

其中

$$\boldsymbol{F}_{\mathrm{o}}=\frac{\partial[\boldsymbol{A}_{\mathrm{o}}\boldsymbol{X}_{\mathrm{o}}+\boldsymbol{f}(\boldsymbol{X}_{\mathrm{o}})]}{\partial\boldsymbol{X}_{\mathrm{o}}}=\boldsymbol{A}_{\mathrm{o}}+\left[\begin{array}{c|c} \boldsymbol{0}_{3\times 3} & \boldsymbol{0}_{3\times 3} \\ \hline \boldsymbol{H}(U_{\mathrm{E}}) & \boldsymbol{0}_{3\times 3} \end{array}\right] \tag{4-56}$$

进一步，可以得到式（4－55）的离散化形式

$$\delta\boldsymbol{X}_{\mathrm{o}k+1}=\boldsymbol{\Phi}_{\mathrm{o}k+1,k}\delta\boldsymbol{X}_{\mathrm{o}k}+\boldsymbol{W}_{\mathrm{o}k} \tag{4-57}$$

其中，$\boldsymbol{\Phi}_{\mathrm{o}k+1,k}=\exp(\tau_{\mathrm{F}}\boldsymbol{F}_{\mathrm{o}})\approx\boldsymbol{I}+\tau_{\mathrm{F}}\boldsymbol{F}_{\mathrm{o}}$，$\tau_{\mathrm{F}}$ 为离散化周期即滤波周期，$\boldsymbol{W}_{\mathrm{o}k}$ 为白噪声序列，其方差阵定义为 $\boldsymbol{Q}_{\mathrm{o}k}=\mathrm{E}(\boldsymbol{W}_{\mathrm{o}k}\boldsymbol{W}_{\mathrm{o}k}^{\mathrm{T}})$。对于轨道状态方程噪声方差阵 $\boldsymbol{Q}_{\mathrm{o}k}$ 的设定，尚无有效方法，一般根据摄动加速度与滤波周期的大小给出估计值，并根据仿真实际效果来调节。

钟差状态方程可以用钟差与频率漂移两个状态即 $\boldsymbol{X}_{\mathrm{c}}=[\delta\tau,\delta\dot{\tau}]^{\mathrm{T}}$ 来描述[2]

$$\dot{\boldsymbol{X}}_{\mathrm{c}}=\boldsymbol{F}_{\mathrm{c}}\boldsymbol{X}_{\mathrm{c}}+\boldsymbol{w}_{\mathrm{c}} \tag{4-58}$$

其中，$\boldsymbol{w}_{\mathrm{c}}$ 为驱动白噪声，有关量满足

$$\begin{cases} \boldsymbol{F}_{\mathrm{c}}=\begin{bmatrix} 0 & 1 \\ 0 & 0 \end{bmatrix} \\ \mathrm{E}[\boldsymbol{w}_{\mathrm{c}}(\tau)\boldsymbol{w}_{\mathrm{c}}^{\mathrm{T}}(\tau')]=\begin{bmatrix} q_{1} & 0 \\ 0 & q_{2} \end{bmatrix}\delta(\tau-\tau') \end{cases} \tag{4-59}$$

式（4－58）离散化形式为

$$\boldsymbol{X}_{\mathrm{c}k+1}=\boldsymbol{\Phi}_{\mathrm{c}k+1,k}\boldsymbol{X}_{\mathrm{c}k}+\boldsymbol{W}_{\mathrm{c}k} \tag{4-60}$$

其中，$\boldsymbol{W}_{\mathrm{c}k}$ 为白噪声序列，其方差阵为 $\boldsymbol{Q}_{\mathrm{c}k}$，有关量满足

$$\begin{cases} \boldsymbol{\Phi}_{ck+1,k} = \begin{bmatrix} 1 & \tau_F \\ 0 & 1 \end{bmatrix} \\ \boldsymbol{Q}_{ck} = \mathrm{E}(\boldsymbol{W}_{ck}\boldsymbol{W}_{ck}^{\mathrm{T}}) = \begin{bmatrix} q_1\tau_F + 1/3q_2\tau_F^3 & 1/2q_2\tau_F^2 \\ 1/2q_2\tau_F^2 & q_2\tau_F \end{bmatrix} \end{cases} \tag{4-61}$$

可以通过对星载时钟 Allan 方差的反演来获取噪声系数 h_0 与 h_{-2}，进而求得 q_1 与 q_2 的值[2,150]。考虑两种星钟噪声：调频随机游走噪声与调频白噪声，则 Allan 方差为

$$\sigma_y^2(\tau) = \frac{2\pi^2 h_{-2}}{3}\tau + \frac{h_0}{2}\frac{1}{\tau} \tag{4-62}$$

进而有 $q_1 = 1/2h_0$，$q_2 = \pi^2 h_{-2}$ [151]。

将轨道与钟差状态合并，令 $\boldsymbol{X} = [\boldsymbol{X}_o^{\mathrm{T}}, \boldsymbol{X}_c^{\mathrm{T}}]^{\mathrm{T}}$，可以得到 8 维状态方程

$$\dot{\boldsymbol{X}} = \boldsymbol{f}(\boldsymbol{X}) + [\boldsymbol{G}_o \boldsymbol{w}_E^{a\mathrm{T}}, \boldsymbol{w}_c^{\mathrm{T}}]^{\mathrm{T}} \tag{4-63}$$

其中

$$\boldsymbol{f}(\boldsymbol{X}) = \begin{bmatrix} \boldsymbol{A}_o & \boldsymbol{0}_{6\times 2} \\ \boldsymbol{0}_{2\times 6} & \boldsymbol{F}_c \end{bmatrix}\boldsymbol{X} + \boldsymbol{g}(\boldsymbol{X}_o) \tag{4-64}$$

式（4-63）线性化后的离散形式为

$$\delta\boldsymbol{X}_{k+1} = \boldsymbol{\Phi}_{k+1,k}\delta\boldsymbol{X}_k + \boldsymbol{W}_k \tag{4-65}$$

其中

$$\begin{cases} \delta\boldsymbol{X}_k = [\delta\boldsymbol{X}_{ok}^{\mathrm{T}}, \boldsymbol{X}_{ck}^{\mathrm{T}}]^{\mathrm{T}} \\ \boldsymbol{\Phi}_{k+1,k} = \begin{bmatrix} \Phi_{ok+1,k} & \boldsymbol{0}_{6\times 2} \\ \boldsymbol{0}_{2\times 6} & \boldsymbol{\Phi}_{ck+1,k} \end{bmatrix} \\ \boldsymbol{W}_k = [\boldsymbol{W}_{ok}^{\mathrm{T}}, \boldsymbol{W}_{ck}^{\mathrm{T}}]^{\mathrm{T}} \\ \boldsymbol{Q}_k = \mathrm{E}(\boldsymbol{W}_k\boldsymbol{W}_k^{T}) = \begin{bmatrix} \boldsymbol{Q}_{ok} & \boldsymbol{0}_{6\times 2} \\ \boldsymbol{0}_{2\times 6} & \boldsymbol{Q}_{ck} \end{bmatrix} \end{cases} \tag{4-66}$$

对于导航滤波量测方程的建立，考虑如下几种模式：1）模式一，单探测器观测一颗脉冲星，使用位置速度联合量测；2）模式二，多探测器同时观测多颗脉冲星，仅使用位置量测；3）模式三，多探测器同时观测多颗脉冲星，仅使用速度量测；4）模式四，多探

测器同时观测多颗脉冲星，使用位置速度联合量测；5）模式五，单探测器序贯观测多颗脉冲星，仅使用位置量测；6）模式六，单探测器序贯观测多颗脉冲星，使用位置速度联合量测。

位置量测方程采取相对地心相位差分的形式，即式（4－18），速度量测方程使用式（4－24）。若要将量测方程写为矩阵形式，还需要建立 r_{1P} 与 v_{1P} 在ITRS中的表达式。记ICRS到ITRS的坐标旋转矩阵为 $\boldsymbol{C}_{EI}$，那么脉冲星视线方向矢量在ITRS中的投影为

$$\hat{\boldsymbol{R}}_{0E}=\boldsymbol{C}_{EI}\hat{\boldsymbol{R}}_{0I}=\boldsymbol{C}_{EI}[\cos\delta\cos\alpha,\ \cos\delta\sin\alpha,\ \sin\delta]^{T} \tag{4-67}$$

记 $\hat{\boldsymbol{R}}_{0E}=[n_x,\ n_y,\ n_z]^T$，于是有

$$r_{1P}=\hat{\boldsymbol{R}}_{0E}^{T}\boldsymbol{r}_{1E}=n_x x+n_y y+n_z z \tag{4-68}$$

考虑到有速度关系式 $\boldsymbol{v}_{1E}=\boldsymbol{v}_{1E}^{e}+\boldsymbol{\omega}_{E}^{ei}\times\boldsymbol{r}_{1E}$，可以得到

$$v_{1P}=\omega_E n_y x-\omega_E n_x y+n_x\dot{x}+n_y\dot{y}+n_z\dot{z} \tag{4-69}$$

于是，对于第 i 颗脉冲星，位置量测矩阵为

$$\boldsymbol{H}_{di}=\begin{bmatrix}n_{xi} & n_{yi} & n_{zi} & 0 & 0 & 0 & -c[1-\dot{\Delta}_{RBPu}(\tilde{\boldsymbol{r}}_E)]^{-1} & 0\end{bmatrix} \tag{4-70}$$

速度量测矩阵为

$$\boldsymbol{H}_{vi}=[\omega_E n_{yi}\quad -\omega_E n_{xi}\quad 0\quad n_{xi}\quad n_{yi}\quad n_{zi}\quad 0\quad 0] \tag{4-71}$$

位置速度联合量测矩阵为

$$\boldsymbol{H}_{dvi}=\begin{bmatrix}n_{xi} & n_{yi} & n_{zi} & 0 & 0 & 0 & -c[1-\dot{\Delta}_{RBPu}(\tilde{\boldsymbol{r}}_E)]^{-1} & 0\\ \omega_E n_{yi} & -\omega_E n_{xi} & 0 & n_{xi} & n_{yi} & n_{zi} & 0 & 0\end{bmatrix} \tag{4-72}$$

将量测方程记为

$$\boldsymbol{Z}=\boldsymbol{H}\boldsymbol{X}+\boldsymbol{V} \tag{4-73}$$

对于模式一，有

$$\begin{cases}\boldsymbol{Z}=[\tilde{z}_{di}^{E},\tilde{z}_{vi}]^T\\ \boldsymbol{H}=\boldsymbol{H}_{dvi}\\ \boldsymbol{V}=[\varepsilon_{di}^{E},\varepsilon_{v}]^T\end{cases} \tag{4-74}$$

其中，$i=1$，表示只观测一颗星；对于模式二，不妨设观测3颗

星，有

$$\begin{cases}\boldsymbol{Z}=[\tilde{z}_{\mathrm{d1}}^{\mathrm{E}},\tilde{z}_{\mathrm{d2}}^{\mathrm{E}},\tilde{z}_{\mathrm{d3}}^{\mathrm{E}}]^{\mathrm{T}}\\ \boldsymbol{H}=[\boldsymbol{H}_{\mathrm{d1}}^{\mathrm{T}},\boldsymbol{H}_{\mathrm{d2}}^{\mathrm{T}},\boldsymbol{H}_{\mathrm{d2}}^{\mathrm{T}}]^{\mathrm{T}}\\ \boldsymbol{V}=[\varepsilon_{\mathrm{d1}}^{\mathrm{E}},\varepsilon_{\mathrm{d2}}^{\mathrm{E}},\varepsilon_{\mathrm{d3}}^{\mathrm{E}}]^{T}\end{cases} \tag{4-75}$$

对于模式三，也不妨设观测 3 颗星，有

$$\begin{cases}\boldsymbol{Z}=[\tilde{z}_{\mathrm{v1}}^{\mathrm{E}},\tilde{z}_{\mathrm{v2}}^{\mathrm{E}},\tilde{z}_{\mathrm{v3}}^{\mathrm{E}}]^{\mathrm{T}}\\ \boldsymbol{H}=[\boldsymbol{H}_{\mathrm{v1}}^{\mathrm{T}},\boldsymbol{H}_{\mathrm{v2}}^{\mathrm{T}},\boldsymbol{H}_{\mathrm{v2}}^{\mathrm{T}}]^{\mathrm{T}}\\ \boldsymbol{V}=[\varepsilon_{\mathrm{v1}}^{\mathrm{E}},\varepsilon_{\mathrm{v2}}^{\mathrm{E}},\varepsilon_{\mathrm{v3}}^{\mathrm{E}}]^{\mathrm{T}}\end{cases} \tag{4-76}$$

对于模式四，同样设观测 3 颗星，有

$$\begin{cases}\boldsymbol{Z}=[\tilde{z}_{\mathrm{d1}}^{\mathrm{E}},\tilde{z}_{\mathrm{v1}},\tilde{z}_{\mathrm{d2}}^{\mathrm{E}},\tilde{z}_{\mathrm{v2}},\tilde{z}_{\mathrm{d3}}^{\mathrm{E}},\tilde{z}_{\mathrm{v3}}]^{\mathrm{T}}\\ \boldsymbol{H}=[\boldsymbol{H}_{\mathrm{dv1}}^{\mathrm{T}},\boldsymbol{H}_{\mathrm{dv2}}^{\mathrm{T}},\boldsymbol{H}_{\mathrm{dv3}}^{\mathrm{T}}]^{\mathrm{T}}\\ \boldsymbol{V}=[\varepsilon_{\mathrm{d1}}^{\mathrm{E}},\varepsilon_{\mathrm{v1}},\varepsilon_{\mathrm{d2}}^{\mathrm{E}},\varepsilon_{\mathrm{v2}},\varepsilon_{\mathrm{d3}}^{\mathrm{E}},\varepsilon_{\mathrm{v3}}]^{\mathrm{T}}\end{cases} \tag{4-77}$$

对于模式五，$\boldsymbol{Z}=\tilde{z}_{\mathrm{d}i}^{\mathrm{E}}$，$\boldsymbol{H}=\boldsymbol{H}_{\mathrm{d}i}$，$\boldsymbol{V}=\varepsilon_{\mathrm{d}i}^{\mathrm{E}}$，其中 $i=1$，2，3，…，表示在不同星之间切换；对于模式六，同式（4－74），但 $i=1$，2，3，…，也表示在不同星之间切换。

基于式（4－64）、式（4－66）及式（4－74）～式（4－77），最终得到 EKF 的滤波方程为[134]

$$\begin{cases}\hat{\boldsymbol{X}}_{k+1,k}=\hat{\boldsymbol{X}}_{k}+\int_{\tau k}^{\tau k+1}\boldsymbol{f}(\boldsymbol{X})\mathrm{d}\tau\\ \boldsymbol{P}_{k+1,k}=\boldsymbol{\Phi}_{k+1,k}\boldsymbol{P}_{k}\boldsymbol{\Phi}_{k+1,k}^{\mathrm{T}}+\boldsymbol{Q}_{k}\\ \boldsymbol{K}_{k+1}=\boldsymbol{P}_{k+1,k}\boldsymbol{H}_{k+1}^{\mathrm{T}}(\boldsymbol{H}_{k+1}\boldsymbol{P}_{k+1,k}\boldsymbol{H}_{k+1}^{\mathrm{T}}+\boldsymbol{R}_{k+1})^{-1}\\ \boldsymbol{P}_{k+1}=(\boldsymbol{I}-\boldsymbol{K}_{k+1}\boldsymbol{H}_{k+1})\boldsymbol{P}_{k+1,k}(\boldsymbol{I}-\boldsymbol{K}_{k+1}\boldsymbol{H}_{k+1})^{\mathrm{T}}+\boldsymbol{K}_{k+1}\boldsymbol{R}_{k+1}\boldsymbol{K}_{k+1}^{\mathrm{T}}\\ \hat{\boldsymbol{X}}_{k+1}=\hat{\boldsymbol{X}}_{k+1,k}+\boldsymbol{K}_{k+1}(\boldsymbol{Z}_{k+1}-\boldsymbol{H}\hat{\boldsymbol{X}}_{k+1,k})\end{cases} \tag{4-78}$$

其中，$\boldsymbol{R}_{k+1}$ 为量测噪声方差阵，满足 $\boldsymbol{R}_{k+1}=\mathrm{E}(\boldsymbol{V}_{k+1}\boldsymbol{V}_{k+1}^{\mathrm{T}})$，第一项的一步预测可由数值积分算法如 4 阶龙格库塔法求解，在滤波周期较小时也可用下式计算：$\hat{\boldsymbol{X}}_{k+1,k}=\hat{\boldsymbol{X}}_{k}+\boldsymbol{f}(\hat{\boldsymbol{X}}_{k})\tau_{\mathrm{F}}$。

4.5　轨道确定与授时综合仿真分析

这一节对轨道确定与授时进行了综合仿真分析，图 4-9 给出了仿真结构示意图；动力学环境模拟与相位跟踪仿真部分与图 3-24 基本一致，增加了“星钟动力学”用于钟差的模拟；将“光子采样”后的仿真计算统称为导航计算部分，这一部分增加了“量测线性化”与“导航滤波器”，“量测线性化”部分使用式（4-18）与式（4-19）生成位置与速度量测，“导航滤波器”使用 4.4 节中的滤波算法，进行航天器位置、速度与钟差的估计。

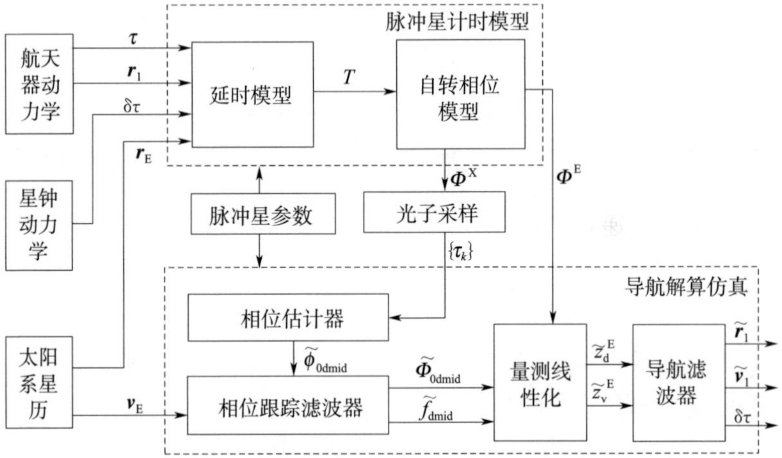

图 4-9　轨道确定与授时综合仿真结构示意图

航天器设定为 GEO 卫星，仿真初始时间定为 56 273.0 MJD，仿真总时间为 3 天。使用 PSR B1744－24A，PSR B0540－69 与 PSR B1823－13 这 3 颗脉冲星进行导航，其中 PSR B1744－24A 为双星，后两颗为单星，3 颗星的 X 射线流量均为 10^{-3} (ph/s)/cm^2 量级，相关参数可参见表 2-2，表 2-4 与表 3-2。假设航天器初始粗略位置已知，这样初始整周模糊度便很容易求得。星钟参数设定参照 GPS 铷原子钟特性，钟差参数为[21]：$q_1 = 1.11 \times 10^{-22}$ s，$q_2 = 2.22 \times 10^{-32}$ 1/s；初始钟差与频率漂移分别设为[21]：$\delta\tau_0 = 3.6 \times 10^{-4}$ s，$\delta\dot{\tau}_0 = 3.6 \times 10^{-12}$ 。

探测器面积选为 $A_d = 10$ m²，单段相位估计采用 ACC 算法（见 3.5.3 节），相位跟踪采用 KF 算法（见 3.6.1 节），3 颗星的观测周期均选为 $\tau_{obs} = 1$ s，这样 3 颗星在观测周期内均有 100 个左右或以上的有效光子数据，从而使 ACC 算法不会进入非线性区。由于 $\tau_{obs} = 1$ s，相位跟踪滤波器能以 1 Hz 的频率输出相位与多普勒频移估计，但这个估计是时间相关的，直接以 1 Hz 频率接入导航滤波器可能会导致滤波精度下降甚至滤波发散，本章的处理方法是降低量测更新的频率，记量测更新的周期为 τ_M，每隔 τ_M 才使用一次相位跟踪结果进行导航滤波；τ_M 值越大，量测量的时间相关性越小，本节仿真中取 $\tau_M = 1\ 000$ s，既能保证一定的轨道递推精度，又较大程度地降低了量测的时间相关性；导航滤波周期取为 $\tau_F = 1$ s，在没有量测更新时，使用状态更新进行一步递推，这样避免了更新步长过大造成的轨道递推误差。对于单探测器序贯观测多颗星的模式，令序贯观测周期为 $\tau_{seq} = 2\ 000$ s，即每隔 2 000 s 在 3 颗星之间轮流切换。对于单探测器仅观测一颗星的模式，设定观测 PSR B1823－13。

导航滤波器的系统噪声方差如下计算：位置噪声方差取为 1×10^{-3} m²，速度噪声方差取为 1×10^{-14} (m/s)²，钟差噪声方差阵根据 q_1 与 q_2 由式（4－61）计算。滤波器的量测噪声方差根据表 4－4 中 3 颗导航脉冲星的位置与速度量测精度计算，表 4－4 的结果根据表 3－7 与表 3－8 给出的相位跟踪的理论稳态精度求得。

表 4－4　3 颗导航脉冲星的位置与速度量测精度

序号	PSR	位置量测精度(1 σ)/m	速度量测精度(1 σ)/(m/s)
1	B1744－24A	2 079.4	8.993 8
2	B0540－69	444.59	0.095 9
3	B1823－13	1 502.3	0.282 7

对 4.4 节中的 6 种量测模式进行了仿真，仿真结果以位置误差曲线、速度误差曲线与钟差误差曲线的形式给出（参见图 4－10～图 4－15），其中位置误差给出的为 ITRS 中三轴位置估计误差的模值，速度误差给出的为 ITRS 中三轴速度估计误差的模值，钟差误差为对钟差的估计误差。在表 4－5 中统计了不同量测模式误差结果的 RMSE 值，计算 RMSE 值时只使用了后 1.5 天的数据。

综合图 4－10～图 4－15 与表 4－5 中的仿真结果，可以发现：1）仅观测 1 颗星无法实现导航，导航结果存在很大误差，且是缓慢发散的；2）多探测器同时观测多星时导航精度最高，使用位置量测还是位置速度联合量测对导航精度没有太大影响，对于所选的 3 颗脉冲星，位置精度约为 250 m，速度精度约为 0.01 m/s，授时精度约为 400 ns；3）仅使用速度量测对钟差无任何估计效果，但也可以实现导航，位置精度约为 2 000 m，速度精度约为 0.1 m/s；4）单探测器序贯观测多星可以实现导航，且与同时观测多星的导航精度相当，位置精度约为 300 m，速度精度约为 0.02 m/s，授时精度约为 450 ns，由于量测相关性的影响，使用位置速度联合量测的精度比仅使用位置量测要低 50％。

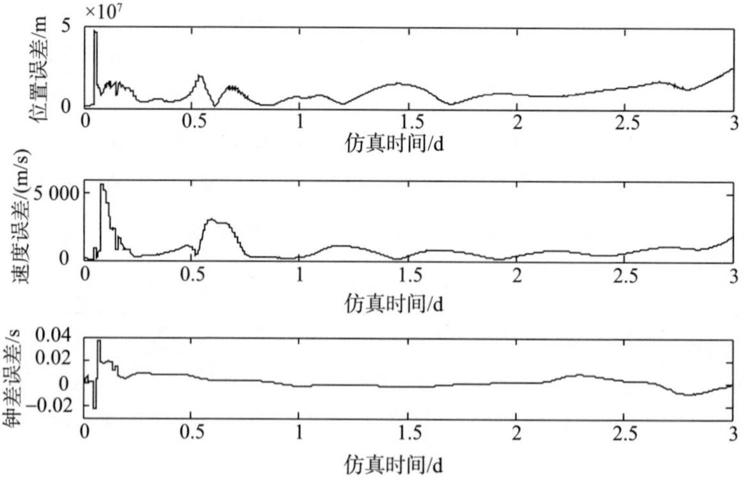

图 4－10　模式一（单探测器观测 1 颗星、使用位置速度联合量测）仿真结果

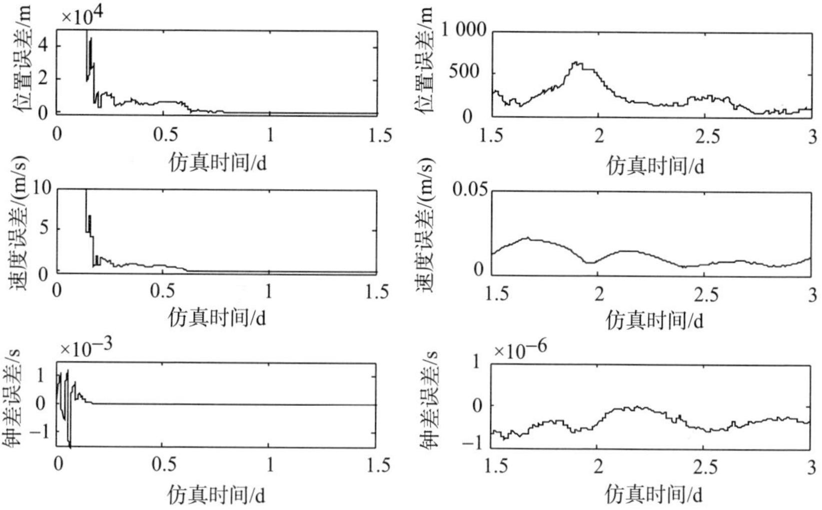

图 4-11　模式二（多探测器同时观测 3 颗星、仅使用位置量测）仿真结果

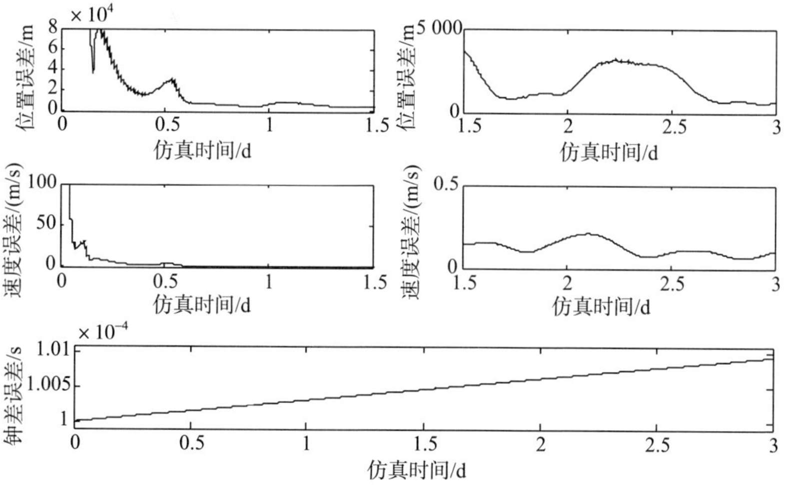

图 4-12　模式三（多探测器同时观测 3 颗星、仅使用速度量测）仿真结果

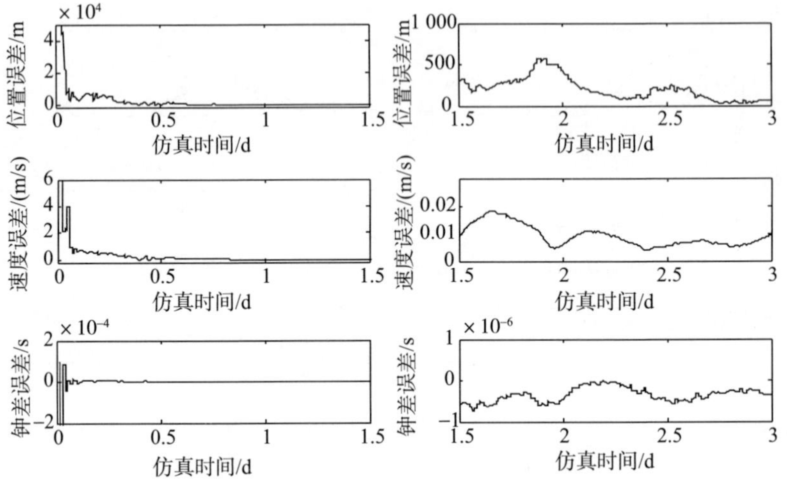

图 4-13　模式四（多探测器同时观测 3 颗星、位置速度联合量测）仿真结果

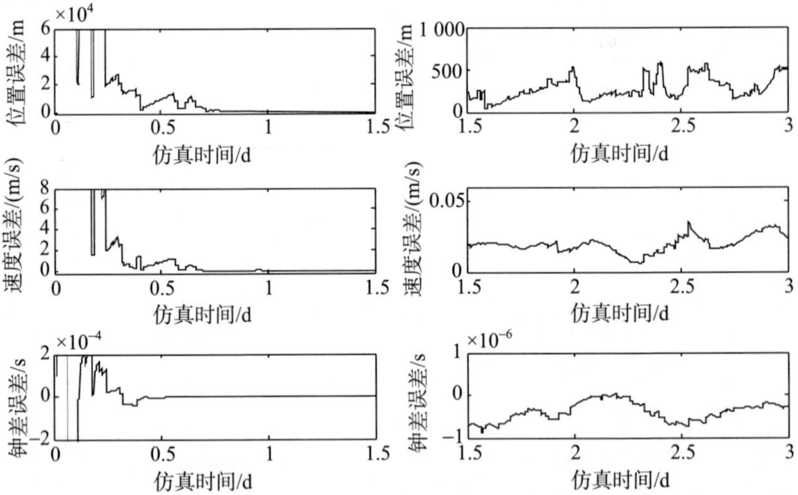

图 4-14　模式五（单探测器序贯观测 3 颗星、仅使用位置量测）仿真结果

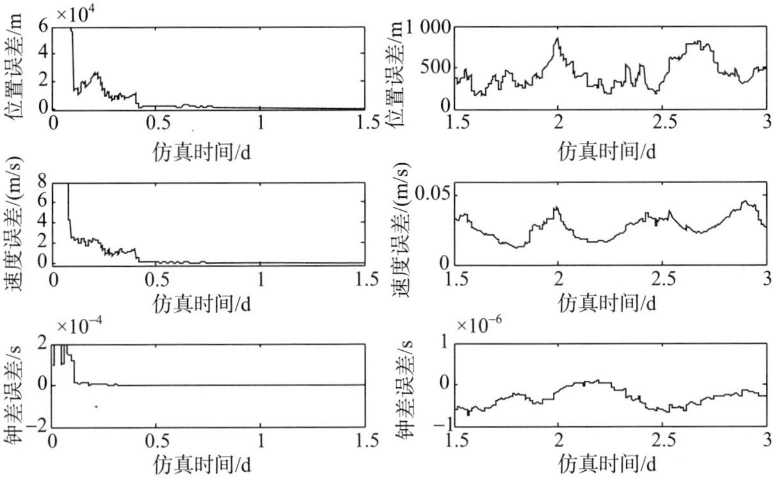

图 4-15　模式六（单探测器序贯观测 3 颗星、使用位置速度联合量测）仿真结果

表 4-5　不同量测模式仿真结果的 RMSE 值比较

模式	位置误差 RMSE/m	速度误差 RMSE/(m/s)	钟差误差 RMSE/s
模式一	1.2612×10^{7}	784.17	4.1823×10^{-3}
模式二	262.93	0.0124	4.3249×10^{-7}
模式三	2000.5	0.1304	1.0071×10^{-4}
模式四	246.18	0.0098	3.8850×10^{-7}
模式五	303.00	0.0202	4.5495×10^{-7}
模式六	455.92	0.0283	3.8248×10^{-7}

综上所述，4.4 节中设计的导航滤波器是有效的，可以实现航天器位置、速度与钟差的高精度实时估计，钟差的估计精度与航天器位置估计精度除以光速相当；引入速度量测并不能使导航精度明显提高，但使用速度量测也可以实现一定精度的位置与速度估计，故其可以作为备份量测量；单探测器序贯观测多星可以实现与同时观测多星相当的导航精度，考虑安装单探测器容易实现，建议采用单探测器序贯观测多星，以位置量测为主，以速度量测为备份的导航量测模式。

4.6　本章小结

本章研究了基于脉冲相位估计与多普勒频移估计的轨道确定与授时算法，进行了脉冲星导航算法的综合仿真验证。分析了基于光子 TOA 改正建立量测方程面临的困难，提出了基于脉冲相位跟踪建立量测方程的方法，分别基于相位量测与多普勒频移量测建立了线性化的位置量测方程与速度量测方程，其中，位置量测采用了两种线性化方式，即直接线性化与相对于参考位置的线性化，并对线性化误差进行了分析。针对导航滤波周期历元与量测历元不一致，提出了量测同步问题，应用视脉冲相位更新的原理设计了量测同步算法。基于 EKF 进行了导航滤波器设计，在与地球固联的 ITRS 下建立了轨道动力学状态方程，提出了 6 种量测模式。进行了包括光子数据模拟至导航滤波估计在内的全数字综合闭环仿真，通过仿真，验证了相位估计与跟踪算法、动力学与环境模拟算法及导航滤波算法的有效性，并建议采取单探测器序贯观测多星，以位置量测为主，以速度量测为备份的量测模式。

第 5 章　脉冲星导航中整周模糊度求解理论与算法

5.1　概述

整周模糊度求解问题也是脉冲星导航中的一个重要问题[22,23]。特别当导航系统发生故障而重启时，几乎没有任何位置先验信息，航天器可能位置的范围很大，此时，整周模糊度求解问题不可回避，需要解出正确的整周模糊度（以下简称模糊度）才能重建航天器的初始位置信息。整周模糊度求解几何示意如图 5－1 所示。每颗脉冲星的相位量测确定了航天器可能位置在一组平行的平面簇上，平面之间的间距为脉冲波长，每个平面对应着一个整周模糊度数值。对于空间定位，4 个这样的平面簇才可能交于一点，所以模糊度求解的最小单元为 4 颗脉冲星。

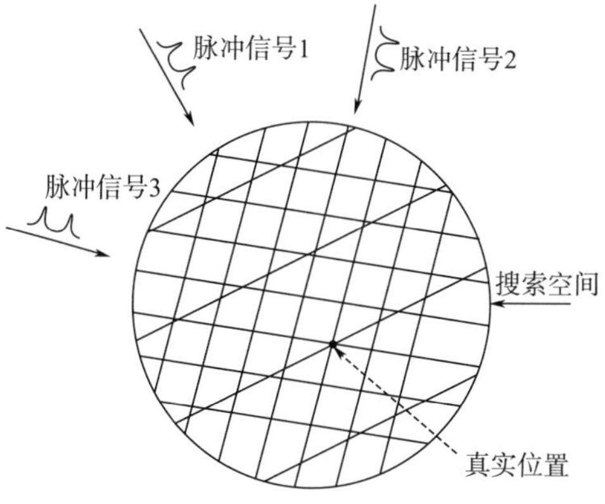

图 5－1　整周模糊度求解示意图

脉冲星导航的模糊度求解问题与GPS导航中的模糊度求解有些类似，但两者有本质区别：脉冲星的观测几何构型是不随时间改变的，不像GPS星座构型会实时变化，这样，对于脉冲星导航，即使采用多历元观测，模糊度观测矩阵也总是亏秩的。因此，GPS模糊度求解方法难于应用到脉冲星导航的模糊度求解中来，比如GPS中经典的最小二乘模糊度去相关平差方法（LAMBDA）[152]，便难以移植到脉冲星导航中来。脉冲星导航模糊度求解的一个重要特点就是其只能基于多星观测，而不能靠多历元观测。

由于量测是有误差的，模糊度求解问题也是一个概率问题。为了得到高的求解成功率，一般是借助搜索的方法。Sheikh[23]提出了搜索空间的概念，对候选模糊度进行逐个测式。Sara等[22]建立了基本搜索结构，这个搜索结构也是模糊度求解问题研究的基础：由3颗导航脉冲星与1颗检验脉冲星构成一个模糊度求解单元，不断地更换解算单元中的检验星进行搜索，直至得到3颗导航星的唯一模糊度解。国内学者在加速搜索进程方面做出了不少贡献，例如，谢振华等[153]得到了一种线性形式的检验方程来缩短搜索时间，谢强等[154]开发了一种匹配搜索技术，使用匹配搜索模板来减小候选模糊度数量，进一步加快了搜索进程。但是，他们的方法缺少统一的理论描述，无法说明检验量的统计分布，检验阈值的选取也比较经验化。

本章的目的是研究模糊度求解的相关理论，以给出更有效的搜索方法用于模糊度快速求解。本章建立了基于假设检验的接受域形式的求解模型，通过奇异值分解得到了线性形式的接受域表达式。将参考文献［153］与［154］的方法作为接受域的两种搜索方法统一到了同一求解模型下，并基于参考文献［154］的匹配搜索技术提出了一种新的搜索算法，称为基于粒子群优化的压缩模板匹配搜索算法，其使用粒子群优化算法快速寻找初始模糊度，同时，引入了新参数γ_m来压缩搜索模板。设计了数学仿真来考察所提出算法在不同问题规模下的成功概率与时间消耗，仿真结果最终验证了新提出算法的有效性。

5.2　整周模糊度量测模型

整周模糊度求解问题所要求解的是初始模糊度 m_0^{X}；初始模糊度确定后，借助于相位跟踪，通过相位计数便可以获得实时的模糊度数值。初始模糊度与航天器的初始位置是同时确定的，因此，整周模糊度求解问题与初始位置求解问题是等价的。在 4.2.2 节中已经得到了线性化的位置量测方程，将位置量测方程的 m^{X} 替换为 m_0^{X}，其他量也理解为初始时刻值，便可得到整周模糊度的量测方程。本章分析中，假设只有初始位置信息丢失，星钟信息并没有丢失，且星钟仍保持原有精度，这样，钟差为小量，可以作为量测模型的噪声。

对于深空探测任务，由式（4－16）与式（4－17）可得

$$\tilde{\phi}^{\mathrm{X}}-\Phi^{\mathrm{P}}(\tilde{\tau})+f_{\mathrm{s}}\Delta_{\mathrm{RBP}}=-m_0^{\mathrm{X}}+c^{-1}f_{\mathrm{s}}r_{\mathrm{P}}-\varepsilon_{\mathrm{L}}+\varepsilon_{\mathrm{W}}-f_{\mathrm{s}}\delta\tau \tag{5-1}$$

可以将上式改写为标准线性形式的模糊度量测方程

$$y=m+\boldsymbol{b}^{\mathrm{T}}\boldsymbol{x}+e \tag{5-2}$$

其中，y 为相位量测，m 为重新定义的模糊度变量，可以根据之解出 m_0^{X}，$\boldsymbol{x}$ 为位置矢量，e 为量测噪声

$$\begin{cases}y=\langle\tilde{\phi}^{\mathrm{X}}-\Phi^{\mathrm{P}}(\tilde{\tau})+f_{\mathrm{s}}\Delta_{\mathrm{RBP}}\rangle\in[0,1)\\ m=-m_0^{\mathrm{X}}-\mathrm{floor}[\tilde{\phi}^{\mathrm{X}}-\Phi^{\mathrm{P}}(\tilde{\tau})+f_{\mathrm{s}}\Delta_{\mathrm{RBP}}]\\ \boldsymbol{b}=c^{-1}f_{\mathrm{s}}\hat{\boldsymbol{R}}_0\\ \boldsymbol{x}=\boldsymbol{r}\\ e=-\varepsilon_{\mathrm{L}}+\varepsilon_{\mathrm{W}}-f_{\mathrm{s}}\delta\tau\end{cases} \tag{5-3}$$

对于近地任务，由式（4－18）与式（4－19）可得

$$-\delta\tilde{\phi}^{\mathrm{E}}=m^{\mathrm{E}}-m_0^{\mathrm{X}}+c^{-1}f_{\mathrm{s}}[1-\dot{\Delta}_{\mathrm{RBP}u}(\tilde{\boldsymbol{r}}_{\mathrm{E}})]r_{1\mathrm{P}}-(\varepsilon_{\mathrm{L}}^{\mathrm{E}}+\varepsilon_{\mathrm{E}}-\varepsilon_{\mathrm{W}}+f_{\mathrm{s}}\delta\tau) \tag{5-4}$$

同样，可以将上式改写为式（5－2）的形式，此时

$$\begin{cases} y = \langle -\delta\tilde{\phi}^{\mathrm{E}} \rangle \in [0,1) \\ m = m^{\mathrm{E}} - m_0^{\mathrm{X}} - \mathrm{floor}(-\delta\tilde{\phi}^{\mathrm{E}}) \\ \boldsymbol{b} = c^{-1} f_{\mathrm{s}} [1 - \dot{\Delta}_{\mathrm{RBP}u}(\tilde{\boldsymbol{r}}_{\mathrm{E}})] \hat{\boldsymbol{R}}_0 \\ \boldsymbol{x} = \boldsymbol{r}_1 \\ e = -(\varepsilon_{\mathrm{L}}^{\mathrm{E}} + \varepsilon_{\mathrm{E}} - \varepsilon_{\mathrm{W}} + f_{\mathrm{s}} \delta\tau) \end{cases} \tag{5-5}$$

一个模糊度求解单元由4颗脉冲星组成，根据式（5-2），联立4颗星可以得到矩阵形式的模糊度量测方程

$$\boldsymbol{y} = \boldsymbol{m} + \boldsymbol{B}\boldsymbol{x} + \boldsymbol{e} \tag{5-6}$$

其中，$\boldsymbol{y}$，$\boldsymbol{m}$ 和 $\boldsymbol{e}$ 分别为4维量测量，4维模糊度变量与4维噪声，$\boldsymbol{B}$ 为列满秩的量测矩阵，表达式为 $\boldsymbol{B} = [\boldsymbol{b}_1, \boldsymbol{b}_2, \boldsymbol{b}_3, \boldsymbol{b}_4]^{\mathrm{T}}$。在以下的分析中，噪声矢量 $\boldsymbol{e}$ 假设服从零均值的4维正态分布：$\boldsymbol{e} \sim N_4(\boldsymbol{0}, \boldsymbol{R})$，其中，$\boldsymbol{R}$ 为对称正定的方差矩阵，满足 $\mathrm{E}(\boldsymbol{e}\boldsymbol{e}^{\mathrm{T}}) = \boldsymbol{R} > 0$。

5.3 整周模糊度接受域模型

给定估值 $\tilde{\boldsymbol{m}}$ 与 $\tilde{\boldsymbol{x}}$，模糊度量测方程的残差为

$$\tilde{\boldsymbol{e}} = \boldsymbol{y} - \tilde{\boldsymbol{m}} - \boldsymbol{B}\tilde{\boldsymbol{x}} \tag{5-7}$$

一个更好的模糊度估值 $\tilde{\boldsymbol{m}}$ 应能使 $\tilde{\boldsymbol{e}}$ 的 $\boldsymbol{R}^{-1}$ —范数更小，其表达式为

$$\| \tilde{\boldsymbol{e}} \|_{\boldsymbol{R}^{-1}} = (\tilde{\boldsymbol{e}}^{\mathrm{T}} \boldsymbol{R}^{-1} \tilde{\boldsymbol{e}})^{1/2} \tag{5-8}$$

给定 $\tilde{\boldsymbol{m}}$，要使 $\tilde{\boldsymbol{e}}$ 的 $\boldsymbol{R}^{-1}$ —范数最小，$\tilde{\boldsymbol{x}}$ 需要取为加权最小二乘解：$\tilde{\boldsymbol{x}} = \boldsymbol{X}(\boldsymbol{y} - \tilde{\boldsymbol{m}})$，其中，$\boldsymbol{X}$ 为 $\boldsymbol{B}$ 的加权{1，3}逆，满足[155]

$$\begin{cases} \boldsymbol{B}\boldsymbol{X}\boldsymbol{B} = \boldsymbol{B} \\ (\boldsymbol{R}^{-1}\boldsymbol{B}\boldsymbol{X})^{\mathrm{T}} = \boldsymbol{R}^{-1}\boldsymbol{B}\boldsymbol{X} \end{cases} \tag{5-9}$$

由于 $\mathrm{rank}(\boldsymbol{B}) = 4$，$\boldsymbol{X}$ 的解是唯一的，其表达式为

$$\boldsymbol{X} = (\boldsymbol{B}^{\mathrm{T}} \boldsymbol{R}^{-1} \boldsymbol{B})^{-1} \boldsymbol{B}^{\mathrm{T}} \boldsymbol{R}^{-1} \tag{5-10}$$

因此，$\tilde{\boldsymbol{e}}$ 可以表示为

$$\tilde{\boldsymbol{e}} = \boldsymbol{C}(\boldsymbol{y} - \tilde{\boldsymbol{m}}) \tag{5-11}$$

其中，$\boldsymbol{C} \equiv \boldsymbol{I} - \boldsymbol{B}\boldsymbol{X}$。根据式（5-6）与式（5-11），有

$$\tilde{e} = C(e + m + Bx - \tilde{m}) \tag{5-12}$$

因为 $CB = B - BXB = 0$，$\tilde{e}$ 可以表达为

$$\tilde{e} = Ce + C(m - \tilde{m}) \tag{5-13}$$

现在，来探究一下矩阵 C 的性质。根据加权｛1，3｝逆的性质，有 $XB = I$，且 $(BX)(BX) = BX$，即 BX 是幂等的。BX 与 XB 有相同的非零特征值，故 BX 的特征值为（1，1，1，0），且 $\mathrm{rank}(BX) = 3$。另一方面，C 也是幂等矩阵，故有 $\mathrm{rank}(C) = 4 - \mathrm{rank}(BX) = 1$。因此，通过奇异值分解（SVD），$C$ 可以分解为[155]

$$C = u_1 \sigma_1 v_1^{\mathrm{T}} \tag{5-14}$$

其中，σ_1 为 C 的唯一非零奇异值，u_1 与 v_1 分别为 C 对应于 σ_1 的左奇异向量与右奇异向量。

接下来，将探讨如何应用假设检验的方法来甄选模糊度。选定零假设为给定模糊度与真实模糊度相等，备选假设为给定模糊度与真实模糊度不相等

$$\begin{cases} \mathrm{H}_0: \tilde{m} = m \\ \mathrm{H}_1: \tilde{m} \neq m \end{cases} \tag{5-15}$$

设计检验统计量为残差 $\tilde{e}$ 的二次型：$T_{\mathrm{m}} = \tilde{e}^{\mathrm{T}} R^{-1} \tilde{e}$。在 H_0 成立时，根据式（5-13），有 $\tilde{e} = Ce$，因此，T_{m} 可写为 e 的二次型：$T_{\mathrm{m}} = e^{\mathrm{T}} C^{\mathrm{T}} R^{-1} Ce$。通过式（5-9）可得

$$C^{\mathrm{T}} R^{-1} = R^{-1} - (R^{-1} BX)^{\mathrm{T}} = R^{-1} - (R^{-1} BX) = R^{-1} C \tag{5-16}$$

基于上式及 C 的幂等性，得到如下表达式

$$R(C^{\mathrm{T}} R^{-1} C) R (C^{\mathrm{T}} R^{-1} C) R = R (C^{\mathrm{T}} R^{-1} C) R \tag{5-17}$$

并有

$$1 \leqslant \mathrm{rank}(C^{\mathrm{T}} R^{-1} C) \leqslant \mathrm{rank}(R^{-1} C) = \mathrm{rank}(C) = 1 \tag{5-18}$$

于是

$$\mathrm{rank}(C^{\mathrm{T}} R^{-1} C) = 1 \tag{5-19}$$

有了式（5-17）与式（5-19）两个条件，根据正态变量二次型的统计理论可知，T_{m} 服从自由度为 1 的 χ^2 分布[156]：$T_{\mathrm{m}} \sim \chi^2(1)$。

给定显著性水平 α ，$\tilde{\boldsymbol{m}}=\boldsymbol{m}$ 的接受域为 $T_{\mathrm{m}} \leqslant \chi_{\alpha}^{2}(1)$ ，也就是

$$\|\boldsymbol{C}(\boldsymbol{y}-\tilde{\boldsymbol{m}})\|_{\boldsymbol{R}^{-1}}^{2} \leqslant \chi_{\alpha}^{2}(1) \tag{5-20}$$

式（5－20）确定了一个极有可能包含真实模糊度的空间，称为模糊度的接受域。在一次检验操作中，根据式（5－20），拒绝整个模糊度求解单元的真实模糊度的概率为 α ；然而，我们只需要得到 3 颗导航星的真实模糊度，记为 $\boldsymbol{m}_{\mathrm{n}}=[\boldsymbol{m}_{1}, \boldsymbol{m}_{2}, \boldsymbol{m}_{3}]^{\mathrm{T}}$ ，故拒绝 $\boldsymbol{m}_{\mathrm{n}}$ 的概率应小于 α ，因为一个错误的 $\tilde{m}_{4}$ 也可能对应真实的 $\boldsymbol{m}_{\mathrm{n}}$ 。如果通过 N 颗检验星得到唯一的 $\tilde{\boldsymbol{m}}_{\mathrm{n}}$ ，解得真实 $\boldsymbol{m}_{\mathrm{n}}$ 的概率将大于等于 $(1-\alpha)^{N}$ ；这个概率值可作为模糊度求解成功概率的下限；模糊度求解成功概率也可以通过调节 α 的值来控制。

式（5－20）不等号左边对于 $\tilde{\boldsymbol{m}}$ 是非线性的，接下来，将设法得到与式（5－20）等价的线性形式的方程，以方便应用。

因为 $\boldsymbol{R}>0$，同样有 $\boldsymbol{R}^{-1}>0$，于是存在唯一的 $\boldsymbol{W} \geqslant 0$ 满足 $\boldsymbol{W}^{2}=\boldsymbol{R}^{-1}$ [157]，通过式（5－14），可以得到

$$\|\boldsymbol{C}(\boldsymbol{y}-\tilde{\boldsymbol{m}})\|_{\boldsymbol{R}^{-1}}^{2}=\|\boldsymbol{z}-\boldsymbol{k} m_{\mathrm{L}}\|^{2} \tag{5-21}$$

其中，$\boldsymbol{z}=\boldsymbol{W C y}$ ，$\boldsymbol{k}=\boldsymbol{W} \boldsymbol{u}_{1}$，且 $m_{\mathrm{L}}=\boldsymbol{l}^{\mathrm{T}} \overline{\boldsymbol{m}}$ ；$\boldsymbol{l}$ 满足 $\boldsymbol{l}=\sigma_{1} \boldsymbol{v}_{1}^{\mathrm{T}}$，记为 $\boldsymbol{l}=[l_{1}, l_{2}, l_{3}, l_{4}]^{\mathrm{T}}$ 。进一步有

$$\boldsymbol{z}=(\sigma_{1} \boldsymbol{v}_{1}^{\mathrm{T}} \boldsymbol{y})(\boldsymbol{W} \boldsymbol{u}_{1})=(\sigma_{1} \boldsymbol{v}_{1}^{\mathrm{T}} \boldsymbol{y}) \boldsymbol{k} \tag{5-22}$$

这表明 $\boldsymbol{z}$ 与 $\boldsymbol{k}$ 是平行的，于是

$$(\boldsymbol{z}^{\mathrm{T}} \boldsymbol{k})^{2}=\|\boldsymbol{z}\|^{2}\|\boldsymbol{k}\|^{2} \tag{5-23}$$

通过式（5－21），式（5－20）可以改写为

$$\|\boldsymbol{z}-\boldsymbol{k} m_{\mathrm{L}}\|^{2} \leqslant \chi_{\alpha}^{2}(1) \tag{5-24}$$

式（5－24）不等号左边是自变量 m_{L} 的抛物线函数，通过式（5－23），可以解出 m_{L}

$$\tilde{M}-D \leqslant m_{\mathrm{L}} \leqslant \tilde{M}+D \tag{5-25}$$

其中，$\tilde{M}=\boldsymbol{z}^{\mathrm{T}} \boldsymbol{k}\|\boldsymbol{k}\|^{-2}$ ，且 $D=\|\boldsymbol{k}\|^{-1} \sqrt{\chi_{\alpha}^{2}(1)}$ 。将式（5－25）改写为

$$|\boldsymbol{l}^{\mathrm{T}} \tilde{\boldsymbol{m}}-\tilde{M}| \leqslant D \tag{5-26}$$

上式为式（5－20）的充分必要条件；这样，最终获得了以式（5－26）表示的线性形式的模糊度接受域。

5.4　整周模糊度搜索算法

5.4.1　穷举搜索（ES）算法

基于 5.3 节的模糊度接受域模型，模糊度求解的任务便是求解式（5－26）。最简单的方法便是穷举搜索（ES）方法。在时效性和搜索结构上，ES 方法与参考文献［154］的方法相当，其算法描述如下。

设航天器至参考原点（SSB 或地心）的最大可能距离为 $R_{\max}$，搜索空间可以用模糊度的上界和下界来描述，即对于 $i=1$，2，3，4，$m_i \in [b_{\mathrm{L}i},\ b_{\mathrm{U}i}]$，上下界分别定义为

$$\begin{cases} b_{\mathrm{L}i} = \mathrm{round}(-c^{-1}R_{\max}f_{si}) \\ b_{\mathrm{U}i} = \mathrm{round}(c^{-1}R_{\max}f_{si}) + 1 \end{cases} \tag{5-27}$$

不妨设 $l_4 > 0$，定义区间 $\boldsymbol{U}$

$$\boldsymbol{U} = [(\widetilde{M} - D - \boldsymbol{l}_{\mathrm{n}}^{\mathrm{T}}\widetilde{\boldsymbol{m}}_{\mathrm{n}})/l_4, (\widetilde{M} + D - \boldsymbol{l}_{\mathrm{n}}^{\mathrm{T}}\widetilde{\boldsymbol{m}}_{\mathrm{n}})/l_4] \tag{5-28}$$

其中，$\boldsymbol{l}_{\mathrm{n}} = [l_1,\ l_2,\ l_3]^{\mathrm{T}}$。令 $\boldsymbol{S}$ 为包含导航星所有可能模糊度的集合

$$\boldsymbol{S} = \{\widetilde{\boldsymbol{m}}_{\mathrm{n}} \mid \widetilde{m}_i \in [b_{Li}, b_{Ui}], \widetilde{m}_i \in \mathbf{Z}, i = 1,2,3\} \tag{5-29}$$

再令 $\boldsymbol{A}$ 代表当前接受的导航星模糊度的集合，用绝对值符号 $|\cdot|$ 表示集合元素的个数，并设 j 为检验星的序号（从 1 开始计数）。那么 ES 算法的流程如下。

步骤 1　对第 j 个检验星，使用 3 维顺序遍历来构建集合 $\boldsymbol{A}$

$$\boldsymbol{A} = \{\widetilde{\boldsymbol{m}}_{\mathrm{n}} \in \boldsymbol{S} \,|\, \boldsymbol{U} \cap [b_{\mathrm{L}4}, b_{\mathrm{U}4}] \cap \mathbf{Z} \neq \varnothing \tag{5-30}$$

步骤 2　如果 $|\boldsymbol{A}|=1$，搜索完成，$\boldsymbol{A}$ 中所剩元素为导航星的模糊度；如果 $|\boldsymbol{A}|=0$，搜索失败并退出；如果 $|\boldsymbol{A}|>1$，令 $j=j+1$，并返回步骤 1。

尽管 ES 算法的时耗会随着问题规模的增大而迅速增加，但其算

法简单，应用方便，对于小规模问题，时效性也很高，所以ES算法仍为最基本的搜索算法。对于其他搜索算法，若使用第1颗检验星未能找到唯一模糊度，剩余问题规模已经很大程度地降低了，第2颗及后续检验星的模糊度搜索便仍可以使用ES算法。

5.4.2　基于顺序搜索的匹配搜索（SS-MS）算法

如果能得到一个初始解 $\tilde{\boldsymbol{m}}_0=[\tilde{m}_{01},\ \tilde{m}_{02},\ \tilde{m}_{03},\ \tilde{m}_{04}]^{\mathrm{T}}$ 满足式（5-26），$\tilde{m}_{04}$ 一定在如下区间内（仍假设 $l_4>0$）

$$\boldsymbol{U}_1=[(\tilde{M}-D-\boldsymbol{l}_{\mathrm{n}}^{\mathrm{T}}\tilde{\boldsymbol{m}}_{\mathrm{n}0})/l_4,(\tilde{M}+D-\boldsymbol{l}_{\mathrm{n}}^{\mathrm{T}}\tilde{\boldsymbol{m}}_{\mathrm{n}0})/l_4] \tag{5-31}$$

其中，$\tilde{\boldsymbol{m}}_{\mathrm{n}0}=[\tilde{m}_{01},\ \tilde{m}_{02},\ \tilde{m}_{03}]^{\mathrm{T}}$。对于一个可接受的 $\tilde{\boldsymbol{m}}_{\mathrm{n}}$，式（5-28）定义的区间 $\boldsymbol{U}$ 一定会包含至少一个整数。区间 $\boldsymbol{U}$ 相对于 $\boldsymbol{U}_1$ 有一个正方向的偏移 $\delta_{\mathrm{m}}=-1/l_4\boldsymbol{l}_{\mathrm{n}}^{\mathrm{T}}(\tilde{\boldsymbol{m}}_{\mathrm{n}}-\tilde{\boldsymbol{m}}_{\mathrm{n}0})$，同时，$\boldsymbol{U}$ 与 $\boldsymbol{U}_1$ 有相同的长度，为 $2D/|l_4|$。偏移量 δ_{m} 可以等效为 $\delta_{\mathrm{r}}=\delta_{\mathrm{m}}-\mathrm{round}(\delta_{\mathrm{m}})\in[-0.5,\ 0.5)$；对于判断 $\boldsymbol{U}$ 是否包含整数，δ_{r} 与 δ_{m} 是等价的。如果 $2D/|l_4|\geqslant 0.5$，自然便有 $|\delta_{\mathrm{r}}|\leqslant 2D/|l_4|$，如果 $2D/|l_4|<0.5$，δ_{r} 需要满足 $|\delta_{\mathrm{r}}|\leqslant 2D/|l_4|$ 来确保 $\boldsymbol{U}$ 包含至少一个整数，这样，便得到了接受 $\tilde{\boldsymbol{m}}_{\mathrm{n}}$ 的一个必要条件

$$|\delta_{\mathrm{r}}|\leqslant 2D/|l_4| \tag{5-32}$$

如果导航星与检验星已经选定，可行的模糊度增量 $\delta\tilde{\boldsymbol{m}}_{\mathrm{n}}=\tilde{\boldsymbol{m}}_{\mathrm{n}}-\tilde{\boldsymbol{m}}_{\mathrm{n}0}$ 便可通过式（5-32）在地面预先确定。可行模糊度增量构成的集合 $\boldsymbol{V}_1$ 称为匹配搜索模板（以下简称为模板）[154]

$$\boldsymbol{V}_1=\left\{\delta\tilde{\boldsymbol{m}}_{\mathrm{n}}\left|\begin{array}{l}|\delta_{\mathrm{r}}(\delta\tilde{\boldsymbol{m}}_{\mathrm{n}})|\leqslant 2D/|l_4|,\ |\delta\tilde{m}_i|<b_{\mathrm{U}i}-b_{\mathrm{L}i},\\ \delta\tilde{m}_i\in\mathbf{Z},i=1,2,3\end{array}\right.\right\} \tag{5-33}$$

对于模糊度的在轨求解，可以通过顺序搜索得到任意一个 $\tilde{\boldsymbol{m}}_{\mathrm{n}0}$ 值，再使用 $\tilde{\boldsymbol{m}}_{\mathrm{n}0}+\delta\tilde{\boldsymbol{m}}_{\mathrm{n}}$ 来生成所有的候选模糊度，然后，只需要检验候选模糊度是否在其上下限内即可。对于第1颗检验星使用上述方

法，对接下来的检验星使用 ES 算法即可。这样，参考文献 [154] 中的方法可以归并到模糊度接受域的模型框架下来；将其重新组织并命名为基于顺序搜索的匹配搜索（SS－MS）算法，具体算法流程如下。

步骤 1　对于第 j 个检验星（$j=1$），顺序搜索 $\boldsymbol{S}$ 直至找到一个 $\widetilde{\boldsymbol{m}}_{\mathrm{n}0}$ 满足 $\boldsymbol{U}_1 \cap [b_{\mathrm{L}4},\ b_{\mathrm{U}4}] \cap \mathbf{Z} \neq \varnothing$。

步骤 2　按下式构建集合 $\boldsymbol{S}_1$

$$\boldsymbol{S}_1 = \left\{\widetilde{\boldsymbol{m}}_{\mathrm{n}} = \widetilde{\boldsymbol{m}}_{\mathrm{n}0} + \delta\widetilde{\boldsymbol{m}}_{\mathrm{n}} \,\middle|\, \delta\widetilde{\boldsymbol{m}}_{\mathrm{n}} \in \mathbf{V}_1, \widetilde{m}_i \in [b_{\mathrm{L}i}, b_{\mathrm{U}i}], i = 1,2,3\right\} \tag{5-34}$$

步骤 3　如果 $|\boldsymbol{S}_1|=1$，搜索完成，$\boldsymbol{S}_1$ 的剩余元素即为导航星的模糊度；如果 $|\boldsymbol{S}_1|=0$，搜索失败并退出；如果 $|\boldsymbol{S}_1|>1$，令 $j=j+1$，返回 ES 算法的步骤 1，然后继续 ES 算法的流程。

5.4.3　基于粒子群优化的压缩模板匹配搜索（PSO－CPMS）算法

为了进一步提升 SS－MS 算法的效率，引入一个新的参数 γ_{m} 来对模板进行压缩。对于 $\gamma_{\mathrm{m}} \geqslant 1$，如果得到一个初始解 $\widetilde{\boldsymbol{m}}_0$ 满足

$$|\boldsymbol{l}^{\mathrm{T}}\widetilde{\boldsymbol{m}}_0 - \widetilde{M}| \leqslant D/\gamma_{\mathrm{m}} \tag{5-35}$$

那么，$\widetilde{m}_{04}$ 必定在如下区间内（仍假设 $l_4>0$）

$$\boldsymbol{U}_2 = [(\widetilde{M} - D/\gamma_{\mathrm{m}} - \boldsymbol{l}_{\mathrm{n}}^{\mathrm{T}}\widetilde{\boldsymbol{m}}_{\mathrm{n}0})/l_4, (\widetilde{M} + D/\gamma_{\mathrm{m}} - \boldsymbol{l}_{\mathrm{n}}^{\mathrm{T}}\widetilde{\boldsymbol{m}}_{\mathrm{n}0})/l_4] \tag{5-36}$$

区间 $\boldsymbol{U}_2$ 的长度变为 $2D/(\gamma_{\mathrm{m}}|l_4|)$，这样，$\boldsymbol{U}$ 相对于 $\boldsymbol{U}_2$ 不仅有一个正方向 δ_{m}（或等效为 δ_{r}）的平移，还有一个在 $\boldsymbol{U}_2$ 两端 $(1-1/\gamma_{\mathrm{m}})D/|l_4|$ 的延展。如果根据式（5－26）接受了 $\widetilde{\boldsymbol{m}}_{\mathrm{n}}$，这表明其对应的区间 $\boldsymbol{U}$ 包含至少一个整数，那么，出于与 5.4.2 节中同样的原因，必然有

$$|\delta_{\mathrm{r}}| \leqslant 2D/(\gamma_{\mathrm{m}}|l_4|) + (1-1/\gamma_{\mathrm{m}})D/|l_4| \tag{5-37}$$

这样，便能得到接受 $\widetilde{\boldsymbol{m}}_{\mathrm{n}}$ 必要条件的一个新的形式

$$|\delta_r| \leqslant (1+1/\gamma_{\mathrm{m}})D/|l_4| \tag{5-38}$$

根据式（5－38），取 $\gamma_{\mathrm{m}} > 1$，可以建立压缩模板 $\mathbf{V}_2$

$$\mathbf{V}_2 = \left\{ \delta\tilde{\boldsymbol{m}}_{\mathrm{n}} \left| \begin{array}{l} |\delta_{\mathrm{r}}(\delta\tilde{\boldsymbol{m}}_{\mathrm{n}})| \leqslant (1+1/\gamma_{\mathrm{m}})D/|l_4|, \\ |\delta\bar{m}_i| < b_{\mathrm{U}i} - b_{\mathrm{L}i}, \delta\bar{m}_i \in \mathbf{Z}, i=1,2,3 \end{array} \right. \right\} \tag{5-39}$$

如果 $\gamma_{\mathrm{m}} > 1$，与式（5－26）相比，搜索式（5－35）的初始解要困难些，所以引入了粒子群优化（PSO）[158,159]的方法来加快搜寻 $\tilde{\boldsymbol{m}}_{\mathrm{n0}}$ 的速度。优化的目标函数取为 $f(\tilde{\boldsymbol{m}}) = |\boldsymbol{l}^{\mathrm{T}}\tilde{\boldsymbol{m}} - \tilde{M}|$。

在PSO算法应用中，采用参考文献［160］的方法来处理整数约束，使用步进策略而非对粒子速度简单取整；此外，粒子的初始位置设置为分散在超平面 $|\boldsymbol{l}^{\mathrm{T}}\tilde{\boldsymbol{m}} - \tilde{M}| = 0$ 附近。设 S 表示粒子群中粒子的个数，N_{I} 为最大迭代次数，令 $\boldsymbol{g} = [g_1, g_2, g_3, g_4]^{\mathrm{T}}$，指群体最佳位置，令 $\boldsymbol{p}_k = [p_{k1}, p_{k2}, p_{k3}, p_{k4}]^{\mathrm{T}}$，表示第 k 个粒子的个体最佳位置，并设 $\tilde{\boldsymbol{m}}_k = [\tilde{m}_{k1}, \tilde{m}_{k2}, \tilde{m}_{k3}, \tilde{m}_{k4}]^{\mathrm{T}}$，表示第 k 个粒子的当前位置，那么，用PSO算法搜索模糊度初始解的算法流程如下。

步骤1　对于每个粒子（$k=1, 2, \cdots, S$），执行：

1）对于 $i=1, 2, 3$，生成 $r_{ki} \sim U(b_{\mathrm{L}i}, b_{\mathrm{U}i})$，并令 $\tilde{m}_{ki} = \mathrm{round}(r_{ki})$；

2）$m_{k4} = \mathrm{round}[(\tilde{M} - \boldsymbol{l}_{\mathrm{n}}^{\mathrm{T}}\tilde{\boldsymbol{m}}_{nk})/l_4]$；

3）初始化粒子个体最佳位置为其初始位置：$\boldsymbol{p}_k \leftarrow \tilde{\boldsymbol{m}}_k$；

4）如果 $f(\boldsymbol{p}_k) < f(\boldsymbol{g})$，则更新 $\boldsymbol{g}$：$\boldsymbol{g} \leftarrow \boldsymbol{p}_k$。

步骤2　直至 $f(\boldsymbol{g}) < D/\gamma_{\mathrm{m}}$ 或迭代次数达到 N_{I}，重复执行：

对于每个粒子，$k=1, 2, \cdots, S$，执行：

1）对于 $i=1, 2, 3, 4$，执行：

a. 生成 $r_{\mathrm{p}} \sim U(0, 1)$，$r_{\mathrm{g}} \sim U(0, 1)$，及 $r_{\mathrm{d}} \sim U(0, 1)$；

b. 计算 $v_{ki} = c_{\mathrm{p}} r_{\mathrm{p}} (p_{ki} - \tilde{m}_{ki}) + c_{\mathrm{g}} r_{\mathrm{g}} (g_i - \tilde{m}_{ki})$，其中 $c_{\mathrm{p}} = c_{\mathrm{g}} = 2$；

c. 更新粒子位置：

$$\bar{m}_{ki} \leftarrow \begin{cases} \bar{m}_{ki}+1, & v_{ki}>0 \\ \bar{m}_{ki}-1, & v_{ki}<0 \\ \bar{m}_{ki}+d, & v_{ki}=0 \end{cases}, d=\begin{cases} 1, & r_{\mathrm{d}} \leqslant 1/3 \\ 0, & 1/3<r_{\mathrm{d}} \leqslant 2/3 \\ -1, & r_{\mathrm{d}}>2/3 \end{cases}$$

2）如果 $f(\widetilde{\boldsymbol{m}}_k)<f(\boldsymbol{p}_k)$，更新 $\boldsymbol{p}_k$：$\boldsymbol{p}_k \leftarrow \widetilde{\boldsymbol{m}}_k$

3）如果 $f(\boldsymbol{p}_k)<f(\boldsymbol{g})$，更新 $\boldsymbol{g}$：$\boldsymbol{g} \leftarrow \boldsymbol{p}_k$

步骤 3　获得式（5－35）的初始解：$\widetilde{\boldsymbol{m}}_0=\boldsymbol{g}$

至此，便可归纳出一个新的模糊度搜索算法，称其为基于粒子群优化的压缩模板匹配搜索（PSO－CPMS）算法，算法流程如下。

步骤 1　对第 j（$j=1$）颗检验星，使用上述 PSO 算法获得式（5－35）初始解 $\widetilde{\boldsymbol{m}}_0$，进而确定 $\widetilde{\boldsymbol{m}}_{\mathrm{n}0}$。

步骤 2　按下式构建集合 $\boldsymbol{S}_2$：

$$\boldsymbol{S}_2=\left\{\widetilde{\boldsymbol{m}}_{\mathrm{n}}=\widetilde{\boldsymbol{m}}_{\mathrm{n}0}+\delta\widetilde{\boldsymbol{m}}_{\mathrm{n}} \mid \delta\widetilde{\boldsymbol{m}}_{\mathrm{n}} \in \boldsymbol{V}_2, \widetilde{m}_i \in [b_{\mathrm{L}i}, b_{\mathrm{U}i}], i=1,2,3\right\} \tag{5-40}$$

步骤 3　如果 $|\boldsymbol{S}_2|=1$，搜索完成，$\boldsymbol{S}_2$ 的剩余元素即为导航星的模糊度；如果 $|\boldsymbol{S}_2|=0$，搜索失败并退出；如果 $|\boldsymbol{S}_2|>1$，令 $j=j+1$，返回 ES 算法的步骤 1，并继续 ES 算法的流程。

5.5　整周模糊度求解仿真分析

参考文献［153］与［154］的算法分别对应于 ES 算法与 SS－MS 算法。由于参考文献［153］与［154］已经展示了其算法相对于参考文献［23］与［22］中算法的优越性，这里只将 PSO－CPMS 算法与 ES 算法及 SS－MS 算法进行比较。在不同问题规模下对三种算法进行了仿真。问题规模（记为 S_{p}）由第 1 个模糊度求解单元（由 3 颗导航星与第 1 颗检验星组成）的搜索空间的模糊度个数来描述。问题规模随 $R_{\max}$ 的增长而增大，可由下式计算

$$S_p = \prod_{i=1}^{4} (b_{Ui} - b_{Li} + 1) \tag{5-41}$$

对于下述选定的脉冲星，问题规模 S_p 随 R_{max} 的变化曲线如图5-2所示。

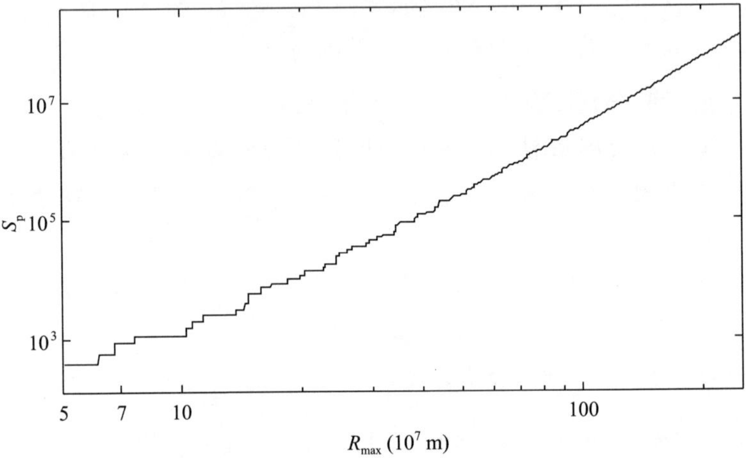

图 5-2　问题规模 S_p 随 R_{max} 的变化曲线（对数曲线）

用于仿真的导航星与检验星从参考文献［23］的表 3-2 中选取，为了简化计算，只选取了单星。脉冲星自转周期越大，搜索空间会越小，对模糊度求解越有利，因而选取 3 颗导航星为 PSR J1846－0258，PSR B1509－58 与 PSR J1930＋1852，选取第 1 颗检验星为 PSR B1823－13。其他检验星依次为 PSR J1124－5916，PSR B1706－44，PSR B0833－45，PSR J1617－5055，PSR J1420－6048，PSR J0205＋6449，PSR J1811－1925，PSR B0540－69，PSR B1951＋32，PSR B0531＋21，PSR J0537－6910，PSR J2124－3358，PSR J0030＋0451，PSR B1821－24 与 PSR B1937＋21。

仿真中航天器理论位置矢量设定为 $\boldsymbol{x} = [2.6\times10^7, -2.6\times10^7, 2.6\times10^7]^T$ m，导航星的理论模糊度为 $\boldsymbol{m}_n = [1, 0, 1]^T$，模糊度量测误差根据式（3-37）计算，未考虑模型线性化误差与钟差，τ_{obs} 取为 1000 s，A_d 取为 1 m^2。在不同问题规模下对各搜索算法

进行了仿真，选取了 7 个 R_{max} 值，分别为（单位为 10^7 m）5，10，15，30，50，100 与 200。对于 PSO－CPMS 算法，粒子数取为 $S=40$，最大迭代次数设为 $N_I=10$。参数 γ_m 的选取遵循以下两个原则：1）要确保 PSO 算法在迭代次数 N_I 内以尽可能高的概率找到式（5－35）的初始解；2）如果可以满足第一条原则，γ_m 值尽可能取大。基于上述两个原则，通过数学仿真对 γ_m 进行配置，对应于上述 7 个 R_{max} 值，γ_m 分别设为 3，3，4，6，8，8 与 8。

对 SS－MS 算法与 PSO－CPMS 算法的匹配搜索模板的尺寸（即模板元素个数）进行了比较，在表 5－1 中列出了不同问题规模下的模板尺寸。从表 5－1 可以看出 $|\mathbf{V}_1|$ 约为 $|\mathbf{V}_2|$ 的 $2/(1+1/\gamma_m)$ 倍，这表明新算法引入参数 γ_m 可以有效降低模板尺寸。

表 5－1　SS－MS 与 PSO－CPMS 算法在不同问题规模下的模板尺寸比较

R_{max}(10^7 m)	S_p	$\|\mathbf{V}_1\|$	$\|\mathbf{V}_2\|$	$2/(1+1/\gamma_m)$
5	384	65	49	1.5
10	1 152	169	109	1.5
15	5 760	621	387	1.6
30	45 056	2 843	1 661	1.7
50	254 592	10 889	6 113	1.8
100	3 440 800	76 525	43 049	1.8
200	50 652 000	584 033	328 529	1.8

基于 Monte－Carlo 仿真方法，对三种搜索算法的模糊度求解过程在上述 7 个问题规模下分别执行 500 次。每个检验星的显著性水平均取为 $\alpha=0.05$，对解算成功概率进行了统计，相关结果在表 5－2 中列出，其中，$\bar{N}$ 指平均使用检验星个数，$P_L=(1-\alpha)^{\bar{N}}$ 指预测的成功概率下限值，P_{suc} 表示仿真后统计的实际成功概率；同时，图 5－3 也画出了实际解算成功概率与预测成功概率随问题规模的变化曲线。表 5－2 与图 5－3 的结果可以表明：1）在相同的显著性水平下，三种搜索方法成功概率差别不大；2）在小问题规模下，1 颗检

验星即可实现模糊度求解，并有 $P_{suc} \approx P_L$；3）对于较大问题规模需要更多的检验星，并且如预期的有 $P_{suc} > P_L$。

表 5-2　三种搜索算法在不同问题规模下的模糊度求解成功概率及相关参数

R_{max} (10^7 m)	ES			SS-MS			PSO-CPMS		
	$\bar{N}$	P_L	P_{suc}	$\bar{N}$	P_L	P_{suc}	$\bar{N}$	P_L	P_{suc}
5	1	0.950	0.954	1	0.950	0.950	1	0.950	0.952
10	1	0.950	0.948	1	0.950	0.962	1	0.950	0.946
15	1.944	0.905	0.918	1.954	0.905	0.936	1.950	0.905	0.932
30	2.156	0.895	0.926	2.176	0.894	0.920	2.146	0.896	0.940
50	2.378	0.885	0.930	2.532	0.878	0.916	2.354	0.886	0.930
100	7.572	0.678	0.786	7.450	0.682	0.770	7.548	0.679	0.770
200	10.888	0.572	0.793	10.603	0.581	0.744	11.014	0.568	0.782

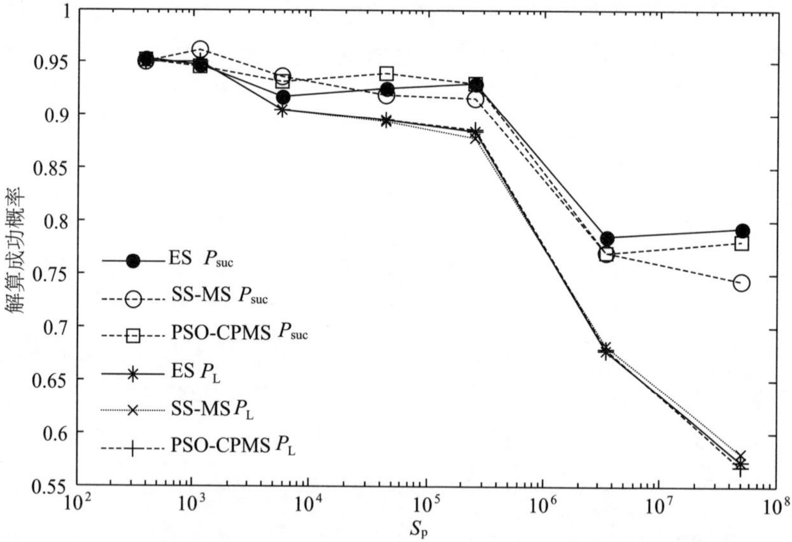

图 5-3　不同搜索算法模糊度求解成功概率随问题规模的变化曲线（$\alpha = 0.05$）（横坐标为对数尺度）

表 5－3 列出了不同问题规模下的模糊度求解的平均时间消耗（仿真计算机的 CPU 频率为 2.2 GHz），同时，图 5－4 作出了平均时耗随问题规模的变化曲线。在图 5－4 中，三条曲线几乎相交于一点，交叉点的 S_p 值约为 4000，对应于 $R_{max}=14.6\times10^7$ m 。当问题规模大于这一点时，ES 算法的时耗将大于两种匹配搜索算法，反过来说，当问题规模小于这一点时，ES 算法效率最高，故通过选择合适的导航星与检验星，ES 算法便足以胜任近地航天器的模糊度求解任务。PSO－CPMS 算法对于小规模问题表现出效率的损失，因为搜索空间越小，PSO 算法寻找初始解便越困难。在问题规模较大时，图 5－4 中三种搜索算法在对数尺度下的时耗曲线趋于平行，根据曲线间的偏移量可得：PSO－CPMS 算法相对于 ES 算法节省了约 64% 的时耗，相对于 SS－MS 节省了约 42%（约为 $0.5-0.5/\gamma_m$）的时耗。因而，PSO－CPMS 算法适用于问题规模较大的情形，比如深空探测或所能观测的脉冲星的周期很小，此时，PSO－CPMS 算法将比 SS－MS 算法节省约一半的解算时间。

表 5－3　模糊度求解的平均时间消耗

R_{max}(10^7 m)	平均时间消耗/s		
	ES	SS－MS	PSO－CPMS
5	0.003	0.003	0.015
10	0.006	0.007	0.011
15	0.017	0.017	0.015
30	0.068	0.058	0.032
50	0.239	0.173	0.094
100	1.594	0.986	0.564
200	12.023	7.325	4.285

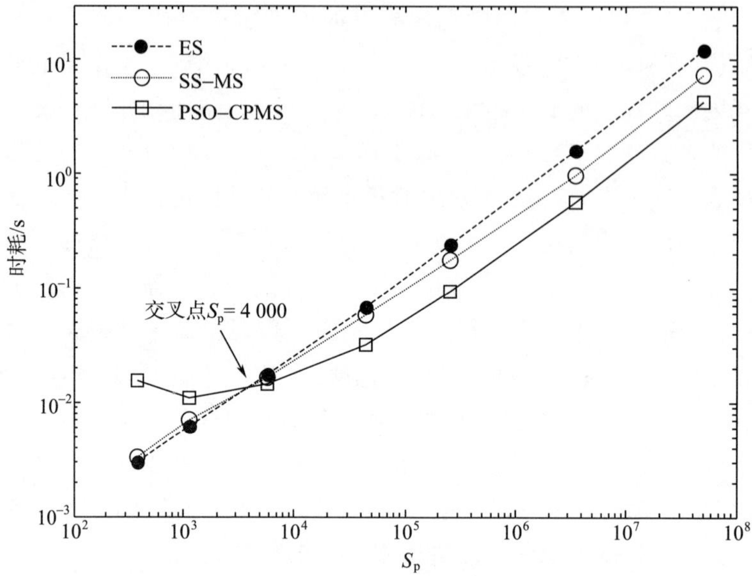

图 5-4　不同搜索算法模糊度求解平均时耗随问题规模的变化曲线（对数曲线）

5.6　本章小结

本章探讨了脉冲星导航中整周模糊度求解问题，针对模糊度求解问题缺乏统一模型描述的情况，建立了模糊度接受域求解模型，并设计了 PSO-CPMS 搜索算法，有效提高了模糊度求解效率。基于假设检验及统计学原理建立了描述模糊度求解问题的接受域模型，基于 SVD 分解的方法获得了线性形式的接受域方程，并使用显著性水平参数 α 来控制模糊度求解成功概率。重新阐述了现有的两种较好的搜索算法，并将其在模糊度接受域模型下重新描述为 ES 算法与 SS-MS 算法。基于粒子群优化与匹配搜索方法，使用 PSO 来加速搜索初始解，引入参数 γ_m 来压缩匹配搜索模板的尺寸，进而提出了一种新的搜索算法，即 PSO-CPMS 算法。对模糊度求解的三种搜索算法进行了 Monte-Carlo 仿真与比较，仿真结果表明新算法在较大问题规模下的效率比当前最好算法提高了近一倍。

第 6 章　XPNAV－1 卫星时间数据处理方法与结果

6.1　概述

XPNAV－1 卫星任务预设的目标源有 8 个，包括 4 个自转供能的 X 射线脉冲单星（Isolated Rotation－powered Pulsar，IRP）与 4 个 X 射线双星（X－ray Binary，XB）。这 8 个 X 射线源的角位置在图 6－1 中给出。XPNAV－1 提供三种观测模式：条带扫描模式、预设目标观测模式、任意目标观测模式。条带扫描模式通过卫星慢速自旋对一个条带形天空区域进行扫描观测，其目的是评估空间背景噪声。预设目标观测模式根据指令使 X 射线探测器指向预设 8 个目标源的其中之一，单次可提供最多 90 分钟时长的连续观测。任意目标观测模式与预设目标观测模式类似，区别是探测器指向的角位置通过用户由地面上注而不是用预设值。

XPNAV－1 搭载了两个 X 射线探测器：一个为掠入射 Wolter－I 聚焦型 X 射线探测器（简称 Wolter－I 探测器），另一个为准直型微通道板（Microchannel Plates，MCP）探测器（简称 MCP 探测器）。Wolter－I 探测器采用了四层嵌套的 Wolter－I 型聚焦镜头将光子聚焦到硅漂移（Silicon Drift Detector，SDD）敏感元件上，其视场角 15 角分，探测面积 $30cm^2$，探测能段 0.5～10 keV，时间分辨率为 1.5 μs。MCP 探测器通过准直器将视场限制到 2°，其探测能段为 1～10 keV，探测面积 1 200 cm^2，时间分辨率为 100 ns。

XPNAV－1 卫星采用整星零动量三轴稳定姿态控制方式，运行在太阳同步轨道上，轨道的半长轴为 6 878.137 km，倾角为 97.4°，

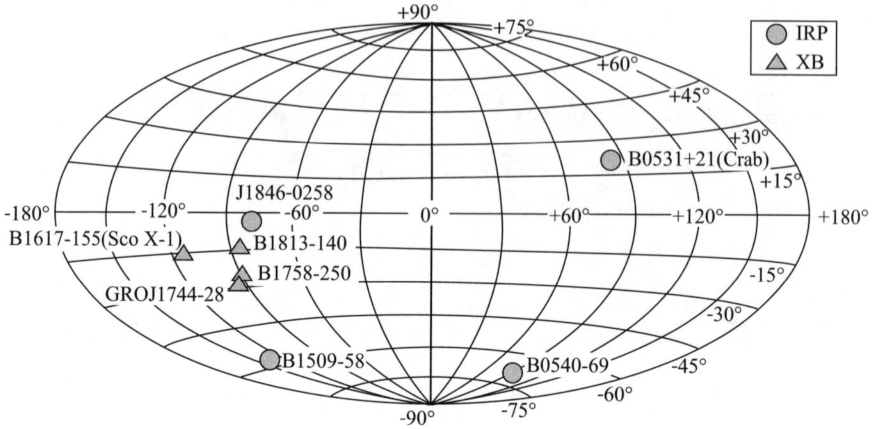

图 6-1 XPNAV-1预设X射线目标源的角位置（J2000坐标系）

降交点地方时为6：00AM。XPNAV-1的两个X射线探测器安装的指向是不同的，光轴方向接近于垂直。为了保证电源供应，两个探测器不同时工作。卫星无观测任务时保持太阳帆板对日状态；需要执行观测任务时，通过整星调姿使探测器的光轴指向目标或进行环带扫描；当观测任务结束后，卫星再次调整姿态将太阳帆板对日。

6.2 XPNAV-1卫星时间数据分析方法及软件系统

X射线光子事件包含光子到达时间和光子能量两类数据，对XPNAV-1卫星数据处理的主要目标是脉冲轮廓的提取。从光子到达时间数据提取脉冲轮廓的过程包括如下五个步骤。

1）时间系统转换。探测器为光子所打的时标一般为探测器（航天器）本地时标，需要将本地时标转换为惯性参考系的坐标时，才具有进一步处理的条件。

2）轨道推算。进行光子改正时需要探测器的惯性位置信息，航天器提供的轨道数据一般是不连续的，需要将轨道信息推算至光子到达的时间点，计算出光子到达时刻探测器在惯性空间中的位置。

3）大尺度延时计算与光子时间改正。这一步是光子时间数据处理的核心，因为探测器所探测的光子到达时间由于航天器、地球的运动及其他相对论效应的影响掩盖了其数据的周期性，需要修正这些影响才能恢复信号周期性，实现光子历元折叠。

4）脉冲周期搜索。脉冲周期参数随时间缓慢漂移，一般与国际公开数据存在微小差异，这种差异足以使历元折叠时周期信号不对齐，造成轮廓恢复失败。因此，光子时间改正后，需要通过频域与时域的方法精确确定脉冲周期。

5）光子历元折叠。以上工作完成后，可以对光子到达时间数据进行历元折叠，进而恢复脉冲轮廓。

为了处理 XPNAV-1 所观测的 X 射线数据，根据上述 5 个步骤，构建了专用的数据分析软件系统（Data Analysis Software System，DASS）。DASS 的主要目标是从 XPNAV-1 观测数据中提取脉冲星的脉冲轮廓，以验证 X 射线探测器对脉冲星的观测能力。DASS 由 9 部分组成，每部分是一个独立运行的软件，相互配合运行。9 个软件分别称为 ORIDATA 、XSELECT、XFLUX、XENERGY、ORBITPROP、XCORR、NOMDB、XFSEARCH、XFOLD，其组织与数据流程如图 6-2 所示。

ORIDATA 为原始数据解包软件，将原始遥测数据、卫星平台数据与载荷数据进行解包，并重新组包为 GNSS 数据、星上轨道数据、卫星状态数据、卫星姿态数据与 X 射线光子数据。XSELECT 为光子筛选软件，根据卫星状态数据与卫星姿态数据挑选有效的光子数据。XFLUX 为流量统计软件，对 X 射线源与背景噪声的光子流量进行统计。XENERGY 为能谱分析软件，进行目标辐射源的能谱分析与辐射模型研究。ORBITPROP 为轨道推算软件，根据 GNSS 数据与星上轨道数据计算每个光子到达时间探测器在惯性空间的位置。XCORR 为光子时间改正软件，将光子到达探测器的时间改正为到太阳系质心（Solar System Barycentre，SSB）处的到达时间。NOMDB 为标称数据库软件，为数据处理提供当前国际公开

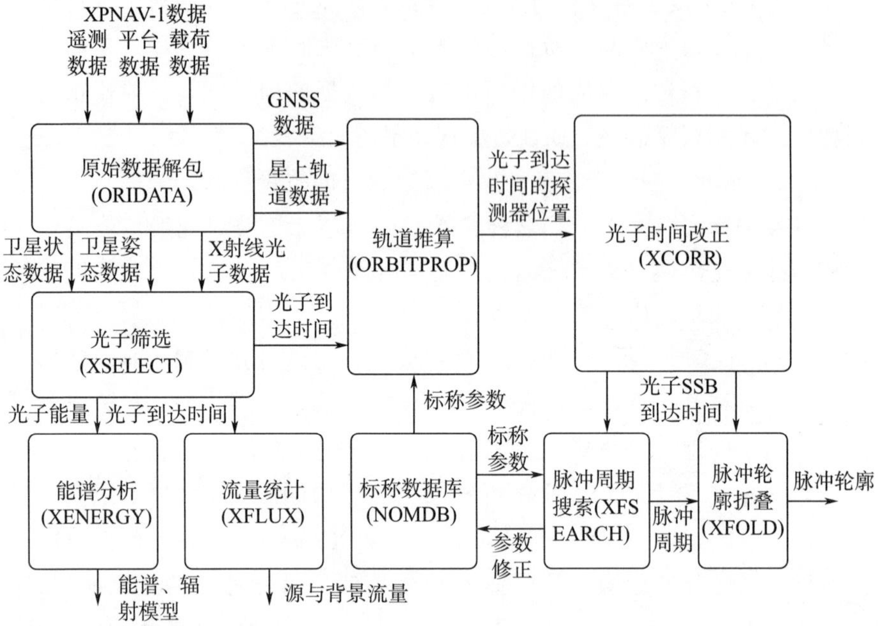

图 6 - 2　XPNAV - 1 数据分析软件系统结构与数据流程

的最新的脉冲星标称参数。XFSEARCH 为脉冲周期搜索软件，基于改正后的光子到达时间数据使用频域与时域的方法进行脉冲周期及其导数的搜索，必要时对标称数据库的参数进行更新。XFOLD 为脉冲轮廓折叠软件，通过历元折叠的方法恢复脉冲轮廓，并对其时间特性进行分析。

6.3　XPNAV - 1 卫星时间数据处理结果

从 UTC 时间 57 709.0 MJD 至 57 872.0 MJD，共有 162 段 Wolter - I 探测器的 Crab 观测数据，平均观测时长为 39 分钟。共收集到 5 824 511 个 0.5～10 keV 能段间的有效光子事件。平均光子流量为 15.4 counts/s。在图 6 - 3 中示出了从 UTC 57 803.5 MJD 至 UTC 57 812.6 MJD 间 8 段观测的光子流量。

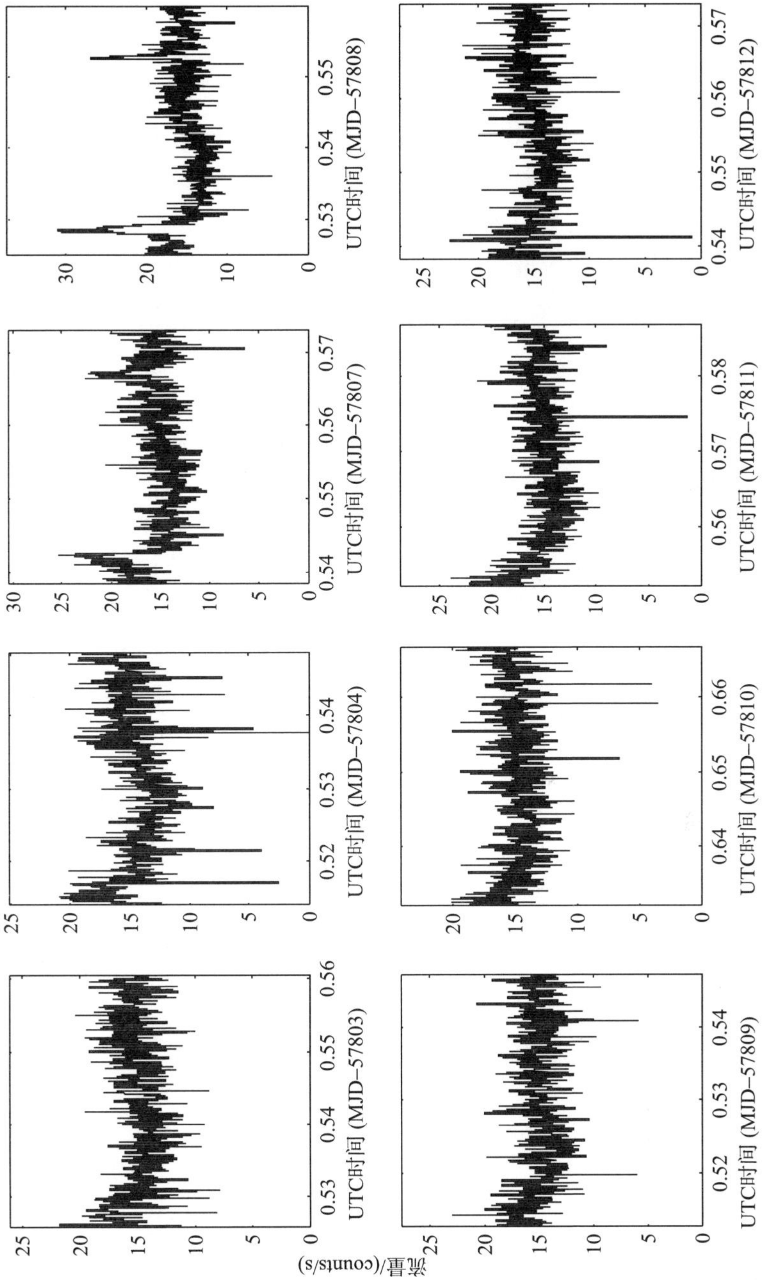

图 6－3　XPNAV－1 Wolter－I 探测器观测 Crab 光子流量

基于X射线传播的大尺度延时模型将光子到达探测器的时间根据轨道数据改正为到SSB的到达时间。对改正的光子到达时间序列通过频域FFT的方法找到了其周期性，进而在时域进行搜索，确定精确的脉冲周期及其变化率。根据搜索到的脉冲周期，分别对各段观测改正后的光子时间数据进行历元折叠，显现出了Crab特征的双峰型脉冲轮廓。进一步根据周期的变化率参数，可以将所有光子时间数据对齐折叠，进而得到更精细的Crab脉冲轮廓。

在图6-4中，我们给出了通过Wolter-I探测器单段观测数据获得的Crab脉冲星在0.5～9 keV能段的脉冲轮廓，共包括8段数据的结果，观测时间为UTC 57 803.5 MJD至UTC 57 812.6 MJD，与图6-3中的8段观测数据对应。图中，横轴为脉冲相位，相位0点为本段观测的起始时间，纵轴为历元折叠得到的光子流量，历元折叠时将一个周期分成32格；图中轮廓曲线中的竖线代表了折叠流量的1σ误差。进而，通过平移折叠轮廓并与标准轮廓比对，可以根据每段观测求出一个对应于主峰的脉冲到达时间，进一步服务于脉冲星的X射线计时研究与计时参数的精确拟合。

使用所有光子数据获得的精化的Crab脉冲星在0.5～9keV能段的脉冲轮廓曲线如图6-5所示。这个轮廓将一个周期分为512格进行历元折叠得到，图中竖线代表折叠流量的1σ误差，0相位点对齐到了主峰。从图6-5可见，Crab脉冲星特征的间隔0.4周的双峰结构清晰可见，且可以推算Crab脉冲星在0.5～9 keV能段辐射的脉冲比例为5.3%。

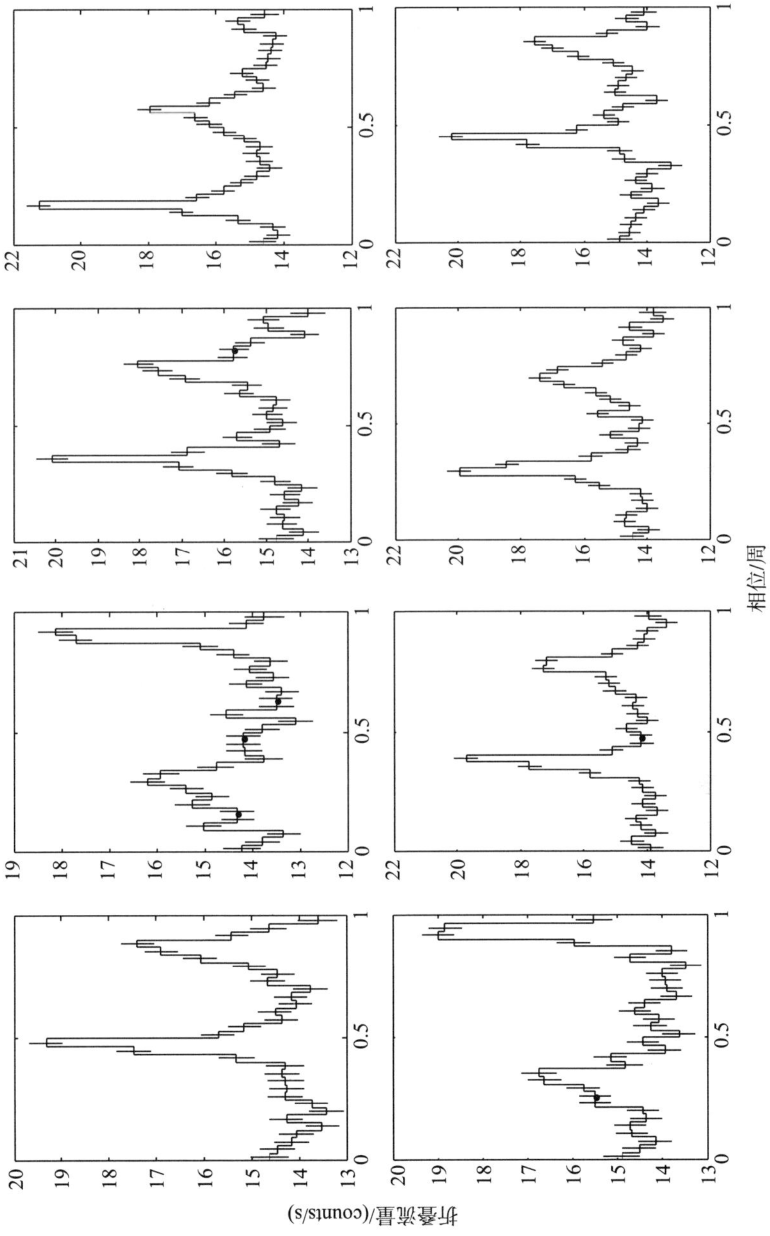

图 6-4　通过 XPNAV-1 Wolter-I 探测器单段观测数据获得的 Crab 脉冲星 0.5～9 keV 脉冲轮廓，观测时间为 UTC 57 803.5 MJD 至 UTC 57 812.6 MJD

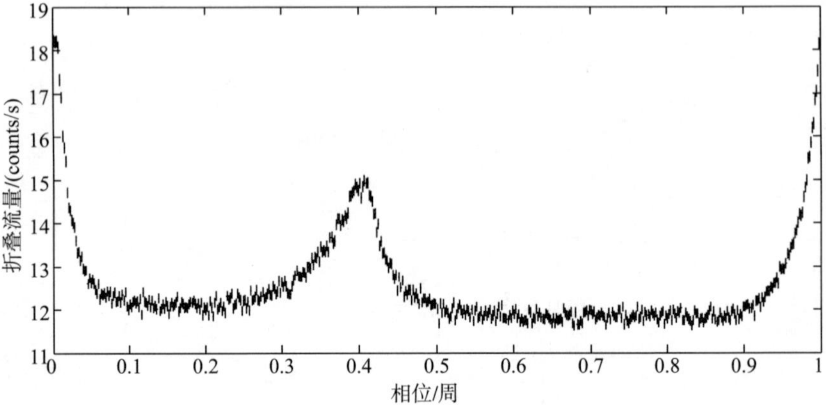

图 6-5　通过 XPNAV-1 Wolter-I 探测器 162 段观测数据获得的 Crab 脉冲星 0.5～9 keV 能段折叠轮廓

6.4　本章小结

脉冲星导航试验卫星（XPNAV-1）任务是实现脉冲星导航空间试验验证的第一步。本文对 XPNAV-1 卫星任务作了概述，介绍了 X 射线时间数据处理方法与数据分析软件系统，统计了 Wolter-I 探测器对 Crab 观测的 162 段数据，总共包括 500 多万个光子事件，平均计数率每秒 15.4 个。将所有 0.5～9 keV 能段光子的到达时间改正到了太阳系质心进行历元折叠，获得了 Crab 特有的双峰间隔 0.4 周的脉冲轮廓曲线，并推算出 Crab 在 0.5～9 keV 辐射的脉冲比例为 5.3%。Crab 轮廓曲线的获得也验证了国产探测器在软 X 射线能段对脉冲星的观测能力，标志着 XPNAV-1 卫星的核心目标已经实现。下一步的工作是进行 X 射线计时分析和探测器能量特性标定，并将任务重心放在低流量脉冲星的观测上，争取完成 3 颗脉冲星的观测，构建初步的脉冲星导航数据库。后续我国将发射装配更大面阵探测器的下一代脉冲星导航试验卫星，收集更多的 X 射线数据，构建完善的脉冲星导航数据库，并实现脉冲星导航技术的在轨验证。

参 考 文 献

[1] 潘科炎．航天器自主导航技术［J］．航天控制，1994（2）：18－27.

[2] 帅平，李明，陈绍龙，等．X射线脉冲星导航系统原理与方法［M］．北京：中国宇航出版社，2009.

[3] 张艳．基于星间观测的星座自主导航方法研究［D］．长沙：国防科学技术大学研究生院，2005.

[4] 全球在轨卫星数量突破1000颗大关［2013－02－13］．http：//www.srrr.org.cn/NewsShow6153.aspx.

[5] 梁斌，徐文福，李成，等．地球静止轨道在轨服务技术研究现状与发展趋势［J］．宇航学报，2010，31（1）：1－13.

[6] 秦红磊，梁敏敏．基于GNSS的高轨卫星定位技术研究［J］．空间科学学报，2008，28（4）：316－325.

[7] Adams J C，Corazzini T，Busse F，et al. Pseudolite augmented navigation for GEO communication satellite collocation. In：IEEE Aerospace Conf，Big Sky，MT，2000：89－98.

[8] Xiong Z，Qiao L，Kiu J Y，et al. GEO satellite autonomous navigation using X－ray pulsar navigation and GNSS measurements. International Journal of Innovative Computing，Information and Control 2012，8（5）：2965－2977.

[9] Hewish A，Bell S J，Pilkington J D H，et al. Observation of a rapidly pulsating radio source. Nature，1968，217：709－713.

[10] Giacconi R，Gursky H，Kellogg E，et al. Discovery of periodic X－ray pulsations in Centaurus X－3 from UHURU. Astrophys J，1971，167：67－73.

[11] Downs G S. Interplanetary navigation using pulsation radio sources. JPL Technical Reports 32－1594，1974：1－12.

[12] Chester T J，Butman S A. Navigation using X－ray pulsars. TDA Progress Report 42－63，1981：23－25.

[13] Wood K S. Navigation studies utilizing the NRL－801 experiment on the Argos satellite. Proc SPIE 1940, Small Satellite Technology and Applications III, 1993: 105－116.

[14] Wood K S, Fritz G G, Hertz P L, et al. The USA experiment on the Argos satellite: A low cost instrument for timing X－ray binaries. Proc SPIE 2280, EUV, X－ray and Gamma－ray Instrumentation for Astronomy V, 1994: 19－30.

[15] Hanson J E. Principles of X－ray navigation. Ph. D Dissertation, Dept of Aeronautics and Astronautics, Stanford Univ, Stanford, CA, 1996.

[16] Wood K S, Kowalski M, Lovellette M N, et al. The unconventional stellar aspect (USA) experiment on ARGOS. In: Proc of AIAA Space Conference and Exposition, Albuquerque, NM, 2001: 1－9.

[17] 帅平，陈绍龙，吴一帆，等．X射线脉冲星导航技术研究进展［J］．空间科学学报，2007，27（2）：169－176.

[18] Pine D J. X－ray navigation for autonomous position determination [2013－02－14]. http://sites.nationalacademies.org/DEPS/ASEB/DEPS_061644.

[19] Pines D J. BAA 04－23 Proposer information pamphlet for DARPA/TTO XNAV program, 2004 [2009－09－14]. https://www.fbo.gov/index? s=opportunity&mode=form&tab=core&id=99cbdcf7fa9ff946bbd8a6ae609f9227&_cview=0.

[20] Sheikh S I, Pines D J, Ray P S, et al. The use of X－ray pulsar for spacecraft navigation. In: Proc of the 14th AAS/AIAA Space Flight Mechanics Conference, Maui, HI, AAS 04－109, 2004: 105－119.

[21] Woodfork D W. The use of X－ray pulsars for aiding GPS satellite orbit determination. Master Dissertation, Dept of Electrical and Computer Eng, Air Force Inst of Technol, Air Univ, Maxwell AFB, AL, 2005.

[22] Sala J, Urruela A, Villares X, et al. Feasibility study for a spacecraft navigation system relying on pulsar timing information. ARIADNA study 03/4202, 2004.

[23] Sheikh S I. The use of variable celestial X－ray sources for spacecraft navigation. Ph. D. Dissertation, Dept Aero Eng, Maryland Univ, College Park, MD, 2005.

[24] Sheikh S I. Alum Sheikh letter of ARCS foundation [2013－02－16].

https：//www. arcsfoundation. org/files/default/images/user1/alum20sheikh 20letter. pdf.

[25] Graven P，Collins J，Sheikh S I，et al. XNAV for deep space navigation. In：31st Annual AAS Guidance and Control Conference，Breckenridge，CO，AAS 08－054，2008：1－16.

[26] Graven P，Collins J，Sheikh S I，et al. XNAV beyond the moon. In：ION 63rd Annual Meeting，Cambridge，MA，2007：423－431.

[27] Neutron stars to become space guides [2013－02－14]. http：//rt. com/news/sci－tech/neutron－stars－to－become－space－guides/.

[28] Pulsars to help space navigation [2013－02－10]. http：//strf. ru/science. aspx? CatalogId=222&d _ no=18300.

[29] Advanced space technology research laboratories [2013－02－16]. http：//www. asterlabs. com/ main. html.

[30] Hanson J E. Space navigation using X－ray pulsar observations [2013－02－14]. http：//scpnt. stanford. edu/pnt/PNT11/2011 _ presentation _ files/03 _ Hanson－PNt2011. pdf.

[31] NICER/SEXTANT team named Goddard chief technologist's innovators of the Year [2013－02－16]. http：//www. usra. edu/news/pr/2011/nicer/.

[32] Keith G. NICER：Neutron star interior composition explorer and SEXTANT. NASA Technical Report，GSFC. CPR. 6621. 2012，2012：1－32. [2013－02－17]. http：//ntrs. nasa. gov /search. jsp? R=20120016974.

[33] Mitchell J. Pulsar navigation & X－ray communication demonstrations with the NICER payload on ISS. NASA Technical Report，GSFC. CPR. 6627. 2012，2012：1－16 [2013－02－17]. http：//ntrs. nasa. gov/search. jsp? R=20120016975.

[34] How interstellar beacons could help future astronauts find their way across the universe [2013－02－17]. http：//www. xray. mpe. mpg. de/～web/psrnav/Becker－Bernhardt－NAM2012. pdf.

[35] Bernhardt M G，Prinz T，Becker W. Timing X－ray pulsars with application to spacecraft navigation. In：Proc of High Time Resolution Astrophysics IV，PoS (HTRA－IV) 050，Agios Nikolaos，Crete，Greece，2010：1－5.

[36] Bernhardt M G，Becker W，Prinz T，et al. Autonomous spacecraft

navigation based on pulsar timing information. In: IEEE Proc of 2nd International Conference on Space Technology, Athens, Greece, 2011: 1-4.

[37] Becker W. X-ray emission from pulsars and neutron stars, in neutron stars and pulsars. Berlin: Springer, 2009: 91-140.

[38] 倪广仁，柯熙政，杨廷高，等．毫秒（ms）脉冲星计时观［J］．云南天文台台刊，2003（3）：48-55.

[39] Nan R D, Wang Q M, Zhu L C, et al. Pulsar observations with radio telescope FAST. Chin J Astron Astrophys, 2006, 6（suppl 2）：304-310.

[40] 杨廷高，潘炼德，倪广仁，等．毫秒脉冲星定时研究进展［J］．天文学进展，2002，20（2）：167-174.

[41] 倪广仁，翟造成．中国的毫秒脉冲星计时观与建议［J］．量子电子学报，2002，19（4）：280-294.

[42] 仲崇霞．综合脉冲星时算法及脉冲星时应用［D］．北京：中国科学院研究生院，2007.

[43] 陈鼎，朱幸芝，王娜．基于实测数据的综合脉冲星时研究［J］．天文学报，2011，52（5）：392-400.

[44]《脉冲星观测研究和计时导航应用研讨会》在乌鲁木齐召开［2013-02-17］. http://www.xao.ac.cn/xwzx/zhxw/200708/t20070820_2996786.html.

[45] 帅平．美国X射线脉冲星导航计划及其启示［J］．国际太空，2006（7）：7-10.

[46] 帅平，陈绍龙，吴一帆，等．X射线脉冲星导航技术及应用前景分析［J］．中国航天，2006（10）：27-32.

[47] 熊凯，魏春岭，刘良栋．基于脉冲星的空间飞行器自主导航技术研究［J］．航天控制，2007，25（4）：36-40.

[48] 熊凯，魏春岭，刘良栋．鲁棒滤波技术在脉冲星导航中的应用［J］．空间控制技术与应用，2008，34（6）：8-11.

[49] 费保俊．相对论在现代导航中的应用［M］．北京：国防工业出版社，2007.

[50] 费保俊，孙维瑾，潘高田，等．X射线脉冲星自主导航的光子到达时间转换［J］．空间科学学报，2010，30（1）：85-91.

[51] 杨廷高，南仁东，金乘进，等．脉冲星在空间飞行器定位中的应用［J］．天文学进展，2007，25（3）：249-261.

[52] 杨延高．X 射线脉冲星脉冲到达航天器时间测量［J］．空间科学学报，2008，28（4）：330－334.

[53] Ghosh P. Rotation and accretion powered pulsars. Singapore：World Scientific，2007.

[54] Manchester R N. Radio emission properties of pulsars，in neutron stars and pulsars. Berlin：Springer，2009：19－39.

[55] Manchester R N，Hobbs G B，Teoh A，et al. The Australia telescope national facility pulsar catalogue. Astron J，2005，129：1993－2006.

[56] The ATNF Pulsar Catalogue［2012－01－06］. http：//www. atnf. csiro. au/research/pulsar/psrcat.

[57] Lorimer D R，Kramer M. Handbook of pulsar astronomy. Cambridge：Cambridge Univ Press，2005.

[58] Novak J. Neutron stars and pulsars，an introduction to models and observations. The European Physical Journal Special Topics 156，2008：151－168.

[59] Kaaret P，Prieskorn Z，JJM in't Zand，et al. Evidence of 1122 Hz X－ray burst oscillations from the neutron star X－ray transient XTE J1739－285. Astrophys J，2007，657：L97－L100.

[60] Hotan A W. High－precision observations of relativistic binary and millisecond pulsars. Ph. D. Dissertation，Swinburne University of Technology，Melbourne，Australia，2006.

[61] Kaspi V M. Recent progress on anomalous X－ray pulsars. Astrophys Space Sci，2007，308：1－11.

[62] Becker W，Trumper J. The X－ray luminosity of rotation－powered neutron stars. Astron Astrophys，1997，26：682－691.

[63] Lorimer D R. Binary and millisecond pulsars. Living Rev Relativity，11，2008，8［2011－11－23］. http：//www. livingreviews. org/lrr－2008－8.

[64] X－ray binary［2013－02－13］. http：//en. wikipedia. org/wiki/X－ray_binary.

[65] Pernal R，Bozzo E，Stella L. On the spin－up/spin－down transitions in accreting X－ray binaries. Astrophys J，2006，639（1）：363－376.

[66] Tananbaum H，Gursky H，Kellogg E M，et al. Discovery of a periodic pulsating binary X－ray source in Hercules from UHURU. Astrophys J，

1972, 174: L143 - L149.

[67] Bildsten L, Chakrabarty D, Chiu J, et al. Obsevations of accreting pulsars. Astrophys J Suppl ser, 1997, 113: 367 - 408.

[68] Pulsars [2013 - 02 - 13] . http: //www. optcorp. com/edu/articleDetail EDU. aspx? aid=1641.

[69] Lyne A G, Graham - Smith F. Pulsar astronomy, 3rd edition. Cambridge: Cambridge University Press, 2005.

[70] Pulsar Timing [2013 - 02 - 13] . http: //www. cv. nrao. edu/course/ astr534/PulsarTiming. html.

[71] Hobbs G B, Edwards R T, Manchester R N. TEMPO2, a new pulsar - timing package - I. An overview. Mon Not R Astron Soc, 2006, 369: 655 - 672.

[72] Edwards R T, Hobbs G B, Manchester R N. TEMPO2, a new pulsar timing package - II. The timing model and precision estimates. Mon Not R Astron Soc, 2006, 372: 1549 - 1574.

[73] Weisberg J M, Taylor J H, Fowler L A. Gravitational waves from an orbiting pulsar. Scientific American, 1981, 245: 74 - 82.

[74] Weisberg J M, Taylor J H. The relativistic binary pulsar B1913 + 16: Thirty years of observations and analysis. Binary Radio Pulsars, Proc Aspen Conference, ASP Conf Series, Rasio F A & Stairs I H (eds), Aspen, CO, 2005, 328: 25 - 31.

[75] Damour T, Taylor J H. On the orbital period change of the binary pulsar PSR 1913+16. Astrophys J, 1991, 366: 501 - 511.

[76] Stairs I H, Thorsett S E, Taylor J H, et al. Studies of the relativistic binary pulsar PSR B1534+12. I. Timing analysis. Astrophys J, 2002, 581: 501 - 508.

[77] Rasio F A, Stairs I H. Overview of pulsar tests of general relativity. Binary Radio Pulsars, ASP Conf Series, 2005, 328: 3 - 18.

[78] Murray C A. Vectorial astrometry. Bristal: Adam Hilger Ltd, 1983.

[79] Backer D C, Hellings R W. Pulsar timing and general relativity. Ann Rev Astron Astrophys, 1986, 24: 537 - 75.

[80] Hellings R W. Relativistic effects in astronomical timing measurements. Astron J, 1986, 91: 650 - 659.

[81] Blandford R，Teukolsky S A. Arrival - time analysis for a pulsar in a binary system. Astrophys J，1976，205：580 - 591.

[82] Taylor J H，Weisberg J M. Further experimental tests of relativistic gravity using the binary pulsar PSR 1913＋16. Astrophys J，1989，345：434 - 450.

[83] Haugan M P. Post - newtonian arrival - time analysis for a pulsar in a binary system. Astrophys J，1985，296：1 - 12.

[84] Damour T，Deruelle N. General relativistic celestial mechanics II. The post - Newtonian timing formula. Ann Inst H Poincaré（Physicque théorique），1986，44：263 - 292.

[85] Damour T，Deruelle N. General relativistic celestial mechanics of binary systems. I. The post - Newtonian motion. Ann Inst H Poincaré（Physicque théorique），1985，43：107 - 132.

[86] Damour T，Taylor J H. Strong - field tests of relativistic gravity and binary pulsars. Phys Rev D，1992，45：1840 - 1868.

[87] Sheikh S I，Ray P S，Weiner K，et al. Relative navigation of spacecraft utilizing bright，aperiodic celestial sources. In：ION 63rd Annual Meeting，Cambridge，MA，2007：444 - 453.

[88] 毛悦 . X 射线脉冲星导航算法研究［D］. 郑州：解放军信息工程大学测绘学院，2009.

[89] Ren H F，Ji J F，Zhou Q Y，et al. The TOA equation for the autonomous navigation of the spacecraft based on the binary pulsar system. China Satellite Navigation Conference（CSNC）2012 Proceedings，Lecture Notes in Electrical Engineering，159，2012：31 - 45.

[90] Huang Z，Li M，Shuai P. On time transfer in X - ray pulsar navigation. Sci China Ser E - Tech Sci，2009，52（5）：1413 - 1419.

[91] Li J X，Ke X Z. Study on autonomous navigation based on pulsar timing model. Sci China Ser G - Phys Mech Astron，2009，52（2）：303 - 309.

[92] Ray P S，Wood K S，Phlips B F. Spacecraft navigation using X - ray pulsars. NRL Review Featured Research，2006：95 - 102.

[93] Sheikh S I，Hellings R W，Matzner R A. High - order pulsar timing for navigation. In：ION 63rd Annual Meeting，Cambridge，MA，2007：432 - 443.

[94] Soffel M，Klioner S A，Petit G，et al. The IAU 2000 Resolutions for

astrometry, celestial mechanics, and metrology in the relativistic framework: explanatory supplement. Astron J, 2003, 126: 2687 - 2706.

[95] Kaplan G H. The IAU resolutions on astronomical reference systems, time scales, and earth rotation models: explanation and implementation. USNO Circular, 2005, 179 [2011 - 05 - 31] . http: //aa. usno. navy. mil/publications/docs/Circular _ 179. pdf.

[96] Petit G, Luzum B. IERS Conventions 2010. IERS technical note, 2010, 36 [2011 - 11 - 23] . http: //www. iers. org/sid _ CA8D9ED16A1A0490D18FC25CBAE1CF20/IERS/EN/Publications/TechnicalNotes/tn36. html.

[97] Damour T. Gravitational radiation reaction in the binary pulsar and the quadrupole - formula controversy. Phys Rev Lett, 1983, 51 (12): 1019 - 1021.

[98] Moyer T D. Transformation from proper time on Earth to coordinate time in solar system barycentric space - time frame of reference - Part one. Celestial Mechanics, 1981, 23 (1): 33 - 56.

[99] Fienga A, Laskar J, Morley T, et al. INPOP08, a 4 - D planetary ephemeris: from asteroid and time - scale computations to ESA Mars Express and Venus Express contributions. Astron Astrophys, 2009, 507 (3): 1675 - 1686.

[100] 郗晓宁，王威，高玉东．近地航天器轨道基础［M］．长沙：国防科技大学出版社，2003.

[101] Shklovskii I S. Possible causes of the secular increase in pulsar periods. Sov Astron, 1970, 13 (4): 562 - 565.

[102] Kopeikin S M. On possible implications of orbital parallaxes of wide orbit binary pulsars and their measurability. Astrophys J, 1996, 439: L5 - L8.

[103] Kopeikin S M. Proper motion of binary pulsars as a source of secular variations of orbital parameters. Astrophys J, 1996, 467: L93 - L95.

[104] Peters P C. Gravitational radiation and the motion of two point masses. Phys Rev B, 1964, 136: 1224 - 1232.

[105] Hobbs G B, Lyne A G, Kramer M. Pulsar timing noise. Chin J Astron Astrophys, 2006, 6 (suppl 2): 169 - 175.

[106] Hobbs G B, Edwards R T. TEMPO2 user manual [2011 - 11 - 23]. http: //www. atnf. csiro. au /research/pulsar/ppta/tempo2/manual. pdf.

[107] 赵铭，黄天衣．脉冲星计时数据的天体测量解析［J］．中国科学 G 辑：物理学 力学 天文学，2009，39（11）：1671－1677.

[108] 赵成仕，陈鼎，蔡宏兵，等．X射线脉冲星导航可用目标源研究［J］．天文学进展，2011，29（3）：335－342.

[109] Hobbs G，Archibad A，Arzoumanian Z，et al. The international pulsar timing array project：using pulsars as a gravitational wave detector. Class Quantum Grav，2010，27：1－10.

[110] Emadzadeh A A，Speyer J L. On modeling and pulse phase estimation of X－ray pulsars. IEEE Transactions on Signal Processing，2010，58（9）：4484－4495.

[111] Emadzadeh A A，Speyer J L. Navigation in space by X－ray pulsars. Berlin：Springer，2011.

[112] Emadzadeh A A，Speyer J L. X－ray pulsar－based relative navigation using epoch folding. IEEE Transactions on Aerospace and Electronic Systems，2011，47（4）：2317－2328.

[113] Emadzadeh A A，Lopes C G，Speyer J L. Online time delay estimation of pulsar signals for relative navigation using adaptive Filters. In：IEEE－ION 2008 Position Location and Navigation Symposium，Monterey，CA，2008：714－719.

[114] Emadzadeh A A，Golshan A R，Speyer J L. Consistent estimation of pulse delay for X－ray pulsar based relative navigation. In：Joint 48th IEEE Conference on Decision and Control and 28th Chinese Control Conference，Shanghai，China，2009：1488－1493.

[115] Emadzadeh A A，Speyer J L. Asymptotically efficient estimation of pulse time delay for X－ray pulsar based relative navigation. In：AIAA GN&C Conference，Chicago，IL，2009：1－12.

[116] Golshan A R，Sheikh S I. On pulse phase estimation and tracking of variable celestial X－ray sources. In：ION 63rd Annual Meeting，Cambridge，MA，2007：413－422.

[117] Order M，Meyr H. Digital filter and square timing recovery. IEEE transactions on communications，1998，36（5）：605－612.

[118] Ashby N，Golshan A R. Minimum uncertainties in position and velocity determination using X－ray photons from millisecond pulsars. In：ION

NTM 2008, San Diego, CA, 2008: 110 - 118.

[119] Kalata P R. The tracking index: A generalized parameter for α - β and α - β - γ target trackers. I IEEE Transactions on Aerospace and Electronic Systems, 1984, AES - 20 (2): 174 - 182.

[120] 费保俊，潘高田，肖昱，等．X射线脉冲星自主导航的卫星运动方程［J]. 空间科学学报，2001，31（2）：254 - 259.

[121] Lyne A G, Manchester R N, N D'Amico, et al. An eclipsing millisecond pulsar in the globular cluster Terzan 5. Nature, 1990, 347: 650 - 652.

[122] Nice D J, Thorsett S E, Taylor J H. Observation of the eclipsing binary pulsar in Terzan 5. Astrophys J, 1990, 361: L61 - L63.

[123] Nice D J, Thorsett S E. Pulsar PSR 1744 - 24A: Timing, eclipses, and the evolution of neutron star binaries. Asrophys J, 1992, 397: 249 - 259.

[124] MPIfR EPN Pulsar Profiles Database [2012 - 03 - 17]. http://www3. mpifr - zonn. mpg. de/ old _ mpifr/div/pulsar/data/.

[125] Sheikh S I, Pines D J. Spacecraft navigation using X - ray pulsars. J Guid Control Dyam, 2006, 29: 49 - 63.

[126] Hanson J E, Sheikh S I, Graven P, et al. Noise analysis for X - ray navigation systems. In: IEEE - ION 2008 Position Location and Navigation Symposium, Monterey, CA, 2008: 101 - 110.

[127] Jacovitti G, Scarano G. Discrete time techniques for time delay estimation. IEEE Transactions on Signal Processing, 1993, 41 (2): 525 - 533.

[128] Bracewell R N. 傅里叶变换及应用（第3版）［M］．殷勤业，张建国，译．西安：西安交通大学出版社，2005.

[129] Zhang H, Xu L P, Xie Q. Modeling and doppler measurement of X - ray pulsar. Sci China - Phys Mech Astron, 2011, 54 (6): 1068 - 1076.

[130] 谢强，许录平，张华，等．基于轮廓特征的X射线脉冲星信号多普勒估计［J]. 宇航学报，2012，33（9）：1301 - 1307.

[131] 李建勋．基于X射线脉冲星的定时与自主定位理论研究［D］．西安：西安理工大学，2008.

[132] 周庆勇，姬剑锋，任红飞．非等间隔计时数据的X射线脉冲星周期快速搜索算法［J］．物理学报，2013，62（1），019701：1 - 8.

[133] Stephens S A, Thomas J B. Controlled - root formulation for digital phase - locked loops. IEEE Transactions on Aerospace and Electronic Systems, 1995,

31 (1)：78 - 95.

[134] 秦永元，张洪钺，汪叔华．卡尔曼滤波与组合导航原理 [M]．西安：西北工业大学出版社，2012.

[135] Standish E M. JPL planetary and lunar ephemerides DE405/LE405. JPL Tech Memo，IOM 312，F - 98 - 048，1998.

[136] Nice D J，Thorsett S E. Rotational and orbital fluctuations of eclipsing binary pulsar PSR 1744 - 24A. In：160th Colloquium IAU，Sydney，Australia，Pulsars：Problems and Progress，ASP Conf Series，1996，105：523 - 524.

[137] Deng X P，Hobbs G，You X P，et al. Interplanetary space - probe navigation using pulsars. Advances in Space Research，2013，in press.

[138] Sheikh S I，Pines D J. Recursive estimation of spacecraft position using X - ray pulsar time of arrival measurements In：ION 61st Annual Meeting，Cambridge，MA，2005：464 - 475.

[139] Xiong K，Wei C L，Liu L D. The use of X - ray pulsars for aiding navigation of satellites in constellations. Acta Astronautica，2009，64：427 - 436.

[140] 孙景荣，许录平，梁逸升，等．中心差分 Kalman 滤波方法在 X 射线脉冲星导航中的应用 [J]．宇航学报，2008，29 (6)：1829 - 1833.

[141] Liu J，Ma J，Tian J W，et al. Pulsar navigation for interplanetary missions using CV model and ASUKF. Aerospace Science and Technology，2011，22 (1)：19 - 23.

[142] Liu J，Ma J，Tian J W，et al. X - ray pulsar navigation method for spacecraft with pulsar direction error. Advances in Space Research，2010，46：1409 - 1417.

[143] 郑广楼，刘建业，乔黎，等．单脉冲星自主导航系统可观测性分析 [J]．应用科学学报，2008，26 (5)：506 - 510.

[144] 陈拯民，黄显林，卢鸿谦．X 射线脉冲星导航中钟差的可观测性问题 [J]. 宇航学报，2011，32 (6)：1262 - 1270.

[145] 王奕迪，唐歌实，郑伟，等．基于单探测器的 X 射线脉冲星深空导航算法 [J]. 力学学报 2012，44 (5)：912 - 918.

[146] 孙守明，郑伟，汤国建，等．考虑钟差修正的 X 射线脉冲星导航算法研究 [J]. 宇航学报，2010，31 (3)：734 - 738.